中国山苍子

汪阳东　陈益存　高　暝等　著

U0262639

科学出版社

北　京

内 容 简 介

　　本书首次详细、全面、系统地介绍了我国特有天然芳香植物——山苍子育种及其重要性状形成的分子机制与研究进展。本书分为 12 章，包括樟科木姜子属芳香植物资源介绍，山苍子遗传多样性和种质资源收集、遗传改良、育苗技术、栽培技术研究进展，以及山苍子基因组图谱构建与樟科植物进化、花发育机制、性别分化机制、精油合成分子机制、遗传转化体系构建等内容。

　　本书内容丰富、资料翔实，适合林业科技工作者、植物学和林学等相关专业的本科生及研究生阅读与参考。

图书在版编目 (CIP) 数据

中国山苍子/汪阳东等著. —北京：科学出版社，2022.8
ISBN 978-7-03-070886-1

Ⅰ. ①中⋯　Ⅱ.①汪⋯　Ⅲ. ①山苍子–遗传育种–研究–中国　Ⅳ.①S573.03

中国版本图书馆 CIP 数据核字（2021）第 266730 号

责任编辑：张会格　薛　丽 / 责任校对：郑金红
责任印制：吴兆东 / 封面设计：刘新新

科 学 出 版 社 出版
北京东黄城根北街 16 号
邮政编码：100717
http://www.sciencep.com
北京中科印刷有限公司 印刷
科学出版社发行　　各地新华书店经销
*

2022 年 8 月第 一 版　　开本：B5 (720×1000)
2022 年 8 月第一次印刷　　印张：16 1/4
字数：328 000
定价：238.00 元
(如有印装质量问题，我社负责调换)

前　　言

山苍子（*Litsea cubeba*），又名山鸡椒，是樟科木姜子属落叶灌木或小乔木，主要分布于我国长江以南等省份及东南亚各国。山苍子全株含油，其中果皮含油量最高（3%～12%），提取的精油中蕴含丰富的单萜、倍半萜、生物碱等化合物，其中柠檬醛含量高达60%～90%，是制造高级香料、药品、食品增香剂与防腐剂、病虫害防治剂、天然抗生素、消毒剂等的重要原料。山苍子被国家林业和草原局列入我国主要的林业生物质能源树种、二十大经济林树种，果实和加工产品是我国重要的出口创汇林产品。我国山苍子精油出口量占全球市场的80%，主要出口国家有英国、德国、美国、西班牙、荷兰、法国、瑞士等，其中欧洲约占中国山苍子精油出口市场的60%。山苍子适应性广，保持水土性能好，在退耕还林工程中被列为经济林兼防护林树种；其树形优美，枝繁叶茂，2～3月开花，花色清新，有"小蜡梅"之称，且花期较长，是重要的园林绿化树种。因此，山苍子是一种生态效益、经济效益和社会效益高度统一的树种。自2009年开始，本研究团队以培育高产优质山苍子为主要目标，持续开展了12年的科学研究，在"十三五"国家重点研发计划子课题、科技部国家科技基础资源调查专项子课题、国家自然科学基金、国家林业公益性行业科研专项重大项目、国家林业局重点科学技术计划项目、林业行业标准制修订项目、浙江省"十三五"农业新品种选育重大科技专项、中央级公益性科研院所基本科研业务费专项资金等项目的支持下，在山苍子遗传育种、高效培育、基因组图谱构建及物种进化、重要性状分子机制等方面取得了重要的突破。本书汇集了本研究团队12年来取得的成果，客观、准确、全面、系统地介绍了山苍子育种及其重要性状的分子机制，期望能为山苍子资源培育和利用提供支撑，为其他树种的相关研究提供参考，对相关研究的学术交流和科研发展起到促进作用。

中国林业科学研究院亚热带林业研究所汪阳东制定了本书章节的提纲和撰写思路，组织和统筹团队成员撰写各章节，并对全书内容进行了审校。全书共有12章：第1章介绍了天然香料植物和樟科芳香植物的资源概况，由汪阳东、陈益存和高暝撰写；第2章介绍了樟科木姜子属的芳香植物资源、所含主要化学成分、系统生物学分类等内容，由陈益存和王雪撰写；第3章介绍了山苍子遗传多样性研究及种质资源收集等内容，由汪阳东、田胜平、斯林林和高暝撰写；第4章介绍了山苍子精油抑菌活性研究成果，由陈益存和王雪撰写；第5章介绍了山苍子遗传育种研究等内容，由高暝和李红盛撰写；第 6 章介绍了山苍子育苗技术研究进展，由高暝撰写；第 7 章介绍了山苍子栽培技术进展，由高暝和袁雪丽撰写；第 8 章介绍了山苍子基因组图谱构建及进化，由陈益存和赵耘霄撰写；第 9 章介绍了山苍子花发育机制研究成果，由吴立文、何文广、许自龙撰写；第 10 章介绍了山苍子性别分化机制研究成果，由许自龙、高暝、吴庆珂撰写；第 11 章介绍了山苍子精油合成分子机制研究成果，由焦玉莲、吴立文、赵耘霄、刘英冠、曹佩撰写；第 12 章介绍了山苍子的再生体系和遗传转化体系的构建，由吴立文、赵耘霄、王民炎、林丽媛撰写。

本书专业性强、知识面广，虽然全书内容经过著者详细查对，但难免有疏漏之处，殷切希望读者对本书中的不足给予指正！

著 者
2021 年 4 月 22 日

目　　录

第 1 章 绪   论

天然香料植物，因含有丰富的药用成分、香气成分、天然色素、抗氧化物质、抗菌物质、抗癌物质等，被广泛应用于美容日化产品、医疗保健、食品、饲料、杀虫抗菌、园林绿化等领域中。随着人们安全健康、生态环保意识的增强，以及对美好生活的强烈向往，天然香料植物及其加工品必将拥有更加巨大的开发潜力与广阔的应用前景。

1.1 我国主要天然香料植物

天然香料植物，是指含挥发油或难挥发树胶的一类植物，是工业上提取芳香油的主要原料（杨敏等，2013）。香料植物包括狭义与广义两个层面：前者通常指花能释放出芳香气味的一类植物，即人们常称的香花植物，如玫瑰花、茉莉花、百合花、桂花等；后者是指植物体的全体或部分器官可释放香气物质的一类植物。香料植物所产生的香气可使人身心愉悦，且具有极大的药用价值，同时有美容保健、抑菌灭菌等功效。据统计，全球已发现的香料植物约有 3600 种，得到有效开发利用的有 400 余种，其中开发利用较充分的仅有 200～300 种。天然香料植物的原产地主要分布在地中海沿岸的欧洲诸国，在东亚、中亚、南美等地区也多有分布。亚洲、非洲和拉丁美洲等的发展中国家是天然香料植物的主要种植基地（倪细炉等，2011）。中国是世界上天然香料植物资源最为丰富的国家之一，有 60 多科 400 多种香料植物，其中规模化生产的天然香料植物品种已达 120 多种，主要集中在木兰科、蔷薇科、菊科、木犀科、芸香科、百合科、唇形科、豆科、松科、樟科等。

人类对天然香料植物的利用有着悠久的历史。早在有历史记录前，人们就已经开始从天然香料植物中获取香料。在遥远的古文明时期，人们已开始使用葛缕子和芝麻；公元前 3000～前 2500 年，古埃及人使用香料对尸体进行防腐处理，并把洋葱和大蒜作为奴隶们的主食。我国对辛香料的应用也有着悠久的历史，公元前 3000～前 2500 年，肉桂已被广泛应用；在公元前 3 世纪的汉朝，丁香被用来增加香味和减轻牙疼；据明周嘉胄《香乘》记述："昔所未有，今皆有焉。然香一也，或生于草，或出于木，或花，或实，或节，或叶，或皮，或液，或又假人力煎和而成；有供焚者，有可佩者，又有充入药者"。我国的天然香料植物资源十分丰富，明朝李时珍所著《本草纲目》中已有专辑《芳香篇》，记载各种香料植物三大类共 218 种。在《神农本草经》中，也载有桂皮、生姜、甘草、花椒和当归等辛香料植物（李春艳和冯爱国，2014）。

1.1.1 我国天然香料植物分布

我国天然香料植物资源分布有以下特点。

一是分布范围广，遍及全国。根据我国的植被与土壤类型、气候特点、天然香料植物的自然地理分布和人工栽培区域，可将我国天然香料植物划分为西南区、华南区、华东区、华中区、华北区、东北区、青藏区和蒙新区8个植物地理区系。西南区（包括四川、云南北部、贵州大部分地区），地形复杂、气候独特且水资源丰富，天然香料植物种类繁多，尤其以云南为最；华南区（包含台湾、福建南部、海南、广东、广西和云南南部），气候温润，雨水充足，天然香料植物分布较为集中；华东区（包括江苏、江西、浙江、安徽、福建东南沿海），气候温和湿润，天然香料植物资源丰富；华中区（包括河南、湖北和湖南），雨水充足，天然香料植物十分丰富，很多植物精油品质闻名全国甚至蜚声海外；华北区（北临蒙新区与东北区，南抵秦岭、淮河，西起甘肃，东临黄海和渤海），气候四季分明，主要分布有唇形科、蔷薇科和菊科植物等；东北区（包括东北三省及内蒙古东五盟市），气候湿冷，香料植物的种类不多，大概近百种，但是蕴藏量较丰富；青藏区（包括西藏、四川西部和青海），气候寒冷干燥，谷底气候较暖和，天然香料植物种类和数量较少；蒙新区（包括新疆、内蒙古的鄂尔多斯高原与阿拉善和宁夏部分地区），气候相对恶劣，干旱缺水，昼夜温差大，香料植物分布也相对较少，但有些地方的香料植物引种和驯化比较出名，如新疆的薰衣草、迷迭香等。

二是分布相对集中。我国天然香料植物主要集中分布在长江、淮河以南地区，其中以西南区和华南区最为丰富，其次为华东区、华中区和华北区。青藏区和蒙新区的天然香料植物比较贫乏。

1.1.2 我国天然香料植物分类

我国天然香料植物有不同的分类。

根据释放香味器官的不同可分为：①香花类，指花器官能产生香味的植物，其中大部分为栽培类花卉植物，这类植物香气浓郁，香味物质分子通常不需要外力作用就能自然释放出来并扩散传播，是芳香植物的主体类型，包括了众多的木本与草本类植物，如玫瑰、桂花、兰花、百合、水仙等；②香叶类，这类植物的叶片大多具有透明的油腺点，晶莹透彻，叶细胞内含有许多挥发性油，若将叶片揉碎，淡淡的清香就会释放出来，香樟、藿香及芸香科的许多植物属于此类；③香果类，是指果实能产生并释放香味的一类植物，香果类植物的果实大多有鲜艳的外表，果皮具有较明显凸起的油腺点，如柑橘、柠檬等，许多都属于可食用的水果；④通体芳香类，花、叶、果、茎、枝、根等器官均能释放出香味，但种类较少；⑤其他类，有些植物可以从根、枝或茎秆散发出芳香的气味，如香椿、叉子圆柏等。

按植物用途可分为：①精油植物，为最主要的一类天然香料植物，如玫瑰、牡丹、薰衣草、迷迭香、桂花等；②药用植物，包括挥发性的精油成分和不挥发性的生物碱、单宁、类黄酮等成分，具有某些特殊的药用功效，如薄荷、藿香、罗勒、龙脑樟、紫苏、山苍子等；③工业用植物，因含有芳樟醇、桉叶醇、柠檬醛等成分，被广泛用于工业加工原料，如香樟、马尾松、湿地松、红松、蓝桉等；④食用植物，此类天然香料植物含有大量的营养元素及一些微量元素和维生素，可以用作食用，或由于具有香味功能，还可加工成各种调味料，如柚子、柠檬、花椒、八角、烟草、小茴香、芫荽等；⑤染料植物，因这类天然香料植物含有丰富的天然色素，可做天然染料，尤其适用于食品着色，如栀子、茜草、蓼蓝、姜黄、紫草等；⑥观赏植物，如兰花、水仙、杜鹃、百合等（刘洋等，2013）。

1.1.3　天然香料植物的利用价值

由于天然香料有着合成香料无法替代的、独特的香韵，含有尚未阐明的、在香气上有着特殊贡献的微量成分，以及大多不存在毒副作用等原因，因此天然香料畅销不衰。目前在法国、美国、日本等发达国家，天然香料正以势不可挡的趋势在各个领域全面取代人工合成香料。此外，天然香料除了含有许多药用成分和香气成分以外，还含有抗氧化物质、抗菌物质及天然色素等成分，这意味着其不仅可以取代化学合成香料，还意味着现在被广泛利用的许多人工合成抗氧化物质、抗菌物质和化学染料都会在不久的将来被天然香料所取代。

天然香料植物应用价值非常高，几乎全身是宝。其应用价值大致可分为以下几种。

（1）提取精油、香料。天然香料植物在进行光合作用的过程中，其细胞会分泌出能散发芳香气味的分子，这些分子会聚集成“香囊”，散布在植物的根、茎、叶、花、果实中，它由多种有机物质组成，主要成分包含醇类、酚类、醛类、酮类、萜烯类、醚类、半萜烯类和烷烃类等物质，可分离提纯高浓度单离香料，以单离香料为原料，可合成得到半合成香料。天然香料有着工业合成香料无法替代的、独特的香韵，而且对身体无害，因此广泛应用于日用化妆品工业、食品工业等行业。

（2）药用。天然香料植物入药有着悠久的历史，战国时期屈原的《离骚》、汉代的《神农本草经》、明朝李时珍所著的《本草纲目·芳香篇》均记载了天然香料植物的药用价值及治疗方法；古埃及人将从天然香料植物中提炼的香精油用作浴后按摩，以保健身心。由于很多天然香料植物含有药用成分，同时含有抗菌、抗癌物质及大量营养成分和微量元素，有些天然香料植物所含营养成分中人体必需微量元素的含量甚至高于某些农作物和蔬菜，因此天然香料植物可直接入药，或加工为中成药，具有抗氧化、降血脂、抑制癌细胞扩散、增强胰岛素活性、抗炎镇痛等药效，还可缓解焦虑，改善记忆力和认知力下降等症状，具有增进身心健康等功能（曾斌等，2015）。

（3）食用。天然香料植物含有的精油成分与芳香物质能增加菜肴的色、香、味，可促进食欲，因此很多芳香植物能直接作为食材，或作为调味增香剂广泛应用于食品、香烟等产品的增香。同时，芳香植物中还含有丰富的抗氧化、抗菌物质及天然色素，可以加工成食品行业中所用的抗氧化剂、防腐剂和抑菌剂及食用色素等，保障食品安全。

（4）园林观赏。许多天然香料植物树形优美、花色迷人，且可吸附灰尘，有污染防治、净化空气、保护环境的功效。根据天然香料植物的特点及现代园林的发展趋势，天然香料植物在园林绿化中的应用将越来越多，如建造芳香植物专类园、植物保健绿地、"夜花园"等。香化是园林建设的最高追求，天然香料植物应用于园林景观中，不但可以为人们营造一个芳香的大环境，还可以利用其释放的挥发性物质对其他植物、微生物和昆虫产生直接和间接的影响，维系园林环境中生物多样性与生态平衡，发挥各种生态环境效应。

（5）驱虫防病功效。许多天然香料植物具有抗菌、杀虫的功效，因此能起到驱避蚊虫、防治经济作物病害的作用，且对人体无毒，规避了传统化学农药对环境和人类造成的危害，因此被广泛用于开发天然杀虫抗菌剂。

（6）饲料。天然香料植物不仅能作为人类食品的添加剂，也能作为动物饲料的高档添加剂。它能取代化学合成的饲料添加剂、激素和抗生素，且无毒、无害、无残留，有利于提高相关食品的安全；同时还能抑菌防病、调节畜禽机体、改善肉质。

1.2 樟科芳香植物资源

1.2.1 樟科简介

樟科（Lauraceae）是被子植物木兰亚纲（Magnoliidae）的重要类群，科内植物一般为常绿或落叶植物，大多为乔木或灌木，仅有无根藤属（Cassytha）为缠绕性寄生草本。树皮和枝叶通常芳香。全世界约有45属2000～2500种，占木兰类植物种类的1/3，广泛分布于热带及亚热带地区。我国约有25属445种，大多数种集中分布在长江流域及其以南的地区，以云南、江西、四川、贵州、广西、广东等省份最为丰富，少数落叶种分布偏北。樟科植物是热带至亚热带常绿阔叶林中的主导类群，也是山地森林的重要组成部分，具有举足轻重的森林生态价值。

1.2.2　樟科植物的用途

樟科植物是重要的香料植物，也是良好的材用和药用植物，在园林绿化中也广泛应用，在经济社会发展中具有重要地位。早在 1937 年，著名植物学家陈嵘教授在其所著《中国树木分类学》中，就明确指出："如樟树、楠木、肉桂等利用上之价值极大。欧美人士每谓中国植物界之富源重在樟科，良有以也。"

樟科植物的木材优良，自古以来就广受欢迎。江南四大名木"樟""楠""梓""稠"，樟科植物独占其二。樟属（Cinnamomum）和楠属（Phoebe）的许多种类，木材致密耐腐，纹理细腻，抗虫蛀，不易折断，也不易产生裂纹，具有持久的清香，是上等的雕刻、家具和建筑用材。金丝楠木被誉为"帝王之木"，价格昂贵，在我国古代专用于皇家宫殿建造和家具制造，历代封建帝王的龙椅宝座都选用优质楠木制作，现北京故宫及其他许多著名古建筑多为楠木构筑。

樟科植物具有重要的医药、化工及食用价值。月桂（Laurus nobilis）的叶可做调味香料，乌药、肉桂、川桂、锡兰肉桂等是著名的药用植物。樟属和木姜子属（Litsea）植物提取的芳香油中，大多数成分存在生物活性，具有抑菌消炎、镇痛止痒等药用功效。此外，这些芳香油成分还以添加剂或调味料的形式用于食品加工，或者通过调配成香精添加到化妆品、护肤品等日化产品中。樟科植物精油还可用于芳香疗法，具有美容、健体、治疗亚健康等功效。鳄梨（Persea americana）是广泛栽培的世界著名的热带水果，含有多种维生素、脂肪和蛋白质，营养价值极高；樟树籽油富含中链脂肪酸，癸酸和月桂酸含量超过 70%，是极具价值的医药和功能性油脂原料。

此外，樟科植物的不少树种树冠优美、枝叶繁茂、四季常青、散发自然芳香，同时具有降噪、滞尘、抗风、驱虫、净化空气等诸多生态功能，广泛用于庭院观赏及园林绿化，近年来被广泛用于城市的园林景观和绿化，在我国生态文明建设中具有举足轻重的地位。

1.2.3　樟科芳香资源简介

樟科植物的许多种类富含精油，是目前已发现的种类最多的木本芳香植物，是珍贵的木本天然香精香料和药用植物资源宝库。我国是世界上樟科植物芳香油产量最高的国家，樟科芳香植物种质资源丰富，大多数种分布集中在长江流域及其以南的地区，以云南、江西、四川、贵州、广西、广东等省份最为丰富。樟科芳香植物资源主要集中在樟属、新樟属、檫木属、木姜子属、新木姜子属、山胡椒属和月桂属等，目前我国已有广泛栽培的主要包括樟属的樟、油樟、黄樟、肉桂、阴香，以及木姜子属的山鸡椒、山苍子等精油含量较高的树种。樟科芳香植物的根、茎、叶、花、果及树皮等均富含芳香油，其成分复杂多样，主要成分为萜类和芳香族化合物，包括樟脑、芳樟醇、香叶醇、右旋龙脑、1,8-桉叶油素、反式橙花叔醇、柠檬醛、香叶醇、γ-榄香烯、乙酸龙脑酯、桂醛、黄樟油素、甲基丁香酚等。目前，樟科植物中已鉴定的化学成分超过 100 种，是香料工业、日用化学工业和制药工业的重要原料来源之一。

因化合物类型不同而具有不同的用途，樟科植物通常分为不同的化学型（chemotype）。化学型是指同种植物由于所含化学成分的差异可分为多种类型，但它们在形态上差异不明显，是植物种内生物多样性的一种表现。樟科樟属植物种内普遍存在着这种化学多样性的现象。因此，根据精油主成分含量的不同，可以对树种进行不同化学型的划分。例如，根据枝叶精油主成分的不同，将樟树划分为芳樟醇型、樟脑型、龙脑型、桉叶油素型、反式橙花叔醇型和柠檬醛型等多个化学型，其中龙脑型为江西发现的特有化学类型。芳樟醇具有铃兰花香的味道，是全世界最常用和年用量最多的香料，是香水、日化产品、食用香精配方中使用频率最高的成分，天然芳樟醇主要来自芳樟醇型樟树。樟脑具有局部麻醉、消肿止痛、杀虫止痒等功效，可用于医药、驱虫剂等生产。1,8-桉叶油素具有清凉刺激的香气，是口腔卫生剂、漱口水等日化产品的主要成分之一。天然冰片（右旋龙脑）具有安神醒脑、去翳明目的功能，是生产眼疾类药品的主要成分。经过选育的龙脑型樟树含右旋龙脑 90%以上，含量明显高于其他植物，是天然冰片的主要来源，目前已被批准载入《中华人民共和国药典》（2005 年版）。柠檬醛具有抗菌抑菌的作用，是合成紫罗兰酮和维生素 A 的主要原料，山苍子是我国最主要的含有柠檬醛的植物，是我国特有的香料植物，是天然柠檬醛的重要来源。黄樟油素天然存在于黄樟中，用途广泛，以其为原料合成的洋茉莉醛用于生产樱桃与香草味的调味剂；合成的乙基香兰素呈甜巧克力香气，广泛用于食品添加剂和化妆品等；也用于生产农药增塑剂，如胡椒基丁醚等。

综上所述，与草本芳香植物相比，樟科芳香植物具有适应性广、耐瘠薄、枝叶萌发能力强、生物量大、适合矮林作业、一次栽培多年收益的特点，能够充分发挥我国南方丘陵山区的优势。我国樟科芳香植物种质资源丰富，具有开发价值的种类多，通过多种途径、多层次开发利用，充分利用樟科植物的资源价值，可创造出极大的经济效益、生态效益和社会效益，为我国轻化工、食品、医药等行业提供雄厚的物质基础。

1.2.4 樟科芳香植物资源育种、栽培研究

樟科植物化学型间、类型内个体间、同一个体不同部位、不同生长季节间，

其精油产量及主成分含量均存在显著性差异。不同化学型樟树在形态上难以区分,有性繁殖的后代——实生苗精油成分变化大,采用现代分子生物学与常规育种相结合的方法,对优良种质资源进行定向改良和种质创新,选育主成分含量高的良种,再以良种进行无性繁殖,确保生产主成分含量高、经济价值高的精油,为香料、日用化工、医药等行业提供优质原料。

对樟树精油化学型的遗传稳定性研究表明,母本化学型的性状可以遗传给后代,其中芳樟醇型、桉叶油素型、龙脑型和反式橙花叔醇型均在 50% 以上保持了母本的化学型,仅樟脑型为 44.6%,精油类型性状在子代的保持能力上与母本周围樟树类型有关。樟树精油化学型选育主要是选育芳樟醇含量 90% 以上的优良单株、龙脑含量达 80% 以上的优良单株,其中龙脑型无性系获得江西省林木种苗站认定。目前,通过选育的芳樟醇型樟树,其枝叶精油中芳樟醇的含量可以达到 90% 以上;通过筛选的龙脑型樟树,其枝叶精油中龙脑的含量可以达到 80% 以上。在山苍子种源和家系遗传变异及育种方面,发现生长性状、果实单株产量和含油率在家系间存在丰富的遗传变异,生长性状可作为精油含量的间接选择指标,为山苍子的优良家系选择提供依据,并筛选出了一批果实产量和精油含量双高的优良家系。

目前关于樟科芳香植物资源的基础研究总体上还处于起步阶段,但是在樟树体细胞胚胎发生及遗传转化方面有了突破性的进展,为樟科植物分子生物学研究提供了重要的技术基础。基因组学、转录组学、蛋白质组学及代谢组学的快速发展,为人们从整体水平上定性、定量和动态地解析樟科植物芳香化合物代谢过程创造了良好条件。截至 2020 年,已公布了牛樟、山苍子和鳄梨 3 个樟科植物基因组。萜类合成酶基因是樟科植物芳香成分生物合成的关键酶基因,目前已有少量的萜类生物合成相关基因被鉴定和研究。例如,山苍子中催化生成反式罗勒烯、α-侧柏烯和桧烯的单萜合成酶基因,月桂中催化生成 1,8-桉叶油素,杜松烯和香叶基芳樟醇的萜类合成酶基因等。细毛樟香叶醇合成酶基因 $CtGES$,原核表达该酶后特异性地催化生成香叶醇,原位杂交显示 $CtGES$ 只存在于叶的油腺细胞中。在土肉桂中发现了双功能的芳樟醇合成酶基因,能分别以牻牛儿基焦磷酸(GPP)和法尼基焦磷酸(FPP)为底物催化生成芳樟醇和反式橙花叔醇。

参 考 文 献

李春艳, 冯爱国. 2014. 食用天然香料的应用及研究进展. 农业工程, 4(3): 55-57.

刘洋, 熊国富, 闫殿海. 2013. 芳香植物的应用前景. 青海农林科技, 1: 30-33.

倪细炉, 朱强, 田英. 2011. 芳香植物研究与芳香产业现状综述. 农业科技通讯, 4: 18-21.

杨敏, 鞠玉栋, 李珊珊, 等. 2013. 几种芳香植物常见开发品种及开发利用探讨. 中国园艺文摘, (12): 159-160.

曾斌, 何科佳, 黄国林, 等. 2015. 芳香植物的主要功能及其应用现状. 湖南农业科学, (5): 103-105.

第 2 章　樟科木姜子属芳香植物资源

2.1　木姜子属芳香植物资源概述

樟科木姜子属植物种类繁多，在我国分布的有 72 个种，18 个变种和 3 个变型，具有分布广泛、用途多样的特点，且生态及经济价值显著，在木本植物研究中占重要地位。木姜子属落叶组树种，在工业产品、药用及精油开发利用上具有重要的研究价值。木姜子（*Litsea pungens*）具有治疗风湿痛、产后水肿和寒泻等作用；山鸡椒能够祛风寒、消肿化瘀和止痛。木姜子属落叶组植物中含有黄酮类、生物碱、脂肪酸、挥发精油等化学成分，可作为多种药物的植物原材料。除了药用价值外，山鸡椒（即山苍子）、毛叶木姜子、木姜子、秦岭木姜子（*Litsea tsinlingensis*）等的果实均能够提取芳香精油，可用于化妆品、高级香精、食用香料的生产。木姜子属中只有山鸡椒和毛叶木姜子作为我国重要的芳香油料树种被广泛栽培，因此，对于其他物种的开发还需要进一步研究和挖掘。

2.1.1　樟科木姜子属植物形态及系统学研究概况

木姜子属植物主要包括以下特征：多为乔木，少灌木，冬季落叶或常绿。叶片单叶互生，羽状脉。雌雄异株；伞形花序单生或簇生于叶腋；苞片多 4 枚，少 6 枚，交互对生；雄花具 9 个能育雄蕊；花药 4 室；雄花中雌蕊退化；雌花中雄蕊退化；子房上位；果托杯状、浅盘状或无（李锡文等，1984）。《中国植物志》（http://frps.iplant.cn/）中根据伞形花序小花数量将木姜子属植物分为单花木姜子亚属和木姜子亚属，又根据是否落叶及果托形状将木姜子亚属分为 4 个组，分别是落叶组、木姜子组、平托组和杯托组。

木姜子属落叶组形态学特点：落叶，叶片纸质或膜质；花被裂片 6；无杯状果托。有杨叶木姜子、山鸡椒、红叶木姜子（*Litsea rubescens*）、天目木姜子、秦岭木姜子、宜昌木姜子（*Litsea ichangensis*）、高山木姜子（*Litsea chunii*）、独龙木姜子（*Litsea taronensis*）、宝兴木姜子（*Litsea moupinensis*）、毛叶木姜子、木姜子、绢毛木姜子（*Litsea sericea*）和钝叶木姜子（*Litsea veitchiana*），共 13 个原变种，还有 7 个变种和 1 个变型。主产南方温暖地区。其中天目木姜子属于濒危物种，仅分布在浙江（天目山）和安徽南部，生长于海拔 500～1000 m 的混交林中。

2.1.2　木姜子属植物分子系统学

木姜子属植物分布广泛,各物种种间界限模糊,且自然状态下分布分散,很难形成优势树种,因此该植物类群鉴定和亲缘关系研究成为难题。一些研究者为明确历史分类和亲缘关系做出了一些努力,但形态学数据不足以确定物种之间的亲缘关系。随着基因组测序技术的不断完善,DNA 序列已广泛应用于植物系统进化关系的研究中,这成为木姜子属植物系统学进一步深入研究的必然选择。Li 和 Christophel(2000)利用叶绿体中的 *matK* 基因和核 DNA 的内转录间隔区(ITS)获得同一物种的系统发育树,证明木姜子属植物具有很高的多样性。李捷和李锡文(2004)基于叶绿体 DNA 中的 *matK* 基因和核 DNA 的 ITS 序列对樟科木姜子属物种进行了分子系统学研究,认为花序特征是鉴别系统演化关系最重要的性状。而多年来分类学家在物种和亚种的识别上也表现出强烈的差异(Jiménez-Pérez and Lorea-Hernández,2009)。木姜子属代表种山苍子的基因组数据(Chen et al.,2020)为后续深入研究木姜子属分子系统学奠定了基础。

2.1.3　木姜子属落叶组植物的功能及应用

樟科木姜子属落叶组树种在中药领域中具有重要的应用价值。其中杨叶木姜子可用于治疗消化不良、恶心和呕吐,并能够缓解疼痛(Chen et al.,2008)。红叶木姜子的果实常用于治疗消化系统疾病,根可用于创伤性损伤的治疗(Huang et al.,2008)。如何合理有效地利用木姜子属落叶组植物资源值得深入研究。研究结果表明:具有 7~10 年株龄山苍子的果实产量和精油含量最高,果实处于红果期时精油含量和醛含量最高,为最佳采摘期。陈卫军(2000)报道,利用人工授粉对山苍子树进行合理配置,并保持雌、雄株比例为 10 : 1 时,可提高单株结果数量。此外,木姜子属落叶组植物为多用途植物,除具有一定药用价值外,还可用于芳香精油、工业用油、高级香精、食用香料等方面(表 2-1)。

表 2-1　木姜子属落叶组植物应用汇总

功能	物种名称
芳香精油	杨叶木姜子、山鸡椒、秦岭木姜子、高山木姜子、宝兴木姜子、毛叶木姜子、木姜子
药用	天目木姜子、山鸡椒、四川木姜子、毛叶木姜子、木姜子
工业用油	秦岭木姜子、宝兴木姜子、毛叶木姜子、木姜子
高级香精	杨叶木姜子、秦岭木姜子、木姜子
食用香料	山鸡椒、宝兴木姜子、毛叶木姜子、木姜子
化妆品添加剂	杨叶木姜子、秦岭木姜子、毛叶木姜子

山苍子精油是一种从山苍子果实中提取的不溶于水且高度挥发的淡黄色精

油，具有强烈的芳香气味。作为一种植物精油，山苍子精油已被国家市场监督管理总局批准用于食品中的调味物质和佐剂 [《食品安全国家标准 食品添加剂使用标准》（GB 2760—2014）]，并被广泛接受为化妆品和卷烟中的香料增香剂（Luo et al.，2005）。此外，山苍子精油广泛应用于中药、食品防腐、病虫害防治等领域。

近年来，随着人们生态环境意识的提高及可持续发展理念的形成，化学添加剂、化肥和农药的使用引起了全世界广泛关注。为了寻求更安全可持续的替代品，国内外消费者转向了天然产品。人们对天然抗生素的期待再次激起了国内外科学家对植物精油抗菌特性的研究兴趣（Liu and Yang，2012）。早在 1999 年，植物精油被认为是合成食品添加剂和作物保护物质的安全替代品。此外，部分植物精油具有抗虫活性（Mahmoudvand et al.，2016），不仅能够抑制植物病原体活性（Soylu et al.，2006），还可以影响霉菌毒素的合成（Wang et al.，2018）。

2.1.4　木姜子属落叶组植物挥发性芳香精油化学成分

木姜子属落叶组植物中均含有挥发性芳香精油。研究最多的是山苍子（即山鸡椒），其果实挥发性芳香精油含量丰富。除此之外，有文献报道木姜子属其他物种也含有挥发性芳香精油，其是木姜子属落叶组植物中的主要成分，广泛存在于整株植物中。其中，果实的挥发性芳香精油含量最高，从已研究的该属落叶组植物（表 2-2）来看，果实与叶片精油的化学成分差异较大，果实精油化学成分相对集中，主要成分为柠檬醛、香叶醛和柠檬烯等，柠檬醛为最主要成分，同时也是精油抑菌的有效成分。叶片挥发性芳香精油化学成分与果实精油不同，主要为芳樟醇、罗勒烯、橙花叔醇、柠檬烯、1,8-桉叶素、松油醇等，但两者都以单萜为主。不同物种果实挥发性芳香精油的主要成分差异不大，同一物种不同部位挥发性芳香精油成分明显不同。

表 2-2　木姜子属落叶组植物各物种挥发性芳香精油主要成分

物种名称	部位及主要挥发性芳香精油成分
杨叶木姜子 *L. populifolia*	果实：β-柠檬醛（22.35%）、α-柠檬醛（16.65%）、柠檬烯（14.15%）、1,8-桉叶素（5.04%）、甲基庚烯酮（4.15%）、β-蒎烯（3.43%）、芳樟醇（3.26%）、α-蒎烯（3.08%）、石竹烯（2.38%） 叶片：芳樟醇（46.62%）、1,8-桉叶素（16.21%）、橙花叔醇（6.99%）、薄荷酮（6.09%）、芳樟醇氧化物（5.04%）、香叶醇（3.26%）
山鸡椒 *L. cubeba*	果实：柠檬醛（84.71%）、柠檬烯（11.04%） 叶片：罗勒烯（25.11%）、橙花叔醇（13.89%）、3,7-二甲基-1,6-辛二烯酚-3-醇丙酸酯（16.85%）、柠檬烯（7.82%）、3,6,6-三甲基-2-降蒎烯（7.67%）和莰烯（6.80%） 根：香草醛、香草醇和少量的柠檬烯
毛叶木姜子 *L. mollis*	果实：香叶醛（39.19%）、柠檬醛（30.19%）、柠檬烯（11.04%） 叶片：1,8-桉油素（29.41%）、松油醇（9.93%）、氧化石竹烯（7.13%）、芳樟醇（7.09%） 花：1,8-桉油素、β-蒎烯和松油烯-4-醇
木姜子 *L. pungens*	果实：β-柠檬醛（32.36%）、α-柠檬醛（37.29%）、柠檬烯（5.96%）、芳樟醇（1.88%）、β-香茅醛（1.37%）

2.2　木姜子属落叶组植物形态鉴定

樟科木姜子属部分落叶组植物形态差异小，功能相近，给木姜子属落叶组植物的研究带来巨大困难。从植物形态学出发，通过蜡叶标本保存植物原始形态，利用植物检索表可以初步明确木姜子属落叶组各物种间的差异与鉴别特征。本研究中采集到的木姜子属落叶组植物所编制的检索表如下。

1. 叶柄长度超过 2 cm ···2
1. 叶柄长度低于 2 cm ···3
2. 树皮鳞片状剥落；叶片较大，基部耳形；果卵形；果托杯状 ·····························
···天目木姜子（*L. auriculata*）
2. 树皮无剥落；叶片较小，基部楔形；果球形；果托浅盘状······杨叶木姜子（*L. populifolia*）
3. 小枝无毛···4
3. 小枝有毛···7
4. 叶片下面无毛···5
4. 叶片下面有毛···6
5. 小枝绿色，干后黑绿色；花梗和果梗上无毛·····················山鸡椒（*L. cubeba*）
5. 小枝黄绿色，带红色，干后红褐色；叶脉红色·············红叶木姜子（*L. rubescens*）
6. 叶片倒卵形；侧脉不等距，叶柄无毛·····················宜昌木姜子（*L. ichangensis*）
6. 叶片椭圆形；侧脉等距；叶柄有毛；叶片较小；多为灌木·······高山木姜子（*L. chunii*）
7. 小枝、叶下面具柔毛···8
7. 小枝、叶下面具绢毛，二年生枝条的毛多脱落···12
8. 叶片下面密被灰黄色短柔毛；每一花序有 8～16 朵花···9
8. 叶片下面具白色柔毛；每一花序有 4～6 朵花···11
9. 叶片椭圆形，一般较大，长 4～15 cm，宽 2～7 cm···
···四川木姜子（*L. moupinensis* var. *szechuanica*）
9. 叶片卵形或长圆形，一般较小，长 4～9 cm，宽 2～4 cm·······································10
10. 枝、叶密被毛··宝兴木姜子（*L. moupinensis*）
10. 枝、叶无毛···峨眉木姜子（*L. moupinensis* var. *glabrescens*）
11. 叶片披针形，较小，长 4～10 cm，宽 1～2.5 cm······毛山鸡椒（*L. cubeba* var. *formosana*）
11. 叶片长圆形，较宽大，长 4～14 cm，宽 2～5 cm·············毛叶木姜子（*L. mollis*）
12. 嫩枝、叶下面具灰色短绢毛；叶披针形，花序总梗有毛·······木姜子（*L. pungens*）
12. 嫩枝、叶下面具黄棕色长绢毛；叶片长圆状披针形、倒卵状长圆形·····················13
13. 叶披针形，先端渐尖，叶下脉绢毛颜色深；花序总梗无毛·······绢毛木姜子（*L. sericea*）
13. 叶长圆形，先端急尖，叶下脉绢毛同色；花序总梗有毛·······钝叶木姜子（*L. veitchiana*）

在传统形态学分类研究中，以木姜子属落叶组植物的叶柄长度、小枝是否被毛和叶片是否被毛的性状作为区分木姜子属落叶组植物的重要分类依据。根据上述形态学分类依据，将木姜子属落叶组植物大致分为 5 组。根据叶柄都在 2 cm 以上，天目木姜子和杨叶木姜子划分为一组；根据小枝无毛，山鸡椒、红叶木姜子、宜昌木姜子和高山木姜子划分为一组；根据小枝和叶片被短柔毛，将四川木姜子、宝兴木姜子、峨眉木姜子、毛山鸡椒和毛叶木姜子（清香木姜子）划分为一组；根据小枝和叶片被长绢毛，将木姜子、绢毛木姜子和钝叶木姜子划分为一组。图 2-1 至图 2-14，分别为上述 14 种植物蜡叶标本的形态图。根据对天目木姜子的观察，如图 2-12 所示，天目木姜子为高大乔木，且具有杯状果托，这与其他木姜子属落叶组植物存在较大差异，而具有杯状果托是木姜子属杯托组的分类依据。此外，毛山鸡椒作为山鸡椒的变种，除叶片和小枝被白色柔毛外，其余性状相同；同时毛山鸡椒与毛叶木姜子和清香木姜子除叶形存在差异外，其余特征相同。民间一般将毛山鸡椒和山鸡椒统称为小叶山苍子，将毛叶木姜子称为大叶山苍子，三者均可用于中药。通过野外观察，发现杨叶木姜子基部楔形，除天目木姜子外与其他落叶组植物差异较大。如图 2-13 所示，杨叶木姜子具有幼叶红色，伞形花序着生于顶端，叶与花同时开放，秋季叶片变黄的特点，同时，杨叶木姜子茎和叶具有浓郁的芳香气味。

图 2-1　宝兴木姜子标本形态图

图 2-2　钝叶木姜子标本形态图

图 2-3　峨眉木姜子标本形态图

图 2-4　高山木姜子标本形态图

图 2-5　红叶木姜子标本形态图

图 2-6　绢毛木姜子标本形态图

图 2-7　毛山鸡椒标本形态图

图 2-8　毛叶木姜子标本形态图

图 2-9　木姜子标本形态图

图 2-10　山鸡椒标本形态图

图 2-11　四川木姜子标本形态图

图 2-12　天目木姜子标本形态图

图 2-13　杨叶木姜子标本形态图

图 2-14　宜昌木姜子标本形态图

2.3　木姜子属芳香植物类群系统生物学分类

中国林业科学研究院亚热带林业研究所利用全基因组测序对木姜子属植物系统生物学进行了进一步深入研究。木姜子属系统生物学研究采用了全国范围内共采集的木姜子属落叶组植物 16 种（来自 6 个省份），木姜子属常绿植物 4 种，樟科檫木属 1 种。各样品的采集信息分别在表 2-3 中列出，均用于全基因组重测序分析。

表 2-3　样本信息统计

样本	中文名称	学名	采集地
MY	毛叶木姜子	*L. mollis*	重庆市万州区
SJJ	山鸡椒	*L. cubeba*	浙江省天目山
MJZ	木姜子	*L. pungens*	重庆市万州区
TM	天目木姜子	*L. auriculata*	浙江省天目山
MS	毛山鸡椒	*L. cubeba* var. *formosana*	重庆市万州区
BX	宝兴木姜子	*L. moupinensis*	四川省峨眉山市
DM	滇木姜子	*L. rubescens* var. *yunnanensis*	重庆市万州区
DY	钝叶木姜子	*L. veitchiana*	四川省峨眉山市
EM	峨眉木姜子	*L. moupinensis* var. *glabrescens*	四川省峨眉山市

样本	中文名称	学名	采集地
GS	高山木姜子	*L. chunii*	湖北省恩施市
JM	绢毛木姜子	*L. sericea*	四川省峨眉山市
QL	秦岭木姜子	*L. tsinlingensis*	陕西省汉中市
SC	四川木姜子	*L. moupinensis* var. *szechuanica*	四川省峨眉山市
YC	宜昌木姜子	*L. ichangensis*	湖北省恩施市
YY	杨叶木姜子	*L. populifolia*	四川省峨眉山市
HY	红叶木姜子	*L. rubescens*	重庆市万州区
HD	黄丹木姜子	*L. elongata*	湖北省恩施市
MB	毛豹皮樟	*L. coreana* var. *lanuginosa*	四川省峨眉山市
BPZ	豹皮樟	*L. coreana* var. *sinensis*	浙江省天目山
WY	五桠果叶木姜子	*L. dilleniifolia*	广西弄岗国家级自然保护区
CM	檫木	*Sassafras tzumu*	湖北省恩施市

采用优化的 CTAB（十六烷基三乙基溴化铵）法提取样品基因组总 DNA。利用微量紫外可见分光光度计（UV-Vis Spectrophotometer Q5000）检测 DNA 的纯度（OD_{260}/OD_{280} 值、OD_{260}/OD_{230} 值）和浓度，再通过琼脂糖凝胶电泳检测条带中 RNA 污染和 DNA 降解的情况。为保证构建 DNA 文库样品的质量，利用 Qubit 对 DNA 浓度进行精确定量。只有 OD 值（OD_{260}/OD_{280} 值、OD_{260}/OD_{230} 值均为 1.8～2.0）和 DNA 含量（>1.5 μg）合格的 DNA 样品才被用于建库。

木姜子属植物多糖、多酚等含量过高，传统 CTAB 法提取的样品 DNA 不能满足后续实验要求，为此，本研究对传统 CTAB 法进行了初步探究和改良。采用硅胶干燥后的山鸡椒叶片和花芽作为实验材料，分别用试剂盒、十二烷基硫酸钠（SDS）和传统 CTAB 法提取山鸡椒叶片 DNA，发现裂解后的上清为胶状黏稠物质，严重影响后续实验步骤，且最终无 DNA 条带。花芽 DNA 提取效果显著优于叶片 DNA 的提取效果，野外采集样品可优先考虑花芽或花苞的采集。但是，由于野外对花芽或花苞组织采样困难，叶片组织的 DNA 提取尤为重要。本研究针对 CTAB 法优化设计的正交实验及质量和浓度检测结果如表 2-4 所示，其中 NaCl 浓度对 DNA 提取影响最为显著。根据正交实验的结果，最终选择 CTAB 浓度为 3%、NaCl 浓度为 2 mol/L、聚乙烯吡咯烷酮（PVP）浓度为 2%、水浴时间为 1 h 作为改良的 CTAB 法条件提取后续样品的总 DNA。对采集得到的所有木姜子属植物组织进行 DNA 提取和纯化，利用 Qubit 对 DNA 浓度进行精确定量，它们的 OD 值和含量均满足后续建库要求。

表 2-4　正交实验设计及结果

实验编号	CTAB浓度/%	NaCl浓度/(mol/L)	PVP浓度/%	水浴时间/h	实验结果		
					OD$_{260}$/OD$_{280}$值	OD$_{260}$/OD$_{230}$值	浓度/(ng/μl)
实验1	2	0.5	2	0.5	1.583	0.676	484.25
实验2	2	1	3	1	1.986	1.818	1688.2
实验3	2	2	4	1.5	1.465	1.275	7189.65
实验4	3	0.5	3	1.5	1.628	0.533	177.90
实验5	3	1	4	0.5	1.972	1.938	629.65
实验6	3	2	2	1	1.890	1.850	2551.20
实验7	4	0.5	4	1	1.715	0.663	130.75
实验8	4	1	2	1.5	1.979	1.774	1400.00
实验9	4	2	3	0.5	1.971	1.903	864.35

2.3.1　测序数据质量评估

对 20 种木姜子属落叶组植物 DNA 文库测序共获得 624.153 Gb 的原始数据，过滤后得到 621.329 Gb 的有效数据（clean data），各样本的原始数据在 14 669.327 Mb～51 245.585 Mb，数据错误率在 0.01%～0.03%。每个样本的 Q20（质量值≥20 的碱基占总体碱基的百分比）≥94.50%、Q30≥86.84%，测序质量较高，GC 含量在 39.39%～48.08%。详细信息如表 2-5 所示，展示了所有样本的测序质量信息，证明每个样本的 GC 分布正常，且测序的质量合格。

表 2-5　木姜子属植物测序数据情况

样本	原始数据量/bp	有效数据量/bp	数据错误率/%	数据有效率/%	GC含量/%	Q20	Q30
BPZ	23 054 247 300	22 950 854 700	0.01	99.55	39.39	96.95	92.80
HD	23 623 848 000	23 558 866 800	0.01	99.72	39.43	97.05	92.98
MB	17 473 116 000	17 400 089 700	0.02	99.58	39.62	95.50	88.94
TM	46 783 424 400	46 636 332 000	0.01	99.69	39.92	97.51	94.00
SC	23 686 113 900	23 545 882 200	0.03	99.41	40.06	95.14	88.34
MJZ	20 691 203 400	20 610 001 800	0.01	99.61	40.16	96.96	92.87
QL	41 786 733 300	41 609 043 900	0.02	99.57	40.41	96.08	90.56
JM	23 006 823 600	22 884 873 600	0.02	99.47	40.44	95.36	88.72
DM	20 439 985 500	20 351 280 000	0.01	99.57	40.59	94.50	86.84
YY	25 611 811 500	25 419 904 500	0.02	99.25	40.64	95.32	88.78
SJJ	24 217 158 000	24 127 378 200	0.01	99.63	40.78	96.22	91.41
MY	22 213 407 900	22 126 802 100	0.01	99.61	40.80	96.19	91.35
GS	19 549 104 000	19 488 259 500	0.03	99.69	40.86	94.66	87.31
EM	19 290 206 400	19 220 717 100	0.02	99.64	41.19	95.38	88.75
DY	15 455 897 400	15 395 926 800	0.02	99.61	41.22	95.42	88.97
MS	14 669 326 800	14 631 362 700	0.02	99.74	41.28	96.69	91.47
WY	51 245 584 800	50 976 726 600	0.01	99.48	41.59	97.20	93.52

续表

样本	原始数据量/bp	有效数据量/bp	数据错误率/%	数据有效率/%	GC 含量/%	Q20	Q30
YC	21 944 603 400	21 852 974 100	0.02	99.58	42.22	95.45	88.84
BX	21 488 885 400	21 407 397 000	0.02	99.62	44.00	95.61	89.22
HY	60 548 936 100	60 464 842 800	0.02	99.86	40.77	96.68	91.38

2.3.2 测序结果与参考基因组比对分析

过滤后得到的序列数据通过 BWA（bwa-0.7.8-r455）软件与参考基因组序列进行比对，利用 SAMTOOLS（mpileup-m2-F0.002-d1000）软件对上述比对结果进行光学重复的去除。

将所有样本的测序结果与山苍子的基因组（Chen et al.，2020）序列进行比对。所有样本的比对率在 68.07%～97.24%（表 2-6），说明样本与参考序列同源性存在较大差异。排除 N 区（GC 含量偏高或含有高度重复序列，测不出来，读取为 N 碱基）的参考基因组序列平均测序深度在 12.46～48.48 倍的基因组，其中至少有一个碱基的覆盖度在 48.57%以上。

表 2-6 测序深度和覆盖度

样本	比对 reads 条数	总 reads 条数	1×覆盖率/%	4×覆盖率/%	比对率/%	平均覆盖度（×，测序数据量/基因组大小）
BPZ	122 605 873	153 005 698	52.42	39.90	80.13	25.46
HD	119 516 547	157 059 112	51.67	39.48	76.10	25.00
MB	91 193 309	116 000 598	49.77	37.12	78.61	20.99
TM	247 378 465	310 908 880	54.01	43.83	79.57	43.28
SC	126 022 603	156 972 548	52.21	39.58	80.28	26.32
MJZ	114 327 493	137 400 012	51.58	38.23	83.21	24.58
QL	221 752 881	277 393 626	55.45	44.31	79.94	40.91
JM	123 843 143	152 565 824	51.48	39.00	81.17	26.56
DM	110 322 867	135 675 200	51.03	37.70	81.31	24.25
YY	137 456 590	169 466 030	52.42	40.28	81.11	28.13
SJJ	156 404 166	160 849 188	88.77	79.29	97.24	19.33
MY	142 502 645	147 512 014	82.17	68.94	96.60	19.54
GS	100 565 695	129 921 730	50.26	37.31	77.40	22.62
EM	98 946 726	128 138 114	50.15	36.61	77.22	22.27
DY	82 532 939	102 639 512	48.57	34.17	80.41	20.00
MS	92 136 595	97 542 418	87.85	74.00	94.46	12.46
WY	235 997 134	339 844 844	55.13	44.93	69.44	41.53
YC	105 885 157	145 686 494	50.92	37.71	72.68	23.34
BX	97 145 595	142 715 980	49.79	36.16	68.07	22.02
HY	338 655 631	403 098 952	57.21	45.98	84.01	48.48

注：1×覆盖率表示参考基因组至少有 1 个碱基覆盖的位点占基因组序列的百分率

2.3.3　木姜子属落叶组植物系统发育分析

叶绿体基因组序列能够解释亲缘关系紧密的类群之间的系统发育关系，有助于阐明植物物种的进化模式。为研究樟科木姜子属落叶组植物的系统发育关系，我们利用 20 个样本叶绿体共有的核心蛋白质编码基因推断其系统发育关系（图 2-15，图 2-16），仅显示>50%的支持率。其中，15 种木姜子属落叶组植物，分别为宝兴木姜子、杨叶木姜子、钝叶木姜子、四川木姜子、秦岭木姜子、峨眉木姜子、红叶木姜子、滇木姜子、宜昌木姜子、绢毛木姜子、高山木姜子、毛叶木姜子、毛山鸡椒、山鸡椒和天目木姜子；2 种木姜子属杯托组（Sect. Cylicodaphne）植物，分别为五桠果叶木姜子（*Litsea dilleniifolia*）和黄丹木姜子（*Litsea elongata*）；2 种木姜子属平托组（Sect. Conodaphne）植物，分别为豹皮樟（*Litsea coreana* var. *sinensis*）和毛豹皮樟（*Litsea coreana* var. *lanuginosa*）；将樟科檫木属（*Sassafras*）的檫木（*Sassafras tzumu*）作为外群。杯托组和平托组物种均为常绿树种。分别用

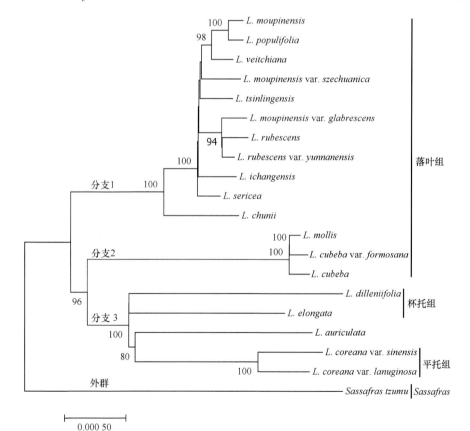

图 2-15　基于 NJ 法构建的木姜子属植物叶绿体基因组系统发育树

NJ 法（neighbor-joining algorithm，邻接法）和 ML 法（maximum likelihood，最大似然法）对上述植物进行系统发育分析。如图 2-15 所示，在 NJ 法构建的叶绿体系统发育树中，19 种木姜子属植物聚类到三大分支，木姜子属落叶组植物被划分为 2 个分支，分别为分支 1（branch 1）和分支 2（branch 2）；平托组和杯托组物种及天目木姜子聚类到分支 3（branch 3）中。其中，毛叶木姜子、山鸡椒和毛山鸡椒的亲缘关系相近，聚为一支，且进化速率相对于其他木姜子属落叶组植物较快。宝兴木姜子、杨叶木姜子、钝叶木姜子、四川木姜子、秦岭木姜子、峨眉木姜子、红叶木姜子、滇木姜子、宜昌木姜子、绢毛木姜子和高山木姜子亲缘进化关系相近，聚为一支。

　　基于 ML 法构建的木姜子属植物叶绿体基因组系统发育树（图 2-16）显示出相近的结果，同样划分为 3 个分支和 1 个外群。木姜子属落叶组植物中，毛叶木

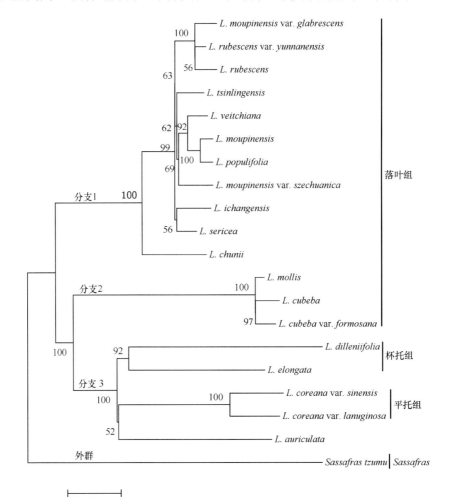

图 2-16　基于 ML 法构建的木姜子属植物叶绿体基因组系统发育树

姜子、山鸡椒和毛山鸡椒亲缘关系相近,单独聚类到一支,且进化速率相对较快。与 NJ 法构建的系统发育树相同,峨眉木姜子、滇木姜子和红叶木姜子亲缘关系相近;高山木姜子相对独立。秦岭木姜子、钝叶木姜子、宝兴木姜子、杨叶木姜子和四川木姜子亲缘关系相近。此外,宜昌木姜子和绢毛木姜子亲缘关系相近。天目木姜子与其他木姜子属落叶组植物亲缘关系最远。

　　结合基因组重测序获得的单核苷酸多态性(SNP)变异数据,我们利用 ML 法构建了 19 种木姜子属植物的系统发育树(图 2-17),将檫木属的檫木作为外源物种。该系统发育树同样聚类到三大分支,落叶组植物聚类到两大分支,平托组和杯托组植物聚类到一支。落叶组植物中,山鸡椒、毛山鸡椒和毛叶木姜子聚类到第 2 分支(branch 2),且进化速率最快;而天目木姜子与平托组和杯托组植物一起聚类到第 3 分支;其余木姜子属落叶组植物聚类到第 1 分支。在第 1 分支中,绢毛木姜子、钝叶木姜子和高山木姜子聚类到一小支;秦岭木姜子、四川木姜子和宜昌木姜子聚类到一小支;宝兴木姜子和峨眉木姜子聚类到一小支;木姜子和红叶木姜子聚类到一小支;杨叶木姜子聚为一小支。

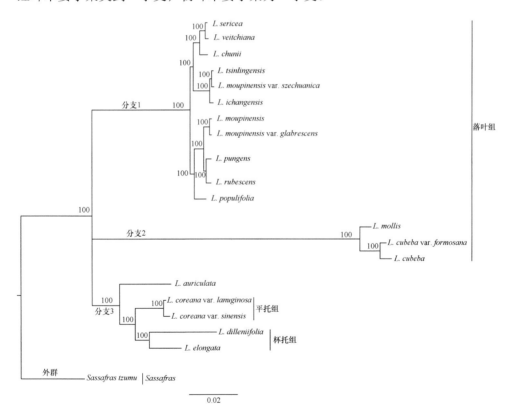

图 2-17　基于 ML 法构建的木姜子属植物 SNP 系统发育树

基于重测序结果，本研究进一步完成了 SNP 变异检测与叶绿体基因组拼接。基于这两套数据的结果分别构建叶绿体基因组系统发育树与 SNP 系统发育树，获得的结果存在一定差异。在 SNP 系统发育树中（图 2-17），显示 3 个分支同时划分出来，并且在分支 3 中，天目木姜子率先被分离出来，其次是平托组和杯托组植物形成的姐妹类群共同进化；而在叶绿体基因组系统发育树（图 2-15，图 2-16）中，落叶组植物被率先划分出来，其次是杯托组类群，天目木姜子与平托组类群形成姐妹类群。在 SNP 系统发育树和叶绿体基因组发育树中，都表示山鸡椒、毛山鸡椒和毛叶木姜子单独聚类到一支，且进化速率最快，因毛叶木姜子和毛山鸡椒亲缘关系更近，形态学上将毛山鸡椒归于山鸡椒的变种。此外，天目木姜子的系统位置也发生了分歧：在形态学中，天目木姜子归为落叶组植物，但天目木姜子具有杯状果托，这是杯托组具有的特征；通过系统发育分析，发现天目木姜子与平托组和杯托组植物亲缘关系更近。其余木姜子属落叶组植物均聚类到分支 1 中，但各物种在 SNP 系统发育树和叶绿体基因组系统发育树中的聚类存在较大差异。在叶绿体基因组系统进化分析中（图 2-15，图 2-16），峨眉木姜子、滇木姜子和红叶木姜子亲缘关系相近；高山木姜子相对独立；秦岭木姜子、钝叶木姜子、宝兴木姜子、杨叶木姜子和四川木姜子亲缘关系相近；此外，宜昌木姜子和绢毛木姜子亲缘关系相近。在 SNP 系统进化分析中（图 2-17），绢毛木姜子、钝叶木姜子和高山木姜子聚类到一小支；秦岭木姜子、四川木姜子和宜昌木姜子聚类到一小支；宝兴木姜子和峨眉木姜子聚类到一小支；木姜子和红叶木姜子聚类到一小支；杨叶木姜子单独聚为一小支。在叶绿体基因组系统发育树中分支 1 的支持率相对较低，而在 SNP 系统发育树中的支持率均为 100%，故本研究更加支持 SNP 系统发育树的分析结果。

2.4　木姜子属落叶组植物化学成分分析

木姜子属落叶组植物中均含有挥发性芳香物成分。山苍子是樟科木姜子属多种芳香油料植物的统称，栽培的主要有 3 种，即毛叶木姜子（俗称大木姜）、山鸡椒（俗称小木姜）及其变种毛山鸡椒。除此之外，木姜子属其他落叶组植物也含有挥发精油，广泛存在于果实、花、树皮和根中。果实的精油含量高于花、根和树皮。在已研究的木姜子属物种中，果实精油的化学成分相对集中，主要为α-柠檬醛、β-柠檬醛、柠檬烯和香叶醛等。叶片的挥发性成分相对分散，主要为芳樟醇、橙花叔醇、柠檬烯、罗勒烯、1,8-桉叶素和松油醇等。本研究通过对 12 种木姜子属落叶组植物的叶片进行气相色谱-质谱（GC-MS）检测，并对其进行化学指纹分析和聚类分析，探究每种落叶组植物叶片的挥发精油成分及各物种所含化学物质之间的关系，为形态和分子亲缘关系鉴定进行补充。

2.4.1　木姜子属落叶组植物叶片化学成分检测与鉴定

本研究于 2017 年 6～10 月分别从重庆市万州区、浙江省天目山、四川省峨眉山市、陕西省汉中市和湖北省恩施市共采集到 12 种木姜子属落叶组植物的新鲜叶片。采集信息如表 2-7 所示,将采集到的叶片立即放入 4℃冰箱内保存备用。

表 2-7　样本信息统计表

样本	中文名称	学名	采集地	海拔/m	采集时间
MY	毛叶木姜子	*L. mollis*	重庆市万州区	1360	2017.7.24
SJJ	山鸡椒	*L. cubeba*	浙江省天目山	1110	2017.6.7
MJZ	木姜子	*L. pungens*	重庆市万州区	1350	2017.7.23
TM	天目木姜子	*L. auriculata*	浙江省天目山	1210	2017.6.7
MS	毛山鸡椒	*L. cubeba* var. *formosana*	重庆市万州区	1360	2017.7.24
BX	宝兴木姜子	*L. moupinensis*	四川省峨眉山市	1240	2017.10.27
EM	峨眉木姜子	*L. moupinensis* var. *glabrescens*	四川省峨眉山市	1220	2017.10.27
QL	秦岭木姜子	*L. tsinlingensis*	陕西省汉中市	1345	2017.9.13
SC	四川木姜子	*L. moupinensis* var. *szechuanica*	四川省峨眉山市	1238	2017.10.26
YC	宜昌木姜子	*L. ichangensis*	湖北省恩施市	1187	2017.9.2
YY	杨叶木姜子	*L. populifolia*	四川省峨眉山市	1147	2017.10.26
HY	红叶木姜子	*L. rubescens*	重庆市万州区	1374	2017.7.24

三种木姜子属植物信息及果实精油含量如表 2-8 所示。

表 2-8　山鸡椒、毛叶木姜子和毛山鸡椒果实精油含量统计

样本	精油含量/%	种名
G3	4.48	山鸡椒
G4	6.56	山鸡椒
L6	12.05	山鸡椒
F7	2.46	山鸡椒
L29	5.09	山鸡椒
F15	3.50	毛叶木姜子
C5	2.88	毛叶木姜子
C3	3.78	毛叶木姜子
C14	2.62	毛叶木姜子
F14	1.50	毛叶木姜子
F12	2.98	毛山鸡椒
F9	3.09	毛山鸡椒
F8	1.82	毛山鸡椒
F10	1.83	毛山鸡椒
F11	1.85	毛山鸡椒

12 种木姜子属落叶组植物的叶片挥发精油 GC-MS 检测结果表明，天目木姜子、秦岭木姜子和木姜子的离子峰主要出现在 10～40 min；山鸡椒和宜昌木姜子的离子峰主要出现在 4～15 min，以及 25～33 min；红叶木姜子的离子峰主要出现在 5～33 min；毛山鸡椒、毛叶木姜子、宝兴木姜子、杨叶木姜子、四川木姜子和峨眉木姜子的离子峰主要出现在 5～30 min。

通过与 NIST08 标准谱库进行检索匹配，并结合文献报道共鉴定出 32 种山鸡椒叶片中的挥发性化学成分，各成分信息如表 2-9 所示。山鸡椒叶片主要挥发性成分为 1,8-桉叶素（12.87%）、(Z)-3-己烯-1-醇乙酸酯（8.91%）、石竹烯（8.01%）、罗勒烯（6.80%）、石竹素（6.00%）、(Z)-3-己烯-1-醇（5.75%）、大牛儿烯 D（3.86%）、水芹烯（3.50%）、α-蒎烯（2.41%）、莰烯（2.07%）、β-蒎烯（1.69%）、右旋柠檬烯（1.59%）、(E)-3-己烯-1-醇乙酸酯（1.35%）、α-荜澄茄油烯（1.12%）。其中 1,8-桉叶素含量最高。

表 2-9　山鸡椒叶片挥发性化学成分

英文名称	中文名称	含量/%	保留时间/min	匹配度/%
1,8-cineole	1,8-桉叶素	12.87	10.6917	93
3-hexen-1-ol, acetate, (Z)-	(Z)-3-己烯-1-醇乙酸酯	8.91	7.2789	83
caryophyllene	石竹烯	8.01	25.4445	99
ocimene	罗勒烯	6.80	11.6283	95
caryophyllene oxide	石竹素	6.00	29.7545	95
3-hexen-1-ol, (Z)-	(Z)-3-己烯-1-醇	5.75	4.6484	90
germacrene D	大牛儿烯 D	3.86	24.7448	95
phellandrene	水芹烯	3.50	9.5253	86
α-pinene	α-蒎烯	2.41	6.8446	96
camphene	莰烯	2.07	7.3506	97
β-pinene	β-蒎烯	1.69	8.3985	91
D-limonene	右旋柠檬烯	1.59	10.5373	94
3-hexen-1-ol, acetate, (E)-	(E)-3-己烯-1-醇乙酸酯	1.35	9.9453	83
α-cubebene	α-荜澄茄油烯	1.12	24.9027	97
citronellal	香茅醛	0.98	16.5734	98
terpinene	松油烯	0.88	11.8544	95
2,4,6-octatriene, 2,6-dimethyl, (E,Z)	(E,Z)-2,6-二甲基-2,4,6-辛三烯	0.83	16.0925	94
(±)-γ-cadinene	(±)-γ-杜松烯	0.58	29.5607	83
α-terpineol	α-松油醇	0.50	18.0735	91
linalool	芳樟醇	0.46	13.9214	96
(−)-allo-aromadendrene	(−)-香树烯	0.41	27.3357	98

续表

英文名称	中文名称	含量/%	保留时间/min	匹配度/%
β-elemene	β-榄香烯	0.37	24.7986	99
carene	蒈烯	0.32	11.9083	50
ledol	杜香醇	0.31	30.2247	99
β-myrcene	β-月桂烯	0.24	6.2561	91
(−)-isoledene	(−)-异喇叭烯	0.23	27.4757	91
bicyclo[7.2.0]undec-4-ene, 4,11,11-trimethyl-8-methylene-	异丁香烯	0.23	25.1108	94
β-bourbonene	β-波旁烯	0.23	24.5797	95
cyclohexene	环己烯	0.20	26.2843	86
cyclohexanecarboxylic acid	环己甲酸	0.18	40.4056	98
geraniol	香叶醇	0.15	20.5676	87
α-cadinol	α-毕橙茄醇	0.07	31.4052	95

宜昌木姜子共检测并鉴定出 30 种挥发性化学成分，其中罗勒烯的含量最高（20.75%）。其他主要成分分别为芳樟醇（13.08%）、大牛儿烯 D（12.19%）、1,8-桉叶素（8.98%）、石竹烯（6.40%）、右旋柠檬烯（5.86%）、(E)-2-己烯醛（4.34%）、(+)-α-柏木萜烯（4.01%）、β-榄香烯（3.29%）、双环大牛儿烯（2.63%）、α-荜澄茄油烯（2.35%）、α-蒎烯（2.14%）（表 2-10）。

表 2-10　宜昌木姜子叶片挥发性化学成分

英文名称	中文名称	含量/%	保留时间/min	匹配度/%
ocimene	罗勒烯	20.75	11.4919	97
linalool	芳樟醇	13.08	14.1224	87
germacrene D	大牛儿烯 D	12.19	27.4829	94
1,8-cineole	1,8-桉叶素	8.98	10.602	95
caryophyllene	石竹烯	6.40	25.5486	99
D-limonene	右旋柠檬烯	5.86	10.5194	94
2-hexenal, (E)-	(E)-2-己烯醛	4.34	4.3649	91
(+)-α-funebrene	(+)-α-柏木萜烯	4.01	27.5762	92
β-elemene	β-榄香烯	3.29	24.7951	94
bicyclogermacrene	双环大牛儿烯	2.63	27.605	91
α-cubebene	α-荜澄茄油烯	2.35	24.8955	96
α-pinene	α-蒎烯	2.14	6.8016	96

英文名称	中文名称	含量/%	保留时间/min	匹配度/%
phellandrene	水芹烯	1.58	26.2843	93
α-terpineol	α-松油醇	1.33	18.0664	91
terpinene	松油烯	1.31	11.8581	95
α-farnesene	α-法尼烯	1.06	27.9064	94
camphene	莰烯	0.98	7.3112	96
α-muurolene	α-依兰油烯	0.90	23.1048	87
(−)-isocaryophyllene	(−)-异丁香烯	0.81	25.5343	91
α-terpineol	α-松油醇	0.76	18.0663	90
2,4,6-octatriene, 2,6-dimethyl-, (E,Z)-	(E,Z)-2,6-二甲基-2,4,6-辛三烯	0.64	16.1213	97
3-cyclohexen-1-ol, 4-methyl-1-(1-methylethyl)-, (1R)-	(−)-4-萜品醇	0.52	17.4921	95
β-bourbonene	β-波旁烯	0.50	24.5725	97
(−)-allo-aromadendrene	(−)-香树烯	0.44	26.0726	98
β-myrcene	β-月桂烯	0.43	9.0518	86
(+)-4-carene	(+)-4-蒈烯	0.31	10.0315	97
terpinen-4-ol	4-萜烯醇	0.28	17.4921	95
borneol	莰醇	0.23	16.9719	94
β-pinene	β-蒎烯	0.23	8.3698	94
nerolidol	橙花叔醇	0.20	29.2701	90

红叶木姜子共检测并鉴定出 36 种挥发性化学成分,其中 1,8-桉叶素含量最多(31.92%),其次分别为罗勒烯(13.52%)、松油烯(4.51%)、大牛儿烯 D(4.30%)、α-荜澄茄油烯(3.95%)、α-蒎烯(3.60%)、(−)-4-萜品醇(3.59%)、双环大牛儿烯(3.36%)等(表 2-11)。

表 2-11 红叶木姜子叶片挥发性化学成分

英文名称	中文名称	含量/%	保留时间/min	匹配度/%
1,8-cineole	1,8-桉叶素	31.92	10.5485	95
ocimene	罗勒烯	13.52	11.4278	97
terpinene	松油烯	4.51	11.7902	95
germacrene D	大牛儿烯 D	4.30	27.4905	94
α-cubebene	α-荜澄茄油烯	3.95	24.3253	98

续表

英文名称	中文名称	含量/%	保留时间/min	匹配度/%
α-pinene	α-蒎烯	3.60	13.2559	97
3-cyclohexen-1-ol, 4-methyl-1-(1-methylethyl)-,(1R)-	(−)-4-萜品醇	3.59	17.7041	95
bicyclogermacrene	双环大牛儿烯	3.36	27.6233	91
α-terpineol	α-松油醇	2.60	18.307	90
(+)-4-carene	(+)-4-蒈烯	2.54	10.2756	97
α-muurolene	α-依兰油烯	2.44	28.0611	97
(+)-α-funebrene	(+)-α-柏木萜烯	1.98	27.6338	87
α-farnesene	α-法尼烯	1.66	27.9211	90
terpinen-4-ol	4-萜烯醇	1.24	17.4889	97
caryophyllene	石竹烯	1.01	26.4713	91
β-myrcene	β-月桂烯	1.00	9.3282	91
linalool	芳樟醇	0.99	13.868	96
β-elemene	β-榄香烯	0.95	24.8062	99
cedrene	雪松烯	0.95	27.6053	86
β-pinene	β-蒎烯	0.86	8.2626	94
(−)-allo-aromadendrene	(−)-香树烯	0.80	26.0837	99
3-hexen-1-ol, (Z)-	(Z)-3-己烯-1-醇	0.74	4.2433	91
D-Limonene	右旋柠檬烯	0.68	13.4336	96
(+)-2-carene	(+)-2-蒈烯	0.63	9.9349	95
phellandrene	水芹烯	0.57	26.7333	97
2,4,6-octatriene, 2,6-dimethyl-, (E,Z)-	(E,Z)-2,6-二甲基-2,4,6 -辛三烯	0.42	16.1396	94
camphene	莰烯	0.40	7.125	94
nerolidol	橙花叔醇	0.25	29.2812	91
β-elemene	β-榄香烯	0.19	24.8062	99
carveol	葛缕醇	0.16	19.6995	98
isoledene	异喇叭烯	0.15	24.2356	93
α-terpineol	α-松油醇	0.15	17.0691	86
1,6,10-dodecatriene, 7,11-dimethyl-3-methylene-, (Z)-	(Z)-7, 11-二甲基-3-亚甲基-1,6,10-十二碳三烯	0.14	26.5969	95
fenchol	小茴香醇	0.11	14.6789	95
geraniol	香叶醇	0.11	20.6181	93
citral	柠檬醛	0.03	21.142	97

毛山鸡椒叶片共检测并鉴定出 29 种挥发性化学成分，其中含量最高的为 1,8-桉叶素。毛山鸡椒叶片主要的挥发性化学成分分别为 1,8-桉叶素（20.96%）、石竹烯（7.39%）、β-榄香烯（5.86%）、α-荜澄茄油烯（4.96%）、罗勒烯（3.97%）、大牛儿烯 D（3.19%）、β-月桂烯（2.30%）、α-蒎烯（2.29%）、α-松油醇（2.95%）、水芹烯（1.95%）、松油烯（1.89%）、2-乙基呋喃（1.70%）、双环大牛儿烯（1.63%）（表 2-12）。

表 2-12 毛山鸡椒叶片挥发性化学成分

英文名称	中文名称	含量/%	保留时间/min	匹配度/%
1,8-cineole	1,8-桉叶素	20.96	10.9251	95
caryophyllene	石竹烯	7.39	25.6637	99
β-elemene	β-榄香烯	5.86	24.8849	91
α-cubebene	α-荜澄茄油烯	4.96	23.5894	98
ocimene	罗勒烯	3.97	11.2266	96
germacrene D	大牛儿烯 D	3.19	27.2678	96
β-myrcene	β-月桂烯	2.30	9.2853	86
α-pinene	α-蒎烯	2.29	7.1355	94
α-terpineol	α-松油醇	2.95	18.1706	90
phellandrene	水芹烯	1.95	26.7546	94
terpinene	松油烯	1.89	12.0484	95
furan, 2-ethyl-	2-乙基呋喃	1.70	2.0757	91
bicyclogermacrene	双环大牛儿烯	1.63	27.6518	91
β-bourbonene	β-波旁烯	1.20	24.6229	81
α-farnesene	α-法尼烯	1.17	27.9425	93
D-limonene	右旋柠檬烯	1.05	13.3977	95
(±)-γ-cadinene	(±)-γ-杜松烯	0.70	27.1314	97
(−)-allo-aromadendrene	(−)-香树烯	0.65	26.1087	99
(+)-2-carene	(+)-2-蒈烯	0.58	10.2756	96
2,4,6-octatriene, 2,6-dimethyl-, (E,Z)-	(E,Z)-2,6-二甲基-2,4,6-辛三烯	0.42	15.5832	96
linalool	芳樟醇	0.34	14.0867	97
citral	柠檬醛	0.26	21.1348	97
3-cyclohexen-1-ol, 4-methyl-1-(1-methylethyl)-, (1R)-	(−)-4-萜品醇	0.23	17.6036	95
(+)-4-carene	(+)-4-蒈烯	0.23	10.3223	97
camphene	莰烯	0.21	7.6272	96
terpinen-4-ol	4-萜烯醇	0.20	17.6036	95
3-hexenal	3-己烯醛	0.20	3.633	81
hexanal	正己醛	0.13	3.3999	83
citronellal	香茅醛	0.12	16.6849	95

毛叶木姜子叶片检测并鉴定出挥发性化学成分共 29 种，如表 2-13 所示，其主要成分为 1,8-桉叶素（22.55%）、(*E*)-2-己烯醛（16.35%）、石竹烯（6.88%）、β-榄香烯（3.58%）、大牛儿烯 D（2.81%）、罗勒烯（2.64%）和 α-松油醇（2.80%），含量最高的为 1,8-桉叶素。

表 2-13　毛叶木姜子叶片挥发性化学成分

英文名称	中文名称	含量/%	保留时间/min	匹配度/%
1,8-cineole	1,8-桉叶素	22.55	10.7639	93
2-hexenal, (*E*)-	(*E*)-2-己烯醛	16.35	10.7887	91
caryophyllene	石竹烯	6.88	0.4294	91
β-elemene	β-榄香烯	3.58	24.8419	91
germacrene D	大牛儿烯 D	2.81	27.225	96
ocimene	罗勒烯	2.64	11.5713	97
α-terpineol	α-松油醇	2.80	18.1421	91
cyclotetrasiloxane, octamethyl-	八甲基环四硅氧烷	2.18	24.6123	95
hexanal	正己醛	1.39	3.5005	83
β-bourbonene	β-波旁烯	1.15	24.6053	94
linalool	芳樟醇	1.09	14.0296	97
β-myrcene	β-月桂烯	1.08	9.2923	86
β-pinene	β-蒎烯	0.97	9.3103	93
α-cubebene	α-荜澄茄油烯	0.91	24.928	96
terpinene	松油烯	0.76	11.9661	95
phellandrene	水芹烯	0.65	26.0226	93
(+)-4-carene	(+)-4-蒈烯	0.48	13.337	97
camphene	莰烯	0.42	7.6344	97
(−)-allo-aromadendrene	(−)-香树烯	0.42	26.1017	97
α-farnesene	α-法尼烯	0.42	27.9209	93
D-limonene	右旋柠檬烯	0.33	10.1682	96
α-pinene	α-蒎烯	0.33	24.3466	98
terpinen-4-ol	4-萜烯醇	0.31	17.5751	93
citronellal	香茅醛	0.26	16.6564	95
3-cyclohexen-1-ol, 4-methyl-1-(1-methylethyl)-, (1*R*)-	(−)-4-萜品醇	0.24	17.6036	95
caryophyllene oxide	石竹素	0.22	29.7621	91
citral	柠檬醛	0.14	21.1422	94
ylangene	依兰烯	0.11	24.2141	98
bicyclo[7.2.0]undec-4-ene, 4,11,11-trimethyl-8-methylene-	异丁香烯	0.05	25.2297	98

如表 2-14 所示，宝兴木姜子叶片共检测并鉴定出挥发性化学成分 31 种，主要成分分别为 1,8-桉叶素（35.33%）、松油烯（7.47%）、α-蒎烯（5.60%）、(−)-4-萜品醇（5.49%）、乙酸松油酯（4.60%）、β-月桂烯（2.34%）、β-蒎烯（2.33%）和 (+)-4-蒈烯（2.21%），其中 1,8-桉叶素含量最高。

表 2-14　宝兴木姜子叶片挥发性化学成分

英文名称	中文名称	含量/%	保留时间/min	匹配度/%
1,8-cineole	1,8-桉叶素	35.33	11.1442	95
terpinene	松油烯	7.47	12.1562	93
α-pinene	α-蒎烯	5.60	7.1822	96
3-cyclohexen-1-ol, 4-methyl-1-（1-methylethyl）-, (1R)-	(−)-4-萜品醇	5.49	17.7437	95
3-cyclohexene-1-methanol, α, α, 4-trimethyl-, acetate	乙酸松油酯	4.60	23.6686	91
β-myrcene	β-月桂烯	2.34	9.3212	87
β-pinene	β-蒎烯	2.33	8.6824	94
(+)-4-carene	(+)-4-蒈烯	2.21	10.3045	97
D-limonene	右旋柠檬烯	1.99	13.441	95
(+)-2-carene	(+)-2-蒈烯	1.96	10.3906	96
1,3,6,10-dodeca tetraene，3,7,11-trimethyl-, (Z,E)-	(Z,E)-3,7,11-三甲基-1,3,6,10-十二碳-四烯	1.93	26.0371	94
bicyclogermacrene	双环大牛儿烯	1.86	27.659	91
3-hexen-1-ol	3-己烯-1-醇	1.53	5.0651	90
germacrene D	大牛儿烯 D	1.48	26.317	96
phellandrene	水芹烯	1.19	9.6727	91
3-hexen-1-ol, (E)-	(E)-3-己烯-1-醇	1.15	4.8641	84
α-farnesene	α-法尼烯	1.06	27.9462	90
camphene	莰烯	0.76	7.6453	97
ocimene	罗勒烯	0.72	11.2949	96
α-terpineol	α-松油醇	0.67	18.1995	90
(−)-allo-aromadendrene	(−)-香树烯	0.59	26.1053	99
2-cyclohexen-1-one, 2-methyl-5-(1-methylethenyl)-, (S)-	(S)-2-环己烯-1-酮, 2-甲基-5-(1-甲基乙烯基)	0.57	20.1697	95
linalool	芳樟醇	0.51	14.13	95
1,6,10-dodecatriene，7,11-dimethyl-3-methylene-, (Z)-	(Z)-7,11-二甲基-3-亚甲基-1,6,10-十二碳三烯	0.39	26.6077	93
2-hexenal, (E)-	(E)-2-己烯醛	0.32	4.6594	90
(±)-γ-cadinene	(±)-γ-杜松烯	0.31	27.128	98

续表

英文名称	中文名称	含量/%	保留时间/min	匹配度/%
α-cubebene	α-荜澄茄油烯	0.31	24.9354	97
1H-cyclopropa[a]naphthalene，1a,2,3, 5,6,7,7a,7b-octahydro-1,1,7,7a-tetra methyl-，[1aR-(1aα, 7α, 7aα, 7bα)]-	白菖烯	0.28	25.9041	95
geraniol	香叶醇	0.27	20.6326	92
cyclooctanone	环辛酮	0.11	15.2925	86
citral	柠檬醛	0.03	21.1493	96

如表 2-15 所示，杨叶木姜子叶片检测并鉴定出的挥发性化学成分共 36 种，主要成分分别为芳樟醇（32.77%）、1,8-桉叶素（25.50%）、水芹烯（3.57%）、大牛儿烯 D（3.52%）、松油烯（3.41%）、α-蒎烯（2.72%）、3-己烯-1-醇（2.57%）和 5-甲基-2-异丙基-3-环己烯-1-酮（2.53%），其中芳樟醇含量最高。

表 2-15　杨叶木姜子叶片挥发性化学成分

英文名称	中文名称	含量/%	保留时间/min	匹配度/%
linalool	芳樟醇	32.77	14.27	97
1,8-cineole	1,8-桉叶素	25.50	10.7962	93
phellandrene	水芹烯	3.57	9.6657	91
germacrene D	大牛儿烯 D	3.52	24.7632	96
terpinene	松油烯	3.41	11.9697	95
α-pinene	α-蒎烯	2.72	7.1824	95
3-hexen-1-ol	3-己烯-1-醇	2.57	4.717	91
3-cyclohexen-1-one，2-isopropyl-5-methyl-	5-甲基-2-异丙基-3-环己烯-1-酮	2.53	20.6039	97
(+)-2-carene	(+)-2-蒈烯	2.31	10.1682	95
2-furanmethanol, 5-ethenyltetrahydro-α, α, 5-trimethyl-, cis-	顺-α, α-5-三甲基-5-乙烯基四氢化呋喃-2-甲醇	2.10	12.7196	90
D-limonene	右旋柠檬烯	2.01	13.3333	96
(+)-4-carene	(+)-4-蒈烯	2.01	10.2686	97
α-terpineol	α-松油醇	1.79	17.2269	83
terpinen-4-ol	4-萜烯醇	1.67	17.5751	97
carveol	葛缕醇	1.12	19.6852	99
2-hexenal, (E)-	(E)-2-己烯醛	1.02	4.6381	91
β-myrcene	β-月桂烯	1.02	20.6506	91
α-cubebene	α-荜澄茄油烯	0.99	23.5825	97

续表

英文名称	中文名称	含量/%	保留时间/min	匹配度/%
α-farnesene	α-法尼烯	0.93	27.9247	93
β-pinene	β-蒎烯	0.60	9.3033	94
ocimene	罗勒烯	0.58	11.1407	96
2-hexen-1-ol, (Z)-	(Z)-2-己烯-1-醇	0.48	4.9897	87
(+)-Epi-bicyclosesquiphellandrene	(+)双环倍半水芹烯	0.44	26.7477	94
ocimene,(E)-	(E)-罗勒烯	0.43	11.1407	96
cedrene	雪松烯	0.32	27.5838	87
nerolidol	橙花叔醇	0.28	29.2813	91
bicyclo[4.4.0]dec-1-ene, 2-isopropyl-5-methyl-9-methylene-	2-异丙基-5甲基-9亚甲基，双环[4.4.0]-1烯	0.26	25.4271	95
2-cyclohexen-1-one, 2-methyl-5-(1-methylethenyl)-, (S)-	(S)-2-环己烯-1-酮, 2-甲基-5-(1-甲基乙烯基)-	0.24	20.1518	95
α-cubebene	α-荜澄茄油烯	0.20	25.8362	96
cyclohexanone, 2-methyl-5-(1-methylethenyl)-, trans-	二氢香芹酮	0.20	18.3933	98
camphene	莰烯	0.15	7.5233	97
3-hexenal	3-己烯醛	0.14	3.4574	91
(−)-allo-aromadendrene	(−)香树烯	0.11	23.2487	95
bicyclo[2.2.1]heptan-2-ol, 1,7,7-trimethyl-, (1S-endo)-	2-莰醇	0.11	17.1445	94
caryophyllene	石竹烯	0.11	26.4964	93
fenchol	小茴香醇	0.07	14.6755	96

如表 2-16 所示，四川木姜子叶片检测并鉴定出的挥发性化学成分共 29 种，主要成分分别为罗勒烯（40.63%）、芳樟醇（17.17%）、α-荜澄茄油烯（8.03%）、2,6-二甲基-6-(4-甲基-3-戊烯基)双环[3.1.1]庚-2-烯（6.13%）、α-法尼烯（3.49%）和 β-榄香烯（2.93%），其中罗勒烯的含量最高。

表 2-16 四川木姜子叶片化学成分

英文名称	中文名称	含量%	保留时间/min	匹配度/%
ocimene	罗勒烯	40.63	12.0126	96
linalool	芳樟醇	17.17	14.417	96
α-cubebene	α-荜澄茄油烯	8.03	23.5968	98
bicyclo[3.1.1]hept-2-ene, 2,6-dimethyl-6-(4-methyl-3-pentenyl)-	2,6-二甲基-6-(4-甲基-3-戊烯基)双环[3.1.1]庚-2-烯	6.13	27.6123	89
α-farnesene	α-法尼烯	3.49	28.0754	96

续表

英文名称	中文名称	含量%	保留时间/min	匹配度%
β-elemene	β-榄香烯	2.93	24.8958	91
naphthalene，1,2,4a,5,6,8a-hexahydro-4,7-dimethyl-1-(1-methylethyl)-	1,2,4a,5,6,8a-六氢-1-异丙基-4,7-二甲基萘	2.22	28.1543	97
naphthalene，1,2,3,5,6,8a-hexahydro-4,7-dimethyl-1-(1-methylethyl)-，(1S-cis)-	(1S-顺式)-1-异丙基-4,7-二甲基-1,2,3,5,6,8a-六氢萘	2.15	28.4019	95
2,6-octadien-1-ol, 3,7-dimethyl-, acetate, (E)-	乙酸香叶酯	1.02	24.6445	91
2,6-dimethyl-1,3,5,7-octatetraene，E,E-	E,E-2,6-二甲基-1,3,5,7-辛四烯	0.95	15.6084	93
caryophyllene	石竹烯	0.80	25.5884	93
linalool propanoate	丙酸芳樟酯	0.76	20.6792	90
α-pinene	α-蒎烯	0.65	7.1572	96
camphene	莰烯	0.64	7.6344	96
(+)-Epi-bicyclosesquiphellandrene	(+)-双环倍半水芹烯	0.64	25.8504	93
(−)-allo-aromadendrene	(−)-香树烯	0.62	26.1303	99
naphthalene, 1,2,4a,5,6,8a-hexahydro-4,7-dimethyl-1-(1-methylethyl)-, [1s-(1α, 4aβ, 8aα)]-	α-荜澄茄烯	0.39	28.7141	95
3-hexen-1-ol, (Z)-	(Z)-3-己烯-1-醇	0.50	4.9034	81
1,6,10-dodecatriene, 7,11-dimethyl-3-methylene-, (Z)-	(Z)-7,11-二甲基-3-亚甲基-1,6,10-十二碳三烯	0.38	26.6579	93
β-pinene	β-蒎烯	0.36	8.6428	94
2,4,6-octatriene, 2,6-dimethyl-, (E,Z)-	(E,Z)-2,6-二甲基-2,4,6-辛三烯	0.36	16.1467	97
Naphthalene, 1,2,4a,5,6,8a-hexahydro-4,7-dimethyl-1-(1-methylethyl)-, (1α, 4aα, 8aα)-	(1α,4aα,8aα)-1-异丙基-4,7-二甲基-1,2, 4a,5,6,8a-六氢萘	0.35	26.9233	93
D-limonene	右旋柠檬烯	0.28	10.7959	95
β-myrcene	β-月桂烯	0.15	9.3642	91
citral	柠檬醛	0.15	21.1421	91
α-terpineol	α-松油醇	0.11	18.1852	90
terpinene	松油烯	0.05	12.1776	97
α-calacorene	α-二去氢菖蒲烯	0.05	28.7896	80
caryophyllene	石竹烯	0.17	25.5884	93

峨眉木姜子叶片检测并鉴定出的挥发性化学成分共 29 种。如表 2-17 所示，峨眉木姜子叶片中最主要的化学成分分别是罗勒烯（40.14%）、芳樟醇

（15.34%）、α-荜澄茄油烯（9.55%）、(1S-顺式)-1-异丙基-4,7-二甲基-1,2,3,5,6,8a-六氢萘（3.46%）、β-榄香烯（3.19%）和 α-法尼烯（1.68%），其中罗勒烯的含量最高。

表 2-17　峨眉木姜子叶片挥发性化学成分

英文名称	中文名称	含量/%	保留时间/min	匹配度/%
ocimene	罗勒烯	40.14	11.9409	96
linalool	芳樟醇	15.34	14.6037	96
α-cubebene	α-荜澄茄油烯	9.55	23.6004	97
naphthalene, 1,2,3,5,6,8a-hexahydro-4,7-dimethyl-1-(1-methylethyl)-, (1S-cis)-	(1S-顺式)-1-异丙基-4,7-二甲基-1,2,3,5,6,8a-六氢萘	3.46	26.4354	91
β-elemene	β-榄香烯	3.19	24.8887	91
α-farnesene	α-法尼烯	1.68	28.0037	91
naphthalene, 1,2,4a,5,6,8a-hexahydro-4,7-dimethyl-1-(1-methylethyl)-	1-异丙基-4,7-二甲基-1,2,4a,5,6,8a-六氢萘	1.50	26.9378	93
linalool propanoate	丙酸芳樟酯	1.36	20.7151	90
acetic acid, 1,7,7-trimethyl-bicyclo[2.2.1]hept-2-YL ester	1,7,7-三甲基双环[2.2.1]庚-2-基酯乙酸	1.28	21.6553	98
2,6-octadien-1-ol, 3,7-dimethyl-, acetate, (Z)-	(Z)-3,7-二甲基-2,6-辛二烯-1-醇乙酸酯	1.18	24.0813	87
α-pinene	α-蒎烯	1.14	7.1501	96
naphthalene, decahydro-4a-methyl-1-methylene-7-(1-methylethenyl)-, [4aR-(4aα, 7α, 8aβ)]-	(+)-β-芹子烯	1.13	27.415	99
3-hexen-1-ol, (Z)-	(Z)-3-己烯-1-醇	1.02	4.8747	90
camphene	莰烯	0.82	7.6561	97
(+)-Epi-bicyclosesqui-phellandrene	(+)-双环倍半水芹烯	0.69	25.8503	93
(−)-allo-aromadendrene	(−)-香树烯	0.66	26.1232	99
naphthalene, 1,2,4a,5,6,8a-hexahydro-4,7-dimethyl-1-(1-methylethyl)-, [1S-(1α, 4aβ, 8aα)]-	α-荜澄茄烯	0.54	28.6927	94
D-limonene	右旋柠檬烯	0.46	10.7423	93
caryophyllene	石竹烯	0.41	26.5072	98
3-hexen-1-ol	3-己烯-1-醇	0.40	5.0938	81

英文名称	中文名称	含量/%	保留时间/min	匹配度/%
β-pinene	β-蒎烯	0.34	8.6609	91
2,4,6-octatriene，2,6-dimethyl-,(E,Z)-	(E,Z)-2,6-二甲基-2,4,6-辛三烯	0.33	16.1647	97
β-myrcene	β-月桂烯	0.22	9.4324	91
citral	柠檬醛	0.20	21.1565	94
1,3,8-p-menthatriene	对薄荷-1,3,8-三烯	0.15	15.6623	94
(+)-4-carene	(+)-4-蒈烯	0.11	13.4982	92
α-calacorene	α-二去氢菖蒲烯	0.07	28.8183	83
3-hexenal	3-己烯醛	0.07	3.6366	87
α-terpineol	α-松油醇	0.06	18.1886	90

本研究共鉴定出秦岭木姜子叶片挥发性化学成分 33 种，各成分含量、保留时间及匹配度如表 2-18 所示。其主要化学成分分别是大牛儿烯 D（17.16%）、1,8-桉叶素（9.49%）、石竹烯（6.80%）、右旋柠檬烯（4.77%）、α-依兰油烯（4.18%）、罗勒烯（4.05%）、芳樟醇（3.90%）、α-荜澄茄油烯（2.95%）、3-己烯-1-醇（2.32%）、α-蒎烯（1.99%）和水芹烯（1.88%），大牛儿烯 D 的含量最高。

表 2-18　秦岭木姜子叶片挥发性化学成分

英文名称	中文名称	含量/%	保留时间/min	匹配度/%
germacrene D	大牛儿烯 D	17.16	34.6994	96
1,8-cineole	1,8-桉叶素	9.49	19.7532	93
caryophyllene	石竹烯	6.80	33.0259	99
D-limonene	右旋柠檬烯	4.77	19.5594	94
α-muurolene	α-依兰油烯	4.18	34.3944	98
ocimene	罗勒烯	4.05	20.2066	97
linalool	芳樟醇	3.90	22.4324	97
α-cubebene	α-荜澄茄油烯	2.95	31.6904	97
3-hexen-1-ol	3-己烯-1-醇	2.32	18.2487	83
α-pinene	α-蒎烯	1.99	14.9016	96

英文名称	中文名称	含量/%	保留时间/min	匹配度/%
phellandrene	水芹烯	1.88	18.4836	91
bicyclo[4.4.0]dec-1-ene, 2-isopropyl-5-methyl-9-methylene-	2-异丙基-5甲基-9亚甲基,双环[4.4.0]-1烯	1.77	34.0812	94
1,6,10-dodecatrien-3-ol, 3,7,11-trimethyl-	橙花叔醇	1.50	36.3688	91
camphene	莰烯	1.24	15.792	97
1,4,7,-cycloundecatriene, 1,5,9,9-tetramethyl-, Z, Z, Z-	Z, Z, Z-1,5,9,9-四甲基-1,4,7,-环十一碳三烯	1.19	33.9492	98
(−)-allo-aromadendrene	(−)-香树烯	1.09	34.8726	97
(+)-4-carene	(+)-4-蒈烯	1.04	18.9617	97
terpinene	松油烯	1.01	20.7672	95
2-hexen-1-ol	2-己烯-1-醇	1.01	18.6773	90
β-pinene	β-蒎烯	1.00	17.1687	94
β-myrcene	β-月桂烯	0.94	17.5726	86
(+)-Epi-bicyclosesquiphellandrene	(+)-双环倍半水芹烯	0.78	33.2238	94
terpinen-4-ol	4-萜烯醇	0.73	25.5363	97
1,6,10-dodecatriene，7,11-dimethyl-3-methylene-	7,11-二甲基-3-亚甲基-1,6,10-十二碳三烯	0.54	33.5288	93
3-hexen-1-ol，acetate	3-己烯-1-醇乙酸酯	0.45	18.2446	83
3-cyclohexen-1-one，2-isopropyl-5-methyl-	5-甲基-2-异丙基-3-环己烯-1-酮	0.44	27.9724	96
linalyl acetate	乙酸芳樟酯	0.31	27.6138	90
cyclohexanemethanol, 4-ethenyl-α，α，4-trimethyl-3-(1-methylethenyl)-, [1R-(1α, 3α, 4β)]-	榄香醇	0.24	36.2287	90
borneol	莰醇	0.22	25.2725	97
2-hexenoic acid, methyl ester	2-己烯酸甲酯	0.19	16.3402	95
β-elemene	β-榄香烯	0.11	31.7976	97
caryophyllene oxide	石竹素	0.11	37.2097	91
geraniol	香叶醇	0.05	26.8553	95

本研究共鉴定出木姜子叶片挥发性化学成分 41 种，主要成分分别为 α-荜澄茄油烯（23.70%）、1,8-桉叶素（8.55%）、罗勒烯（7.32%）、石竹烯（7.03%）、α-依兰油烯（5.51%）、2-异丙基-5 甲基-9 亚甲基,双环[4.4.0]-1 烯（5.14%）、右旋柠檬烯（5.06%）、(1S, 8aR)-1-异丙基-4,7-二甲基-1,2,3,5,6,8a-六氢萘（4.09%）和 α-蒎烯（3.55%），其中 α-荜澄茄油烯的含量最高（表 2-19）。

表 2-19　木姜子叶片挥发性化学成分

英文名称	中文名称	含量/%	保留时间/min	匹配度/%
α-cubebene	α-荜澄茄油烯	23.70	30.7959	98
1,8-cineole	1,8-桉叶素	8.55	19.7243	81
ocimene	罗勒烯	7.32	20.2272	97
caryophyllene	石竹烯	7.03	33.0218	99
α-muurolene	α-依兰油烯	5.51	34.4109	97
bicyclo[4.4.0]dec-1-ene, 2-isopropyl-5-methyl-9-methylene-	2-异丙基-5-甲基-9-亚甲基-双环[4.4.0]-1 烯	5.14	34.0852	95
D-limonene	右旋柠檬烯	5.06	19.5512	94
naphthalene, 1,2,3,5,6,8a-hexahydro-4,7-dimethyl-1-(1-methylethyl)-, (1S-cis)-	(1S-顺式)-1-异丙基-4,7-二甲基-1,2,3,5,6,8a-六氢萘	4.09	35.1281	96
α-pinene	α-蒎烯	3.55	14.8974	96
naphthalene，1,2,4a,5,6,8a-hexahydro-4,7-dimethyl-1-(1-methylethyl)-, (1α, 4aα, 8aα)-	(1α, 4aα, 8aα)-1-异丙基-4,7-二甲基-1,2, 4a,5,6, 8a-六氢萘	2.44	34.9673	96
3-hexen-1-ol	3-己烯-1-醇	2.22	11.0352	90
linalool	芳樟醇	1.85	22.3953	97
phellandrene	水芹烯	1.78	33.603	86
(+)-4-carene	(+)-4-莕烯	1.65	18.9576	97
benzene, 1-methyl-3-(1-methylethyl)-	1-甲基-3-异丙基-苯	1.26	19.3039	95
1,6,10-dodecatrien-3-ol, 3,7,11-trimethyl-	橙花叔醇	1.15	36.3647	91
1,4,7,-cycloundecatriene, 1,5,9,9-tetramethyl-, Z, Z, Z-	Z, Z, Z-1,5,9,9-四甲基-1,4,7,-环十一碳三烯	1.14	33.9492	98
camphene	莰烯	1.02	15.7878	97
acetic acid, 1,7,7-trimethyl-bicyclo[2.2.1]hept-2-yl ester	1,7,7-三甲基双环[2.2.1]庚-2-基酯乙酸	1.01	28.8957	99
(±)-γ-cadinene	(±)-γ-杜松烯	0.96	34.8602	98
β-myrcene	β-月桂烯	0.96	17.5685	76
terpinene	松油烯	0.90	20.763	95
2-hexen-1-ol	2-己烯-1-醇	0.85	11.4185	90

英文名称	中文名称	含量/%	保留时间/min	匹配度/%
β-pinene	β-蒎烯	0.76	17.1645	91
α-terpineol	α-松油醇	0.69	26.0062	86
terpinen-4-ol	4-萜烯醇	0.53	25.5322	96
(+)-Epi-bicyclosesquiphellandrene	(+)-双环倍半水芹烯	0.42	33.603	86
germacrene D	大牛儿烯 D	0.41	33.2815	94
2-cyclohexen-1-ol, 3-methyl-6-(1-methylethyl)-, cis-	顺式-6-(异丙基)-3-甲基环己-2-烯-1-醇	0.28	26.0845	96
3-cyclohexen-1-one, 2-isopropyl-5-methyl-	5-甲基-2-异丙基-3-环己烯-1-酮	0.25	27.9682	97
2-naphthalenemethanol, 1,2,3,4,4a,5,6,8a-octahydro-α,α,4a,8-tetramethyl-, [2R-(2α, 4aα, 8aβ)]-	[2R-(2α, 4aα, 8aβ)]-1,2,3,4,4a,5,6,8a-八氢-α, α, 4a, 8-四甲基-2-萘甲醇	0.24	38.6689	98
2-hexenoic acid, methyl ester	2-己烯酸甲酯	0.22	16.336	95
geraniol	香叶醇	0.18	31.406	91
2-hexenoic acid, ethyl ester	2-己烯酸乙酯	0.15	20.0334	97
borneol	莰醇	0.14	25.2683	97
1,3,8-p-menthatriene	对薄荷-1,3,8-三烯	0.13	23.5783	97
bicyclo[3.1.0]hexane, 4-methylene-1-(1-methylethyl)-, (1R, 5R)-	桧烯	0.12	16.8678	91
(−)-allo-aromadendrene	(−)-香树烯	0.11	33.4834	99
caryophyllene oxide	石竹素	0.08	37.2097	90
1,6,10-dodecatriene, 7,11-dimethyl-3-methylene-	7,11-二甲基-3-亚甲基-1,6,10-十二碳三烯	0.08	33.5329	95
β-elemene	β-榄香烯	0.06	31.8017	89

本研究共鉴定出天目木姜子叶片挥发性化学成分 32 种，主要成分分别为石竹烯（25.70%）、2-己烯醛（14.17%）、2,6-二甲基-6-(4-甲基-3-戊烯基)双环[3.1.1]庚-2-烯（8.55%）、罗勒烯（7.42%）、侧柏烯（3.08%）、大牛儿烯 D（2.43%）和 α-法尼烯（2.34%），其中含量最高的成分是石竹烯（表 2-20）。

表 2-20 天目木姜子叶片挥发性化学成分

英文名称	中文名称	含量/%	保留时间/min	匹配度/%
caryophyllene	石竹烯	25.70	37.1755	91
2-hexenal	2-己烯醛	14.17	11.0856	93
bicyclo[3.1.1]hept-2-ene, 2,6-dimethyl-6-(4-methyl-3-pentenyl)-	2,6-二甲基-6-(4-甲基-3-戊烯基)双环[3.1.1]庚-2-烯	8.55	32.6215	97
ocimene	罗勒烯	7.42	19.6904	96

续表

英文名称	中文名称	含量/%	保留时间/min	匹配度/%
thujene	侧柏烯	3.08	19.6004	91
germacrene D	大牛儿烯 D	2.43	34.5543	96
α-farnesene	α-法尼烯	2.34	34.8297	91
β-elemene	β-榄香烯	1.74	31.9649	99
1,5-cyclodecadiene, 1,5-dimethyl-8-(1-methylethylidene)-, (E,E)-	大根香叶烯	1.57	34.9515	91
caryophyllene oxide	石竹素	1.45	37.1755	91
(±)-γ-cadinene	(±)-γ-杜松烯	1.39	33.6806	95
α-pinene	α-蒎烯	1.37	14.877	97
D-limonene	右旋柠檬烯	1.17	19.4998	95
bicyclo[7.2.0]undec-4-ene，4,11,11-trimethyl-8-methylene-	异丁香烯	1.09	32.5051	99
α-cubebene	α-荜澄茄油烯	1.00	30.7523	98
4,7-methanoazulene, 1,2,3,4,5,6,7,8-octahydro-1,4,9,9-tetramethyl-, [1s-(1α, 4α, 7α)]-	β-广藿香烯	0.97	33.4317	94
β-myrcene	β-月桂烯	0.84	17.5405	87
cis-9-hexadecenal	顺-9-十六碳烯醛	0.81	32.1397	91
1,6,10-dodecatriene, 7,11-dimethyl-3-methylene-	7,11-二甲基-3-亚甲基-1,6,10-十二碳三烯	0.68	33.7971	97
naphthalene, 1,2,3,5,6,8a-hexahydro-4,7-dimethyl-1-(1-methylethyl)-, 1S-	1S-1-异丙基-4,7-二甲基-1,2,3,5,6,8a-六氢萘	0.52	35.4334	98
caffeine	咖啡因	0.52	41.6924	97
2,4,6-octatriene, 2,6-dimethyl-	2,6-二甲基-2,4,6-辛三烯	0.52	23.4395	97
3-hexen-1-ol, acetate	3-己烯-1-醇乙酸酯	0.51	18.2183	90
phellandrene	水芹烯	0.55	18.446	91
β-pinene	β-蒎烯	0.48	17.1434	94
(−)-allo-aromadendrene	(−)-香树烯	0.34	33.6171	96
bicyclo[4.4.0]dec-1-ene, 2-isopropyl-5-methyl-9-methylene-	2-异丙基-5-甲基-9-亚甲基-双环[4.4.0]-1 烯	0.26	34.0354	97
geraniol	香叶醇	0.22	31.3719	91
1,6,10-dodecatrien-3-ol, 3,7,11-trimethyl-	橙花叔醇	0.15	36.3124	91
linalool	芳樟醇	0.13	22.3434	91
2-hexen-1-ol	2-己烯-1-醇	0.13	11.4192	90

2.4.2　木姜子属落叶组植物叶片挥发油化学指纹分析

在 GC-MS 图中选择峰面积大于总峰面积 0.5%的峰作为指纹峰，根据检测结果最终从山鸡椒样品峰中筛选出 18 个指纹峰，共占总峰面积的 69.2%；从宜昌木姜子筛选出 23 个指纹峰，共占 96.4%；从红叶木姜子筛选出 25 个指纹峰，共占 90.4%；从毛山鸡椒筛选出 20 个指纹峰，共占 66.4%；从毛叶木姜子筛选出 16 个指纹峰，共占 67.5%；从宝兴木姜子筛选出 23 个指纹峰，共占 83.3%；从杨叶木姜子筛选出 21 个指纹峰，共占 95.3%；从四川木姜子筛选出 16 个指纹峰，共占 88.8%；从峨眉木姜子筛选出 17 个指纹峰，共占 84.7%；从秦岭木姜子筛选出 27 个指纹峰，共占 76.9%；从木姜子筛选出 27 个指纹峰，共占 91.1%；从天目木姜子筛选出 29 个指纹峰，共占 84.7%。根据鉴定出的所有挥发性化学成分，12 种木姜子属落叶组植物叶片挥发油共有成分 6 种，分别为 α-荜澄茄油烯、α-蒎烯、β-月桂烯、芳樟醇、罗勒烯、右旋柠檬烯。木姜子属落叶组植物叶片中主要挥发性化学成分含量如图 2-18 所示。山鸡椒、毛山鸡椒和毛叶木姜子叶片挥发性化学成分及其含量相似，其中含量最高的成分均为 1,8-桉叶素，其次是石竹烯；宝兴木姜子、四川木姜子和峨眉木姜子中成分含量最高的均为罗勒烯，且含量超过 40%，其次为芳樟醇，含量在 10%～20%；杨叶木姜子中芳樟醇含量最高，其次是 1,8-桉叶素；在秦岭木姜子和木姜子叶片化学成分中，α-荜澄茄油烯的含量最高。

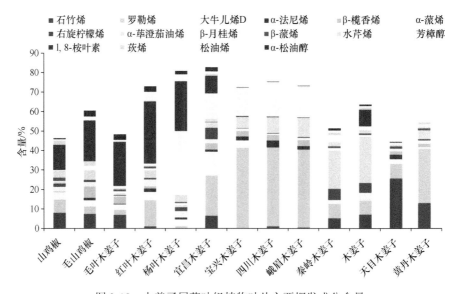

图 2-18　木姜子属落叶组植物叶片主要挥发成分含量

2.4.3　三种木姜子属植物精油化学成分分析

对 12 种木姜子属落叶组植物的叶片挥发油进行了 GC-MS 检测，检测发现天目木姜子、秦岭木姜子和木姜子的离子峰主要出现在 10～40 min；山鸡椒和宜昌木姜子的离子峰主要出现在 4～15 min，以及 25～33 min；红叶木姜子的离子峰主要出现在 5～33 min；毛山鸡椒、毛叶木姜子、宝兴木姜子、杨叶木姜子、四川木姜子和峨眉木姜子的离子峰主要出现在 5～30 min。

对三种山苍子 15 个家系的精油进行了 GC-MS 检测，共获得 71 种化学成分（表 2-21），每个家系鉴定到的成分占总成分的 97%以上，三种山苍子精油成分的化学式和成分含量在表 2-21 中列出。根据化学结构式，将这 71 种成分划分为单萜（monoterpene）、含氧单萜（oxygenated monoterpene）、倍半萜（sesquiterpene）和其他化学成分。在本研究中，山鸡椒单萜有 12 种，毛山鸡椒有 15 种，毛叶木姜子有 15 种；山鸡椒含氧单萜有 24 种，毛山鸡椒有 23 种，毛叶木姜子有 22 种；山鸡椒倍半萜有 6 种，毛山鸡椒有 2 种，毛叶木姜子有 4 种；山鸡椒其他挥发油成分有 10 种，毛山鸡椒有 5 种，毛叶木姜子有 9 种。橙花醛和香叶醛是山鸡椒、毛山鸡椒和毛叶木姜子的最主要成分，其中山鸡椒橙花醛和香叶醛含量最高，分别占测定化学成分总量的 38.46%和 47.32%。

表 2-21　山鸡椒、毛山鸡椒和毛叶木姜子主要化学成分分析

化学成分	中文名称	化学式	山鸡椒		毛山鸡椒		毛叶木姜子	
			相对含量/%	标准误差	相对含量/%	标准误差	相对含量/%	标准误差
monoterpene	单萜		3.65	4.81	5.19	6.49	9.83	8.57
D-limonene	右旋柠檬烯	$C_{10}H_{14}$	3.43	4.57	3.53	4.57	7.83	7.27
1,2,3,4,5,8-hexahydronaphthalene	1,2,3,4,5,8-六氢萘	$C_{10}H_{14}$	/	/	/	/	0.01	0.00
ocimene	罗勒烯	$C_{10}H_{16}$	/	/	/	/	0.84	0.81
(+)-4-carene	(+)-4-蒈烯	$C_{10}H_{16}$	0.03	0.00	0.09	0.00	0.06	0.01
α-pinene	α-蒎烯	$C_{10}H_{16}$	0.07	0.01	0.32	0.22	0.49	0.54
β-pinene	β-蒎烯	$C_{10}H_{16}$	0.09	0.07	0.46	0.38	0.55	0.46
fenchene	莳烯	$C_{10}H_{16}$	0.03	/	/	/	/	/
camphene	莰烯	$C_{10}H_{16}$	0.04	0.00	0.06	0.04	0.30	0.21
benzene, 1-methyl-2-(1-methylethyl)	邻-异丙基苯	$C_{10}H_{16}$	/	/	0.06	0.03	0.07	0.00
4,7-methano-1H-indene, octahydro-	四氢二聚环戊二烯	$C_{10}H_{16}$	0.12	0.00	/	/	/	/
terpinene	松油烯	$C_{10}H_{16}$	0.05	0.00	0.11	0.15	0.02	0.00

续表

化学成分	中文名称	化学式	山鸡椒 相对含量/%	山鸡椒 标准误差	毛山鸡椒 相对含量/%	毛山鸡椒 标准误差	毛叶木姜子 相对含量/%	毛叶木姜子 标准误差
β-phellandrene	β-水芹烯	$C_{10}H_{16}$	0.13	0.16	0.49	0.46	0.90	0.00
1,6-heptadiene, 2,5,5-trimethyl-	2,5,5-三甲基-1,6-庚二烯	$C_{10}H_{16}$	/	/	0.05	0.00	/	/
carvone oxide, trans-	反式氧化香芹酮	$C_{10}H_{16}$	/	/	0.02	0.00	0.08	0.10
bicyclo[2.2.1]heptane, 7,7-dimethyl-2-methylene-	7,7-二甲基-2-亚甲基-双环[2.2.1]庚烷	$C_{10}H_{16}$	0.09	0.00	0.12	0.00	0.23	0.22
(+)-2-carene	(+)-2-蒈烯	$C_{10}H_{16}$	/	/	0.10	0.00	/	/
1,3,6-heptatriene, 2,5,6-trimethyl-	2,5,6-三甲基-1,3,6-庚三烯	$C_{10}H_{18}$	/	/	0.06	0.00	/	/
β-terpinene	β-萜品烯	$C_{10}H_{16}$	0.03	0.00	0.90	1.64	0.06	0.04
terpinolene	萜品油烯	$C_{10}H_{16}$	0.02	0.00	0.06	0.01	0.26	0.23
2,4,6-trimethyl-1,3,6-heptatriene	2,4,6-三甲基-1,3,6-庚三烯	$C_{10}H_{16}$	/	/	/	/	0.02	0.00
oxygenated monoterpene	含氧单萜		93.28	5.20	88.43	7.66	83.15	9.57
linalool	芳樟醇	$C_{10}H_{16}O$	1.30	0.20	1.46	0.27	1.65	0.41
nerol	橙花醇	$C_{10}H_{16}O$	0.83	0.69	1.18	0.34	0.56	0.21
neral	橙花醛	$C_{10}H_{16}O$	38.46	1.30	34.95	3.03	34.23	4.88
bicyclo[3.1.1]hept-3-en-2-ol, 4,6,6-trimethyl-	马鞭烯醇	$C_{10}H_{16}O$	0.48	0.38	0.77	0.35	0.61	0.22
(S)-cis-verbenol	顺式-马鞭草烯醇	$C_{10}H_{16}O$	0.27	0.32	0.05	0.00	0.11	0.11
α-terpineol	α-松油醇	$C_{10}H_{16}O$	0.95	0.43	1.49	0.77	0.51	0.01
citronellal	香茅醛	$C_{10}H_{16}O$	0.66	0.24	0.61	0.10	0.87	0.46
geraniol	香叶醇	$C_{10}H_{16}O$	1.26	1.41	1.44	0.86	0.62	0.49
geranial	香叶醛	$C_{10}H_{16}O$	47.32	2.67	43.44	4.64	40.11	5.16
limonene epoxide	氧化柠檬烯	$C_{10}H_{16}O$	0.46	0.79	0.05	0.02	0.97	0.71
bicyclo[2.2.1]heptan-2-one, 1,7,7-trimethyl-, (1S)-	左旋樟脑	$C_{10}H_{16}O$	0.04	0.01	0.03	0.00	0.09	0.00
β-myrcene	β-月桂烯	$C_{10}H_{14}O_2$	0.42	0.09	1.11	0.00	2.03	1.64
terpineol, cis-β-	β-松油醇	$C_{10}H_{16}O_2$	0.02	0.01	0.04	0.02	0.01	0.00
α-terpineol	α-松油醇	$C_{10}H_{18}O$	/	/	/	/	0.39	0.06
2-cyclohexen-1-one, 3-methyl-6-(1-methylethyl)-	3甲基-6-异丙基-2-环己烯-1-酮	$C_{10}H_{18}O$	0.06	0.00	0.04	0.00	/	/
terpinen-4-ol	4-萜烯醇	$C_{10}H_{18}O$	0.64	0.11	0.88	0.21	0.17	0.13
3-oxatricyclo [4.1.1.0(2,4)] octane, 2,7,7-trimethyl-	α-环氧蒎烷	$C_{10}H_{18}O$	0.03	0.00	0.02	0.01	0.68	0.51

续表

化学成分	中文名称	化学式	山鸡椒		毛山鸡椒		毛叶木姜子	
			相对含量/%	标准误差	相对含量/%	标准误差	相对含量/%	标准误差
1,8-cineole	1,8-桉叶素	$C_{10}H_{18}O$	0.19	0.21	0.83	0.97	0.25	0.31
borneol	莰醇	$C_{10}H_{18}O$	0.08	0.06	0.11	0.04	0.17	0.24
carveol	葛缕醇	$C_{10}H_{18}O$	0.04	0.01	0.08	0.02	0.12	0.03
piperitone	胡椒酮	$C_{10}H_{18}O$	0.13	0.02	0.15	0.07	0.17	0.06
geranic acid	牻牛儿酸	$C_{10}H_{18}O$	/	/	0.07	0.07	0.14	0.17
borneo camphor	右旋龙脑	$C_{10}H_{18}O$	0.05	0.02	0.06	0.00	/	/
pulegone	长叶薄荷酮	$C_{10}H_{18}O$	1.19	0.00	0.40	0.00	/	/
linalool oxide	氧化芳樟醇	$C_{10}H_{18}O_2$	/	/	/	/	0.02	0.02
6-octen-1-ol, 3,7-dimethyl-, (R)-	(R)-3,7-二甲基-6-辛烯醇	$C_{10}H_{20}O$	0.10	0.00	/	/	/	/
p-menthane-1,8-diol	对薄荷烷-1,8-二醇	$C_{10}H_{20}O_2$	0.10	0.00	/	/	/	/
sesquiterpene	倍半萜		0.65	0.34	1.97	2.16	2.54	3.52
trans-nerolidol	反式-橙花叔醇	$C_{15}H_{24}$	0.13	0.00	/	/	/	/
α-pinene	α-蒎烯	$C_{15}H_{24}$	/	/	/	/	0.01	0.00
farnesol	法尼醇	$C_{15}H_{24}$	0.07	0.00	/	/	0.01	0.00
caryophyllene	石竹烯	$C_{15}H_{24}$	0.48	0.25	1.90	2.06	2.15	2.78
caryophyllene oxide	石竹烯氧化物	$C_{15}H_{24}$	0.04	0.02	0.08	0.10	0.89	1.06
(−)-β-elemene	β-榄香烯	$C_{15}H_{26}O$	0.43	0.00	/	/	/	/
(E)-β-farnesene	(E)-β-法尼烯	$C_{15}H_{26}O$	0.01	0.00	/	/	/	/
others	其他		1.25	0.74	4.20	4.17	4.36	5.61
naphthalene, decahydro-1,5-dimethyl-	1,5-二甲基-十氢化萘	$C_{11}H_{18}$	0.03	0.01	/	/	/	/
4-terpene alcohols	4-萜烯醇	$C_{11}H_{20}O$	0.06	0.01	/	/	/	/
γ-elemene	γ-榄香烯	$C_{12}H_{18}O$	/	/	0.04	0.00	/	/
cyclopropanemethanol, 2-methyl-2-(4-methyl-3-pentenyl)-	2-甲基-2-(4-甲基-3-戊烯基)-环丙烷甲醇	$C_{12}H_{18}O_2$	/	/	0.33	0.00	/	/
7-propylidene-bicyclo[4.1.0]heptane	7-亚丙基-双环[4.1.0]庚烷	$C_{14}H_{26}O_2$	0.05	0.00	/	/	/	/
trans-p-mentha-2,8-dienol	反式-p-薄荷-2,8-二烯醇	$C_{14}H_{26}O_2$	0.03	0.00	/	/	/	/
5-hepten-2-one	甲基庚烯酮	$C_6H_{10}N_2$	0.42	0.43	0.53	0.73	0.17	0.11
5-hepten-2-ol, 6-methyl-	6-甲基-5-庚烯-2-醇	$C_8H_{16}O$	/	/	/	/	0.05	0.01
bicyclo[5.1.0]octane, 8-(1-methylethylidene)-	8-(1-甲基亚乙基)-双环[5.1.0]辛烷	$C_8H_8O_3$	0.01	0.00	/	/	/	/

续表

化学成分	中文名称	化学式	山鸡椒 相对含量/%	山鸡椒 标准误差	毛山鸡椒 相对含量/%	毛山鸡椒 标准误差	毛叶木姜子 相对含量/%	毛叶木姜子 标准误差
cyclohexene, 3,3,5-trimethyl-	3,3,5-三甲基-环己烯	C_9H_{16}	/	/	/	/	0.03	0.02
2,6-dimethyl-5-heptenal	2,6-二甲基-5-庚烯醛	$C_9H_{16}O$	/	/	/	/	0.02	0.01
longifolene	长叶烯		/	/	/	/	0.10	0.00
styrene	苯乙烯	C_8H_8	0.03	0.00	/	/	0.04	0.01
butanoic acid, 3,7-dimethyl-6-octenyl -ester	3,7-二甲基-6-辛烯醇丁酸酯	$C_{14}H_{26}O_2$	/	/	/	/	0.02	0.00
2,6-octadiene, 1,1-diethoxy-3,7-dimethyl-	柠檬醛二乙缩醛	$C_{13}H_{24}O_2$	1.34	0.70	4.60	4.67	6.51	6.40
(1-methylethyl)-cyclohexane	异丙基环己烷	C_9H_{18}	/	/	0.07	0.08	0.19	0.11
methylheptenol	甲基庚烯醇	$C_8H_{16}O$	0.04	0.00	/	/	/	/
methyl salicylate	水杨酸甲酯	$C_8H_8O_3$	0.04	0.00	/	/	/	/

注："/"表示未检测到

12种木姜子属落叶组植物叶片挥发成分共鉴定出15种主要成分，分别为α-荜澄茄油烯、α-法尼烯、α-蒎烯、β-榄香烯、β-月桂烯、β-蒎烯、1,8-桉叶素、大牛儿烯D、芳樟醇、莰烯、罗勒烯、柠檬烯、松油烯、水芹烯、松油醇。其中山鸡椒叶片最主要挥发性成分为1,8-桉叶素（12.87%）；宜昌木姜子最主要成分为罗勒烯（20.75%）；红叶木姜子叶片最主要成分为1,8-桉叶素（31.92%）；毛山鸡椒叶片最主要成分为1,8-桉叶素（20.96%）；毛叶木姜子叶片最主要成分为1,8-桉叶素（22.55%）和2-己烯醛（16.35%）；宝兴木姜子叶片最主要成分为1,8-桉叶素（35.33%）；杨叶木姜子叶片最主要成分为芳樟醇（32.77%）和1,8-桉叶素（25.50%）；四川木姜子叶片最主要成分为罗勒烯（40.63%）和芳樟醇（17.17%）；峨眉木姜子叶片最主要成分为罗勒烯（40.14%）和芳樟醇（15.34%）；秦岭木姜子叶片最主要成分为大牛儿烯D（17.16%）；木姜子叶片最主要化学成分为α-荜澄茄油烯（23.70%）；天目木姜子叶片最主要成分为石竹烯（25.67%）和2-己烯醛（14.17%）。根据聚类分析结果显示，12种样本植物可分为5个主要分支，其中天目木姜子化学成分与黄丹木姜子和毛豹皮樟化学成分相近，这与形态分类及系统进化分类结果一致；峨眉木姜子、四川木姜子和宝兴木姜子化学成分相近，这与形态学分类结果一致；在系统分类中聚为一支的毛叶木姜子、毛山鸡椒和山鸡椒，与杨叶木姜子、红叶木姜子和宜昌木姜子叶片挥发性成分相近。

山苍子精油成分具有多样性，含氧单萜种类>单萜种类>倍半萜种类，最主要的成分都是香叶醛。山鸡椒共检测到52种精油成分，毛叶木姜子检测到49种，毛山鸡椒有 45 种，山鸡椒的精油成分多样性较高。三种山苍子精油中单萜物质种类相近，但毛叶木姜子单萜含量最高，且含量变化波动最大，其次是毛山鸡椒。山鸡椒含氧单萜的种类最多，且含量变化波动最小，毛叶木姜子含氧单萜的总含量最低且波动最大，毛山鸡椒中含氧单萜的种类最少。山鸡椒倍半萜种类最多但总含量最少，平均不到 1%，毛叶木姜子的含量最高。其他成分中，同样山鸡椒种类最多总含量最少，毛叶木姜子和毛山鸡椒含量较多但家系间成分总含量差异明显。本研究发现，山苍子精油具有广谱抑菌性，并且对革兰氏阴性菌（大肠杆菌）的抑制效果优于革兰氏阳性菌（李斯特菌）。总体来说，山鸡椒精油含量和抑菌效果都优于毛叶木姜子和毛山鸡椒，证明山鸡椒可作为山苍子优质精油提取和生产的优良树种。

参 考 文 献

陈卫军. 2000. 山苍子天然林调查与开发利用研究. 经济林研究, 18(2): 52-53.

李捷, 李锡文. 2004. 世界樟科植物系统学研究进展. 云南植物研究, 26(1): 1-11.

李锡文, 白佩瑜, 李树刚, 等. 1984. 中国植物志(第 31 卷). 北京: 科学出版社: 269-336.

Chen Y C, Li Z, Zhao Y X, et al. 2020. The *Litsea* genome and the evolution of the laurel family. Nature Communications, 11(1): 1675.

Chen Y P, Cheng W M, Li J. 2008. Analyse on the chemical constituents from flavonoids of *Litsea coreana* L. Acta Universitatis Medicinalis Anhui, 43(1): 65-67.

Huang C H, Huang W J, Wang S J, et al. 2008. Litebamine, a phenanthrene alkaloid from the wood of *Litsea cubeba*, inhibits rat smooth muscle cell adhesion and migration on collagen. European Journal of Pharmacology, 596(1): 25-31.

Jiménez-Pérez N C, Lorea-Hernández F G. 2009. Identity and delimitation of the American species of *Litsea* Lam. (Lauraceae): a morphological approach. Plant Systematics and Evolution, 283(1): 19-32.

Li H, Durbin R. 2009. Fast and accurate short read alignment with Burrows-Wheeler transform. Bioinformatics, 25(14): 1754-1760.

Li H, Handsaker B, Wysoker A, et al. 2009. The sequence alignment/map (SAM) format and SAMtools. Bioinformatics, 25(1 Pt 2): 2078-2079.

Li J, Christophel D C, Conran J G, et al. 2004. Phylogenetic relationships within the core-Laureae (*Litsea* complex, Lauraceae) inferred from sequences of the chloroplast gene mat K and nuclear ribosomal DNA ITS regions. Plant Systematics and Evolution, 246(1-2): 19-34.

Li J, Christophel D C. 2000. Systematic relationships within the *Litsea* complex (Lauraceae): a cladistic analysis on the basis of morphological and leaf cuticle data. Australian Systematic Botany, 13(1): 1-13.

Liu T T, Yang T S. 2012. Antimicrobial impact of the components of essential oil of *Litsea cubeba* from Taiwan and antimicrobial activity of the oil in food systems. International Journal of Food Microbiology, 156(1): 68-75.

Luo M, Jiang L K, Zou G L. 2005. Acute and genetic toxicity of essential oil extracted from *Litsea cubeba* (Lour.) Pers. Journal of Food Protection, 68(3): 581-588.

Mahmoudvand H, Mirbadie S R, Sadooghian S, et al. 2016. Chemical composition and scolicidal activity of *Zataria multiflora* Boiss essential oil. Journal of Essential Oil Research, 29(1): 42-47.

Soylu E M, Soylu S, Kurt S. 2006. Antimicrobial activities of the essential oils of various plants against tomato late blight disease agent phytophthora infestans. Mycopathologia, 161(2): 119-128.

Wang K, Li M Y, Hakonarson H. 2010. ANNOVAR: functional annotation of genetic variants from high-throughput sequencing data. Nucleic Acids Research, 38(16): e164.

Wang L, Jin J, Liu X, et al. 2018. Effect of cinnamaldehyde on morphological alterations of *Aspergillus ochraceus* and expression of key genes involved in ochratoxin a biosynthesis. Toxins, 10(9): 340.

第3章 山苍子遗传多样性研究及种质资源收集

种质资源调查是种质资源保存的基础。我国山苍子种质资源丰富,调查收集和保存山苍子种质资源,对山苍子育种有着极为重要的作用。对自然分布区内山苍子表型、经济性状变异情况进行研究,研究其环境变异和遗传变异,了解遗传资源的范围、组成,可为种质资源的保存提供依据。本章重点阐述山苍子种质资源调查工作中,天然群体表型及经济性状遗传变异规律、精油化学成分、GC-MS指纹图谱研究进展,以及种质资源的收集工作进展。

3.1 山苍子简介

山苍子又名山鸡椒,是樟科木姜子属落叶灌木或小乔木,主要分布于我国长江以南等省份及东南亚各国。山苍子是我国特有的天然香料植物资源之一,全株含油,其中果皮含油量最高,达 3%~12%。精油中蕴含丰富的单萜、倍半萜、生物碱等化合物 30 余种,其中柠檬醛含量最高,可达 60%~90%,是制造高级香料、药品、食品、食品增香剂与防腐剂、病虫害防治剂及润滑油添加剂等的重要原料。山苍子被国家林业和草原局列入我国主要的林业生物质能源树种、二十大经济林树种,果实和加工产品是我国重要的出口创汇林产品。我国山苍子精油主要出口国家有英国、德国、美国、西班牙、荷兰、法国、瑞士等,其中欧洲约占中国精油出口市场的 60%。此外山苍子适应性广,保持水土性能好,在退耕还林工程中被列为经济林兼防护林树种;同时树形优美,枝繁叶茂,2~3 月开花,花色清新,有"小蜡梅"之称,且花期较长,是重要的园林绿化树种。因此山苍子是一种生态效益、经济效益和社会效益高度统一的树种。

3.1.1 山苍子生物学特性

山苍子是多年生落叶灌木或小乔木,高达 8~10 m,树冠面积可达 16~20 m²,株产结实量可达 7~12 kg,通常无明显的大、小年。树皮幼龄时黄绿色、光滑,老龄时变成褐灰色,小枝细瘦、绿色、具绢毛,枝、叶具芳香味。单叶互生,长圆形或披针形,长 4~11 cm,宽 1.1~2.4 cm,先端锐渐尖,基部楔形,全缘,纸质,表面绿色或深绿色,背面粉绿色,两面均无毛;叶柄细,长 6~20 mm,无毛。花单性,雌雄异株,天然林通常雌株多于雄株,两者比例为 1:(0.6~0.8),

风媒花。极少昆虫授粉。伞形花序单生或簇生，具细的总梗，长 6～10 mm；每一朵花序有花 4～6 朵，先叶开放或与叶同时开放；花被裂片 6，宽卵形，雄花有能育雄蕊 9 枚，花药 4 室，瓣裂，内向；子房卵形，花柱短，柱头头状。核果具短柄，近球形，有不明显的小尖头，直径 4～5 mm，无毛，幼时绿色，成熟时变黑紫色，果柄长 2～4 mm；每一果梗上有 3～4 个果实，果期 7～8 月。

山苍子在幼苗期耐阴，喜生于阴凉湿润的环境中，不耐强烈光照。但 1 年后，特别是开花结实后，又需要足够的阳光，否则生长不良，枝条稀疏细长。

山苍子喜生于微酸性的砂质土壤中，在土层较深厚的酸性红壤、黄壤及微酸性至中性的山地棕壤上都能生长。在黑色石灰土（微碱至碱性）和黏性土壤上积水的凹地，不但成活率低，生长也不理想。在土层深厚肥沃的山腰、山坞生长良好，但在山脊、山麓等地方，生长发育不良，枝条稀少。

山苍子是阳性树种，所以在阳坡和半阳坡均有分布，通常散生于向阳的山坡、灌木丛、疏林、林中路旁、水边等处，常与茅栗、悬钩子、腊瓣花、油茶、茶树、檵木、杉木、青冈栎、山橿、乌药、映山红等混生。在一株树上，向阳结实多，背阴结实少，树冠顶部结实比下部结实多，混交林内结实少，林缘处结实多。

山苍子要求的气候条件为，四季温暖湿润，雨量充沛，冬季不过于严寒，年平均温度在 10～18℃，1 月平均温度在 4～12℃，年降水量在 1300～1800 mm，无霜期在 200～270 天。

3.1.2 山苍子的分布

山苍子分布广泛，主要分布于我国江苏宜兴、浙江、安徽南部及大别山区、江西（海拔 1300 m 以下习见）、福建、台湾（海拔 1300～2100 m）、广东、湖北、湖南、广西、四川、贵州、云南（海拔 2400 m 以下）、西藏。东南亚各国也有分布。多生于海拔 500～3200 m 向阳的山地、灌丛、疏林或林中路旁、水边。

3.1.3 山苍子的用途

1）天然香料

山苍子的花、叶、果实均可蒸提精油，其中果实含精油量最高。所含精油中化学成分有 30 多种，其主要成分柠檬醛高达 60%～90%，超过 1%的成分还有柠檬烯、香茅醛、甲基庚烯酮、香樟醇等。

山苍子精油本身具有独特的香气，中国林业科学院亚热带林业研究所特色林木资源育种与培育研究组发现不同品系的山苍子精油香味丰富多彩，有麻香型、浓香型、清香型等多种类型。其主要成分柠檬醛、香茅醛等经分离可得到较高纯度的单离香料，以单离香料为原料，可合成得到半合成香料。山苍子是柠檬醛含量最高的植物资源之一，柠檬醛是合成世界上最昂贵香料——紫罗兰酮系列香料，包括假性紫罗兰酮、紫罗兰酮、烯丙基紫罗兰酮、甲基紫罗兰酮、异甲基紫罗兰酮、柠檬二乙缩醛、柠檬醛二甲基缩醛等的重要原料，可配制龙眼味、树莓味、草莓味、樱桃味、葡萄味、柑橘味、菠萝味等型的香精、香料，供日用品、化妆品、食品、香烟等行业生产香皂、牙膏、香水、香粉、糖果、饼干、卷烟等产品；主成分香叶醛、橙花醛具有不同程度的玫瑰花香，广泛用于配制各种花香型香料，特别是玫瑰型香料；柠檬醛还可合成柠檬腈，在碱性介质中比柠檬醛更稳定，用于配制柑橘香精、柠檬香精，在肥皂、洗涤剂、化妆品等产品中用于加香。

另一主要成分香茅醛可用于合成羟基香茅醛，具有酸柠檬、铃兰花香等香气，用来调配铃兰、百合、水仙、丁香、茉莉等香型香精，也用于皂用香精；还可以香茅醛为原料，合成 L-薄荷脑，具有相似于薄荷醇的香气，其合成的香精广泛添加于化妆品、牙膏、香烟、口香糖、糕点、饮料等产品中。

而在这些用途中，最吸引人的就是制造高级香水。山苍子精油气芳香，味辛凉，具有令人愉悦的香气与柠檬果香味，相比其他柑橘类精油，留香长久，因此在欧美高端香水产品中经常能见到它的身影。不同品系山苍子精油香味丰富多彩，或浓烈持久，或淡雅柔和，或清甜愉悦，因此可作为高级香水不同段式的原料，用作前调原料可迸发出强烈的清新活力，作为中调原料又沁人心脾，用作后调原料可使人回味无穷。此外，山苍子精油还具有抗氧化能力，具有防止黑色素产生、防晒等功效，因此也是高端化妆品青睐的天然香料原料之一。

2）食用功能

山苍子浑身是宝。花可以用来泡茶，花茶具有馥郁的香气和清甜的味道，能帮助脾胃虚弱的人养胃，也能清热下火；此外，百姓常用晒干的花与茶叶一起冲泡，称之为"奶奶茶"，有良好的解暑功效。果实既可鲜用又可榨油。每年7月中旬山苍子果实成熟，鲜果是湖南、四川、贵州等省份家喻户晓的调味之王，当地百姓常用它作烹饪中的一剂添加辅料，提高菜品的鲜味，使食物的味道更加丰富香醇。贵州著名的酸汤鱼正是有了这一颗颗鲜果去腥，才使之味道更加鲜美；湖南怀化地区，用它作为食品调料，著名的芷江鸭特色美食也就因此而来；百姓也常将山苍子鲜果加入豆豉、大蒜、干辣椒作料，捣碎成酱，制作后即成农家开胃调料；在湖北、湖南到重庆一带，山苍子还会被用来制作泡菜，这样不仅会使泡菜香味大增，而且山苍子自身的抗菌能力能有效延长泡菜的保存时间。根还可以用来熬汤，与猪脚、鸭、兔、鸡等相炖，不仅能使肉质更加鲜美，而且能解乏下火，更重要的是可吸走肉质中多余的脂肪和有害物质，使汤味细腻而不肥腻。

3）药用功能

山苍子也是珍贵的中药材。山苍子果实成熟后晒干入药，中药名为荜澄茄，具有温中散寒、理气止痛的功效，可用于胃寒所致的呃逆、呕吐、脘腹疼痛等症，或由于着凉或食物不净等引起的腹泻、腹痛，还可治疗咳嗽气喘、消化不良等症；叶片捣烂外敷后，可治疗痈疖肿痛，外伤出血；根煎水热敷或热浸可治疗风湿骨痛、四肢麻木、腰腿痛及跌打损伤。

同时，山苍子精油可作为合成维生素 A、维生素 E 的原料。此外，山苍子还具有杀菌、杀螨、抗血栓、抗氧化等作用，在临床上可用于治疗和预防冠心病、心绞痛、脑血栓等疾病。

4）抗菌特性

在食品防腐方面，山苍子精油对李斯特菌（*Listeria monocytogenes*）、大肠杆菌（*Escherichia coli*）、尖孢镰刀菌（*Fusarium oxysporum*）、副溶血性弧菌（*Vibrio parahaemolyticus*）具有显著抑菌活性。在药用和农产品保护方面，山苍子精油对黄曲霉（*Aspergillus flavus*）有很强的抗菌活性，能够抑制菌丝生长和改变其超微结构，被认为是一种安全的天然植物保护剂。基于实验室小鼠和大鼠的遗传毒性实验，山苍子精油对人类的安全性得到证实。大量研究表明，山苍子精油具有广谱抑菌性，是一种不可缺少的天然抗菌材料，具有巨大的应用潜力和推广价值。

5）饲料

山苍子果渣是良好的饲料及饲料天然防霉剂资源。山苍子果渣的乙醇提取物对多种霉菌均有抗性作用，其抗菌效力与丙酸相近。有实验表明，6%的山苍子果渣饼粉对饲料的防霉效果与 0.3%的丙酸相当，防霉性能明显优于辣椒粉。表明山苍子果渣不仅可以直接作为饲料原料，而且兼有饲料天然防腐剂的功能。

6）生态与园林绿化

山苍子具有生长快、耐瘠薄、易繁殖，且种子可依靠鸟类和动物传播等优点，已成我国南方地区退耕还林适宜树种之一。此外，山苍子还具有较高潜在的园林应用价值。山苍子树形优美，枝繁叶茂，尤其是花果飘香，具有新鲜的柠檬果香味，其花期可持续 1 个月左右，果期可长达 6 个月左右，春季可观花，夏秋可观叶、观果，冬季可观形。山苍子除了可用于绿化、美化城市环境，还具有一定的香化保健功能，其潜在的园林应用价值较高。

7）经济和社会效益

我国山苍子精油出口量占全球市场的 80%，是我国重要的出口创汇树种。同时山区林农通过种植山苍子可获得可观的经济收入，因此山苍子在贵州、湖南、四川、重庆山区的乡村振兴中发挥着巨大作用。此外，各地企业还利用其开发出具有保健、药用、除菌等功能的农林产品和日用产品等深加工产品，促进山苍子产业不断升级发展，从而带动山区农民就业、致富。

3.2　山苍子天然居群叶片和种实性状表型多样性

表型是物种各种形态特征的组合，是生物遗传变异的表征，表型变异是遗传多样性研究的重要内容。天然居群的表型变异研究能够使我们初步了解居群遗传变异的大小，是进行人工驯化和遗传育种研究的基础，也是揭示类群适应性的有效途径之一。叶形态是一个重要的形态特征，其与植物的营养吸收和其他生理、生态因子及植物的繁殖密切相关，因而具有研究价值。果实表型变异也是研究植物居群的一个重要组成部分，而且果实形态往往是较稳定的遗传特征，在植物分类和遗传上具有重要的价值。采用遗传上较为稳定、不易受环境影响的性状研究表型多样性，可以较为准确地揭示居群的变异大小和遗传规律。

3.2.1　山苍子天然居群间和居群内叶片及种实性状的形态学特征

在山苍子自然分布区内选择有代表性生境条件的 10 个天然群体，分别选取果实形态（果实纵径、果实横径、果形指数）、叶片形态（叶长、叶宽、叶形指数、叶柄长）、果实重（单果重、果实百粒重）、种子重（种子千粒重）4 类性状进行山苍子叶片和种实性状的形态学研究。

山苍子的 10 个叶片性状和种实性状在居群间及居群内均存在极显著差异，这说明山苍子的叶片和种实性状在居群间及居群内均存在较广泛的变异（表 3-1）。果实纵径（fruit longitudinal diameter，FLD）、果实横径（fruit transverse diameter，FTD）、单果重（single fruit weight，SFW）和果形指数（fruit shape index，FSI）最大的均为景东居群，FTD 和 SFW 最小的为分宜居群，FLD 和 FSI 最小的分别为永安居群和长宁居群。叶长（leaf length，LL）、叶宽（leaf width，LW）和叶柄长（petiole length，PL）最大的均为长宁居群，最小的分别为织金居群和分宜居群，其中 LL 和 LW 最小的均为织金居群；叶形指数（leaf shape index，LSI）最大的为景东居群，最小的为长宁居群；种子千粒重（1000-seed weight，TSW）和果实百粒重（100-fruit weight，HFW）最大的为景东居群，最小的均为分宜居群。综合各性状数据表明，在所调查的山苍子天然居群中，景东居群的果实相对于其他居群较大，且果实形态接近于椭球形；永安居群的果实最小，形态更接近于圆形。长宁居群的叶片形态相对于其他居群较大，且较接近于长卵圆形；织金居群的叶片形态最小（表 3-2）。

表 3-1 山苍子居群间和居群内表型性状的方差分析

性状	均方			F 值	
	居群间	居群内	随机误差	居群间	居群内
FLD	166.153 3	6.105 4	0.069 2	2 400.83**	88.22**
FTD	71.867 7	4.109 3	0.058 0	1 239.81**	70.89**
FSI	1.319 0	0.061 3	0.001 8	728.46**	33.86**
SFW	0.672 8	0.055 1	0.023 7	28.35**	2.32**
LL	1 905.961 3	51.479 0	0.560 6	3 399.61**	91.82**
LW	372.197 4	6.099 8	0.086 2	4 319.11**	70.78**
LSI	108.676 3	4.372 3	0.080 2	1 355.05**	54.52**
PL	48.857 2	0.993 7	0.064 3	759.21**	15.44**
TSW	5 075.683 7	95.772 7	0.333 9	15 200.10**	286.81**
HFW	896.802 7	30.049 9	0.104 6	8 570.85**	287.19**

**表示在 1%水平差异显著

表 3-2 山苍子 10 个居群间表型性状的平均值及其标准差

居群	FLD/mm	FTD/mm	FSI	SFW/g	LL/cm	LW/cm	LSI	PL/cm	TSW/g	HFW/g
FYZ	7.127±0.522h	6.188±0.392g	1.153±0.072h	0.180±0.069h	10.48±1.401f	2.994±0.404cd	3.544±0.558h	1.072±0.158fg	35.63±4.183fg	17.36±2.586fgh
BJ	6.709±0.477f	6.120±0.466e	1.097±0.038cd	0.154±0.035bcde	10.73±2.018gh	3.444±0.7444h	3.171±0.467f	1.292±0.344h	37.612±5.118h	15.186±2.746e
ZJ	7.095±0.602gh	6.383±0.480i	1.112±0.050e	0.176±0.041fgh	6.997±1.152a	1.976±0.527a	3.667±0.669i	0.838±0.300bc	36.907±4.740gh	17.397±3.344gh
YZ	6.436±0.394d	5.654±0.414b	1.141±0.063fg	0.158±0.036e	10.89±1.716h	3.774±0.554i	2.901±0.330bc	0.996±0.188e	31.009±4.233cd	13.565±1.924b
YA	6.137±0.471a	5.731±0.417c	1.072±0.050b	0.121±0.030a	9.714±1.152de	3.173±0.377f	3.081±0.344de	0.888±0.129d	30.048±2.486bc	12.204±2.255a
JO	6.598±0.417e	5.994±0.430d	1.103±0.066d	0.154±0.025cde	9.732±1.497e	3.351±0.489g	2.934±0.450c	0.846±0.127c	31.767±1.638d	14.776±1.346cde
JD	7.878±0.559j	6.578±0.391j	1.199±0.075j	0.235±0.039i	12.48±1.560i	3.047±0.391de	4.124±0.433j	1.456±0.203i	55.589±5.662i	23.436±3.598i
CN	6.421±0.575cd	6.176±0.466fg	1.038±0.047a	0.156±0.036de	13.43±1.691j	5.055±0.831j	2.696±0.357a	1.574±0.308j	28.881±5.135ab	14.850±3.119de
AY	7.252±0.565i	6.348±0.451hi	1.144±0.073g	0.178±0.034gh	9.308±1.078bc	2.752±0.233b	3.400±0.451g	1.075±0.160g	34.765±6.780ef	17.707±3.262h
FYJ	6.388±0.482bcd	5.500±0.400a	1.163±0.057i	0.120±0.027a	9.424±1.182c	3.088±0.430e	3.093±0.472e	0.696±0.125a	28.084±5.962a	12.095±1.936a

注: FYZ: 浙江省杭州市富阳区；BJ: 贵州省毕节市七星关区；ZJ: 贵州省织金县；YZ: 湖南省永州市冷水滩区；YA: 福建省永安市；JO: 福建省建瓯市；JD: 云南省景东彝族自治县；CN: 四川省长宁县；AY: 江西省安远县；FYJ: 江西省分宜县；下同。不同小写字母表示差异显著 (P<0.05)

3.2.2　山苍子居群内叶片性状和种实性状的变异分析

山苍子 10 个居群叶片和种实性状的平均变异系数为 13.52%（表 3-3），变异幅度为 5.24%～22.94%。山苍子的果实形态、叶片形态、果实重和种子重 4 类性状的平均变异系数分别为 6.60%、15.66%、19.71%、13.40%，其中果实形态的变异系数最小，这说明不同居群间果实形态的变异幅度相对于其他性状较小，果实形态的稳定性较高。

表 3-3　山苍子 10 个天然居群表型性状的变异系数（%）

性状	FYZ	BJ	ZJ	YZ	YA	JO	JD	CN	AY	FYJ	平均值
FLD	7.324	7.110	8.485	6.122	7.675	6.320	7.096	8.955	7.791	7.545	7.44
FTD	6.335	7.614	7.520	7.322	7.276	7.174	5.944	7.545	7.105	7.273	7.11
FSI	6.245	3.464	4.496	5.521	4.664	5.984	6.255	4.528	6.381	4.901	5.24
SFW	38.333	22.727	23.295	22.784	24.793	16.234	16.596	23.077	19.101	22.5	22.94
LL	13.367	18.797	16.464	15.750	11.859	15.382	12.492	12.586	11.581	12.54	14.08
LW	13.494	21.614	26.670	14.679	11.882	14.593	12.832	16.439	8.467	13.925	15.46
LSI	15.745	14.727	18.244	11.375	11.165	15.337	10.500	13.242	13.265	15.260	13.89
PL	14.739	26.625	35.800	18.876	14.527	15.012	13.942	19.568	14.884	17.960	19.19
TSW	11.737	13.607	12.843	13.651	8.273	5.156	10.185	17.780	19.502	21.229	13.40
HFW	14.891	18.082	19.222	14.184	18.478	9.109	15.352	21.003	18.422	16.007	16.48
平均值	14.22	15.44	17.30	13.03	12.06	11.03	11.12	14.47	12.65	13.91	13.52

同一性状在不同居群内的变异幅度也有差异，说明不同地区的环境异质性会导致居群表型变异的差异。10 个居群所有性状的平均变异系数从大到小排序为：织金（17.30%）、毕节（15.44%）、长宁（14.47%）、富阳（14.22%）、分宜（13.91%）、永州（13.03%）、安远（12.65%）、永安（12.06%）、景东（11.12%）、建瓯（11.03%）。这说明织金居群的表型多样性最高，而建瓯居群的表型多样性程度最低。织金居群的多样性较高，这与我们在野外的实际调查研究所得出的结论是一致的，调查发现，织金居群内的叶片各形态指数相对于其他居群较小，且分布着两种明显不同的叶片变异类型：披针形和椭圆形，不同的变异类型其叶片大小也存在一定程度的差异；尽管织金居群的果实大小和形态与其他几个居群类似，但是其居群内的变异是相当大的，这说明织金居群内存在较丰富的种质变异。建瓯居群的多样性较低，这可能与当地对该树种长期的人工选择和驯化有关。山苍子具有较高的经济价值，建瓯地区不少当地农民很早就进行了一定规模的山苍子种植，强大的选择压可能致使该地区的山苍子遗传基础较为狭窄，遗传多样性降低。

3.2.3 山苍子居群间叶片性状和种实性状的表型分化

10 个表型性状的表型分化系数范围在 45.56%～75.25%，其中表型分化系数最大的为 LW，最小的为 FTD；果实形态、果实重、叶片形态和种子重 4 类性状的表型分化系数均值分别为 51.27%、54.57%、66.66%、72.29%。10 个表型性状的平均表型分化系数为 60.19%，说明居群间的变异大于居群内的变异，山苍子天然居群表型分化的变异以居群间变异为主（表 3-4）。

表 3-4 山苍子表型性状的方差分量及居群间（内）表型分化系数

性状	方差分量			方差分量百分比/%			表型分化系数/%
	居群间	居群内	机误	居群间	居群内	机误	
FLD	0.2669	0.2011	0.0693	49.67	37.43	12.90	57.03
FTD	0.1130	0.1350	0.0581	36.91	44.12	18.97	45.56
FSI	0.0021	0.0020	0.0018	35.60	33.67	30.73	51.22
SFW	0.0103	0.0103	0.0238	23.25	23.18	53.57	50.00
LL	3.0907	1.6990	0.5605	57.77	31.76	10.47	64.53
LW	0.6102	0.2007	0.0861	68.02	22.37	9.61	75.25
LSI	0.1739	0.1432	0.0801	43.78	36.05	20.17	54.84
PL	0.0798	0.0310	0.0643	45.57	17.69	36.74	72.02
TFW	62.2489	23.8597	0.3339	72.01	27.60	0.39	72.29
FW	10.8344	7.4863	0.1046	58.80	40.63	0.57	59.14
平均值	—	—	—	49.14	31.45	19.41	60.19

3.2.4 山苍子叶片和种实表型性状与采样点地理气候因子的相关性分析

山苍子表型性状与地理气候因子的相关性分析表明，各表型性状与居群经度和纬度的相关性基本不显著，唯独 PL 与经度呈显著负相关，这说明山苍子不同居群间的表型性状变异无明显地理变化特征；FTD、SW 和 FW 性状分别与海拔呈显著正相关，相关系数分别为 0.682、0.745、0.642，说明随着海拔的升高，FTD、SW 和 FW 相关形状指数均有显著增加的趋势；PL 与年降水量呈极显著负相关（$r=-0.778$），水分较充足的地区 PL 相对较短；SW 与 7 月均温呈显著负相关（$r=-0.634$），7 月温度过高不利于种子的生长发育（表 3-5）。

表 3-5 山苍子表型性状间及其与地理气候因子的相关性

性状	FLD	FTD	FSI	SFW	LL	LW	LSI	PL	TSW	FW
FTD	0.845**	1								
FSI	0.663*	0.160	1							

续表

性状	FLD	FTD	FSI	SFW	LL	LW	LSI	PL	TSW	FW
SFW	0.940**	0.851*	0.541	1						
LL	0.049	0.121	−0.092	0.267	1					
LW	−0.455	−0.234	−0.514	−0.218	0.823**	1				
LSI	0.899**	0.681*	0.695*	0.782**	−0.165	−0.679*	1			
PL	0.359	0.576	−0.150	0.538	0.830**	0.582	0.120	1		
TFW	0.879**	0.728*	0.588	0.886**	0.231	−0.321	0.866**	0.465	1	
FW	0.972**	0.891**	0.541	0.978**	0.208	−0.302	0.853**	0.512	0.919**	1
E	−0.383	0.506	0.003	−0.495	−0.378	−0.174	−0.314	−0.655*	−0.567	−0.494
N	−0.340	−0.241	−0.27	0.343	0.048	0.260	−0.359	−0.07	−0.486	−0.370
H	0.559	0.682*	0.07	0.58	0.07	−0.228	0.598	0.443	0.745*	0.642*
AT	−0.117	−0.188	0.03	−0.028	0.323	0.317	−0.209	0.002	−0.125	−0.051
AP	−0.305	−0.386	−0.028	−0.465	−0.612	−0.41	−0.141	−0.778**	−0.462	−0.399
FP	0.313	0.479	−0.097	0.476	0.377	0.264	0.184	0.516	0.373	0.461
h	0.323	−0.112	0.530	0.211	0.092	−0.284	0.445	−0.172	0.365	0.255
1T	0.241	0.226	0.102	0.354	0.374	0.173	0.167	0.265	0.334	0.362
7T	−0.489	−0.594	0.071	−0.48	0.103	0.328	−0.539	−0.339	−0.634*	−0.520

　　*表示两因素显著相关，**表示两因素极显著相关，余同。E：东经；N：北纬；H：平均海拔；AT：年均温；AP：年降水量；FP：无霜期；h：年日照时数；1T：1 月均温；7T：7 月均温

3.2.5　不同地理居群山苍子叶片和种实表型性状的聚类分析

　　利用平均欧氏距离，采用类间平均连锁法对 10 个居群的叶片和种实表型数据进行聚类分析，在欧氏距离阈值为 5 时，10 个居群明显分为 4 组，其中 FYZ、AY、BJ 和 ZJ 居群聚为一组，YZ、JO、YA 和 FYJ 居群聚为一组，CN 和 JD 居群各自单独聚为一组，很明显，居群间并没有依据地理距离的远近而聚类。将居群表型性状的 Mahalanobis 距离与地理距离进行相关性分析，发现两者之间相关性不显著（r=0.0425，P=0.8215），进一步说明山苍子不同居群间叶片和种实性状的变异在空间上是不连续的。

　　研究发现，山苍子叶片形态的表型分化系数和变异系数较大（66.66% 和 16.91%），而果实形态的表型分化系数和变异系数最小（51.27% 和 6.60%），说明山苍子的果实形态是较稳定的遗传特征，这与李文英和顾万春（2005）在研究蒙古栎表型变异时所认为的果实形态在许多物种的表型性状中是较稳定的遗传性状这一结论是一致的。叶片和果实是植物的两种不同功能器官，两者对环境的选择和适应压力是不同的，叶片作为营养器官，其变异性较强，说明叶片的生长发育对周围环境

的响应比较明显，能有效丰富物种的多样性；而果实作为生殖器官，变异性相对稳定，极大程度上保证了物种遗传上的相似性和分类上的稳定性（李文英和顾万春，2005）。

自然分布区内环境因素多样性是影响植物表型性状变异的重要因素。分布区的环境条件越复杂，居群内的遗传变异也就越大。本研究所选择的 10 个居群横向分布地理跨度大，分别分布在东南至西南省份的大部分地区，气候差异大，如年均温从贵州毕节地区的 12.8℃到福建永安地区的 19.0℃，年降水量也差异较大（954～1800 mm），土壤条件也各不相同，有肥沃的暗棕壤，也有干旱瘠薄的砂壤土，尤其是西南部地区特有的峡谷地形阻隔致使各分布区内的生态环境因子差异较大。因此，这些特殊的生态环境因子差异可能成为各分布区山苍子表型性状变异的重要原因。

山苍子在森林群落结构中主要以灌木层和乔木层两种层次存在，灌木层中的山苍子叶片形态以披针形为主，叶片面积较小，乔木层以椭圆形为主，叶片面积较大；乔木层和灌木层的果实形态、大小也都存在一定的差异。这种在群落结构中的层次差异决定了其在群落中对资源、养分、阳光等非生物因素利用能力的不同，在一定程度上影响着山苍子叶片和种实性状的变异程度与分化方向。

东南和中部省份的山苍子居群年龄构成整体上偏小，多数处于刚开始结实的幼树期，树型、树冠及叶片均较小，而西南部省份的山苍子居群由于受到较少破坏多数处于果实丰产的壮年期，树型、树冠、叶型均较大，很明显，这种居群年龄结构上的差异也使得山苍子的叶片性状存在较大的差异。此外，山苍子居群在群落中主要以随机分布和集群分布这两种方式存在，其中集群分布主要是由于局部林分受到光照和坡向的制约，主要表现为成群分布在同一区域，密度过大，生长优势不明显；而处于随机分布的居群内个体由于受周围生长环境的约束程度相对较小，其生长性状要普遍优于集群分布的居群内个体。由此可见，不同分布区的居群年龄结构和空间分布格局上的差异也会影响到其性状的变异。

山苍子叶片性状和种实性状的居群间分化比较明显。存在于居群间的变异反映了地理、生殖隔离上的变异，是长期的自然环境选择作用导致物种遗传物质发生改变，是物种适应性的表现。这表明，山苍子叶片和种实性状在居群间的分化很大程度上是由本身的遗传基础决定的。研究认为，物种居群间的性状分化除了取决于物种基因库外，还与物种的生活史有关。所有樟科植物都倾向于异交繁育，它们具有雌、雄蕊同步异熟的开花机制，所以山苍子的繁育系统应当为异交型的。异交多年生物种一般来说具有较低的居群分化水平，但在异交物种山苍子的居群间我们发现了较高的表型分化水平，这种现象在少数其他异交物种，如蒙古栎（李文英和顾万春，2005）、岷江百合（张彩霞等，2008）的表型分化研究中也是可见的, 这可能是由所选居群间的地理距离较远, 居群间的基因交流方式, 如花粉的传播、种子的扩散等, 受到阻隔引起的。此外, 花粉的传播途径也可能是加剧山苍子居群间表型性状分化的重要因素。虽然对山苍子花粉传播机制的研究目前尚无报道, 但基于具有相似花结构和生境的其他木姜子属植物的花粉研究, 我们推测, 山苍子很可能是依靠昆虫来进行传粉。相比风媒花粉所能传播到的距离, 花粉在虫媒植物中的传播是受到限制的, 从而导致了居群间的基因流水平相对较低, 这也就大大增加了山苍子居群间分化的可能性。

山苍子叶片和种实性状的多样性往往具有适应性意义, 天然居群内保持较高的多样性对居群的保存和进化是十分有利的。由于其自然分布区的水平范围和垂直跨度均较大, 且各分布区的山脉、水系不同, 环境条件复杂, 生态气候类型迥异, 微立地效应十分明显, 再加上长期的地理隔离、自然选择和人工选择, 因此山苍子在森林群落结构中形成了多样的居群生态特征, 并且产生出极其丰富的种类变异。本部分研究的是叶片和种实性状多样性, 它们是遗传型和环境因子共同作用的结果, 因此本研究结果对于山苍子天然居群遗传多样性和种质资源的保护、评价与利用有一定意义。

3.3　山苍子天然群体果实含油率和柠檬醛含量差异的研究

山苍子果实含油率和柠檬醛含量的高低是衡量山苍子种源品质好坏的重要经济指标, 在生产实践中往往会成为其品种选育的重要考察对象。因此以不同地理居群的山苍子果实为材料, 分别采用气相色谱技术和水蒸气蒸馏法定量测定了各地理居群果实含油率与柠檬醛含量, 并探讨了地理生态因子对果实含油率和柠檬醛含量变异的影响, 为进一步开展山苍子优良品种选育及良种的区域化实验奠定了理论基础。

3.3.1　山苍子不同群体含油率和柠檬醛含量分析

10 个山苍子居群果实的含油率和柠檬醛含量如表 3-6 所示, 其中各居群含油率平均为 3.60%, 居群含油率最高的为景东居群 (4.56%), 最低的为分宜居群 (3.14%); 各居群柠檬醛含量平均为 3.52%, 柠檬醛含量最高的为永安居群 (7.01%), 最低的为毕节居群 (1.85%)。方差分析和多重比较表明, 长宁、毕节、织金和景东这 4 个居群的含油率与富阳、建瓯、永州、分宜、永安 5 个居群的含油率差异显著, 景东居群与长宁居群、毕节居群差异显著; 永安居群和建瓯居群的柠檬醛含量与永州居群、毕节居群、景东居群、长宁居群的柠檬醛含量差异显著, 安远居群、分宜居群与毕节居群、长宁居群、永安居群和景东居群差异显著。这说明不同居群间山苍子果实平均含油率和柠檬醛平均含量存在不同程度的差异。

表3-6　山苍子居群果实含油率、柠檬醛含量的平均值和变异系数

居群	含油率/%	变异系数/%	柠檬醛含量/%	变异系数/%
JO	3.3±0.25a	7.58	4.86±1.23g	25.31
YA	3.25±0.34a	10.46	7.01±2.17h	30.96
FYJ	3.14±0.15a	4.78	3.43±0.85defg	24.78
AY	3.4±0.08ab	2.35	3.44±1.29efg	37.50
YZ	3.28±0.15a	4.57	2.91±1.09bcde	37.46
BJ	4.14±0.15d	3.62	1.85±0.75a	40.54
ZJ	4.02±0.18cd	4.48	3.19±1.18cdefg	36.99
JD	4.56±0.21e	4.61	2.6±0.94abc	36.15
CN	3.68±0.33b	8.97	2.29±0.75ab	32.75
FYZ	3.24±0.05a	1.54	3.65±1.03fg	28.22
平均值	3.60	5.30	3.52	33.07

注：同列中不同小写字母表示在5%水平上差异显著

各居群平均含油率和柠檬醛平均含量的变异系数表明，居群内柠檬醛平均含量的变异水平要高于居群内平均含油率的变异水平。其中毕节居群柠檬醛平均含量变异最为明显，变异系数高达40.54%，其他居群的变异也比较明显；永安居群平均含油率变异最为明显，变异系数高达10.46%，而分宜、安远、永州、织金、富阳居群的平均含油率变异水平相对较低，这说明毕节和永安这两个居群内分别存在较丰富的柠檬醛含量和含油率变异，可供选择的余地较大。为了进一步了解柠檬醛含量在居群间和居群内的分化水平，计算了柠檬醛性状的表型分化系数，结果表明，柠檬醛含量性状的表型分化系数为57.87%，居群间柠檬醛含量的变异程度要大于居群内的变异。这说明，在不同居群间选择高柠檬醛含量群体比在居群内进行选择能取得较好的效果。

3.3.2　山苍子果实含油率和柠檬醛含量与原产地地理生态因子的相关性分析

相关性分析表明，山苍子果实含油率与原产地经度和7月均温均呈极显著（$P=0.001$和$P=0.000$）负相关，与年降水量存在显著（$P=0.024$）负相关，与海拔存在极显著（$P=0.000$）正相关。这说明经度小的地区山苍子果实含油率相对较高，年降水量较丰富的地区其含油率相对较低，海拔高的地区其含油率也要明显高于海拔较低地区的含油率，此外，7月气温过高也明显不利于植株含油量的提高。

总的来说,山苍子果实含油率有着随海拔升高而增加,随经度、年降水量和 7 月均温升高而减少的趋势。而高海拔地区的含油率要明显高于低海拔地区的含油率,这可能与高海拔地区生境内的平均气温较低和昼夜温差较大有关(表 3-7)。

表 3-7　不同山苍子居群果实含油率、柠檬醛含量与地理生态因子的相关性分析

因素	经度	纬度	海拔	年均温	年降水量	无霜期	年日照时数	1 月均温	7 月均温
含油率	−0.887**	−0.416	0.959**	−0.405	−0.700*	0.556	−0.166	0.131	−0.900**
柠檬醛含量	0.675*	−0.102	−0.401	0.481	0.840**	−0.307	0.327	0.312	0.489

相关性分析还表明,果实柠檬醛含量与原产地经度和年降水量分别存在显著($P=0.032$)和极显著($P=0.002$)正相关。在总的趋势上,果实柠檬醛含量有着随经度和年降水量的增大而呈增加的变化趋势。同理,经度主要反映的是水分条件,把影响柠檬醛含量变化的经度和年降水量两因子综合归纳为水分因子,这说明不同居群间的水分差异是影响居群柠檬醛含量差异的主要外在因素。

3.3.3　山苍子含油率和柠檬醛含量的系统聚类分析

为进一步揭示山苍子各地理居群种质资源的遗传相似性,以 10 个居群的柠檬醛含量和含油率为参数进行系统聚类。系统聚类结果表明,在欧氏距离为 15 时,10 个居群可分为 3 类,其中分宜、富阳、安远、永州、建瓯 5 个居群归为一类,织金、长宁、毕节和景东 4 个居群归为一类,永安居群单独构成一类。10 个居群的种质资源类型呈现出较为明显的区域变化特征,主要划分为西南部和东南部两个种质类型,结合各居群含油率和柠檬醛含量的数据可知,东南部居群的含油率要明显低于西南部,而东南部居群的柠檬醛含量又显著高于西南部居群。东南部的永安居群相对于其他居群比较特别,这可能与其独特的遗传基础有关,这种特异的种质类型是日后开展山苍子遗传改良工作的重要育种材料来源。

山苍子果实含油率和柠檬醛含量在各居群间差异极显著,且居群间柠檬醛含量的变异程度要大于居群内的变异,这说明这两个性状在居群间的变异较大,利用这两个性状指标在居群间进行山苍子优良单株或品种选择的潜力较大。

不同地理居群的水分差异是山苍子果实含油率和柠檬醛含量存在差异的主要外在原因,这可能与水分影响到植物细胞内油脂和柠檬醛的生物代谢合成途径有关,有待于进一步深入的研究。研究还发现,7 月平均气温和居群所处的海拔差异也是引起居群含油率发生变化的重要环境因素,其中 7 月平均气温越高越不利于果实含油量的积累。前人的研究表明,全年当中的 7~8 月是山苍子果实走向成熟并积累油脂的重要时期(杨帆和王羽梅,2006),显然,这个时期的温度越高越不利于油脂的积累。在山苍子果实内油脂积累的关键期,低温和昼夜温差大有利

于果实内油脂积累。由此可见，在山苍子果实油脂积累的关键时期，环境中的气温高低会显著影响到果实内油脂的积累。这与一般油料植物在油脂积累期要求较低气温和较大昼夜温差的结论是一致的（黎章矩等，2010）。由此可见，不同居群山苍子果实含油率，除了受本身的遗传因素影响外，还较为明显地受果实发育期的气候条件的影响。

相关性分析结果表明，山苍子含油率的地理变异为随经度的递增而递减，柠檬醛含量的地理变异为随经度的递增而递增。总的来说，经度小的地区含油率要高于经度大的地区，经度小的地区山苍子柠檬醛含量要低于经度大的地区，但这种趋势并不十分明显，如景东居群和长宁居群柠檬醛平均含量要显著高于毕节居群，建瓯居群和富阳居群显著低于永安居群；长宁居群的平均含油率要显著低于毕节居群和织金居群，永州居群和分宜居群要显著低于安远居群、永安居群、建瓯居群与富阳居群。这说明，各居群含油率和柠檬醛含量的差异是基因型与环境选择共同作用的结果，也就是说环境的异质性会导致居群的变异，而遗传因素的差异可能是更重要的一个原因。

综上所述，不同地理居群山苍子果实含油率和柠檬醛含量存在较大差异，且这种差异与其地理分布和当地的气候条件有一定的相关性。研究各居群含油率和柠檬醛含量的变异规律与特点，可为进一步开展山苍子的良种选育和引种栽培提供一定的理论依据。

3.4　山苍子天然群体精油成分分析

利用气相色谱结合质谱方法分析鉴定出山苍子精油中存在 59 种化合物。所有的化合物被分为以下几类：单萜类（41 种）、倍半萜类（15 种）及非萜类物质（3 种）。

这 59 种化合物的保留指数、相对百分含量和鉴定方法列于表 3-8，山苍子精油主要由单萜类化合物组成（尤其是单萜氧化物）。总体来说，各分布区山苍子精油中的主要化合物均为 α-柠檬醛和 β-柠檬醛，占挥发油总量的 78.6%～87.4%，α-柠檬醛和 β-柠檬醛为柠檬醛的一对同分异构体，每个分布区内山苍子油中的 α-柠檬醛的含量都要高于 β-柠檬醛的含量。

表 3-8　不同分布区山苍子精油成分

| 编号 | 成分 | 保留指数[a] | 不同分布区相对百分含量/% | | | | | | | | 鉴定方法 |
			A	B	C	D	E	F	G	H	
1	α-蒎烯	930	0.2	0.1	0.3	0.2	0.1	0.1	0.1	0.1	GC-MS，RI
2	莰烯	944	0.1	t	0.2	0.1	t	0.1		0.1	GC-MS，RI
3	β-水芹烯	970	t	0.4	t	t	t	t	0.1		GC-MS，RI
4	β-蒎烯	972	0.3	0.2	0.3	0.2	0.1	0.1	0.1	0.1	GC-MS，RI

续表

编号	成分	保留时间ᵃ	不同分布区相对百分含量/%								鉴定方法
			A	B	C	D	E	F	G	H	
5	甲基庚烯酮	987	0.8	0.5	0.3	0.5	0.5	0.2	0.6	0.9	GC-MS，RI
6	2,3-二羟基-1,8-桉树脑	989			t			0.1			GC-MS，RI
7	β-月桂烯	991	0.7	0.3	0.8	0.6	0.3	0.5	0.5	0.6	GC-MS，RI
8	2-甲基-6-庚烯-1-酮	995			t				0.1		GC-MS，RI
9	α-水芹烯	1003	0.2		t						GC-MS，RI
10	3-蒈烯	1008							t		GC-MS，RI
11	α-萜品烯	1015		t							GC-MS，RI
12	o-伞花烃	1020							t		GC-MS，RI
13	p-伞花烃	1022	t								GC-MS，RI，RT
14	柠檬烯	1026	5.0	2.5	5.3	4.1	0.7	3.1	1.3	2.4	GC-MS，RI，RT
15	桉树脑	1028	0.4	0.4	0.2	0.4	0.1	0.3	0.2	0.1	GC-MS，RI
16	β-(E)-罗勒烯	1038			t		0.1			t	GC-MS，RI
17	β-(Z)-罗勒烯	1047	0.1		t		0.3			t	GC-MS，RI
18	γ-萜品油烯	1056		t							GC-MS，RI
19	(Z)-β-萜品醇	1066		t							GC-MS，RI
20	萜品油烯	1085	0.1	t	t		t			t	GC-MS，RI
21	(+)-4-蒈烯	1086				t		t			GC-MS，RI
22	沉香醇	1101	1.5	1.5	1.2	1.3	1.3	1.4	1.4	1.6	GC-MS，RI
23	(Z)-柠檬烯氧化物	1131			t					t	GC-MS，RI
24	(E)-柠檬烯氧化物	1136			t		t			0.1	GC-MS，RI
25	葰酮	1140	t								GC-MS，RI
26	异蒲勒醇	1143			1.1	t		t			GC-MS，RI
27	香茅醛	1153	0.6	0.8	1.8		1.3	1.5	6.2	1.3	GC-MS，RI
28	茨醇	1163	0.2	0.1	0.2						GC-MS，RI
29	顺式-马鞭草烯醇	1165	1.4	1.2	1.4	1.4	1.3	1.3	1.5	1.8	GC-MS，RI
30	松油烯-4-醇	1175	0.1		0.1	0.1	0.1	t		0.1	GC-MS，RI
31	异胡薄荷酮	1183	2.1	1.8	1.9	2.1	1.8	1.9	2.0	2.5	GC-MS，RI
32	α-萜品醇	1189	0.4	0.4	0.2	0.4	0.1	0.4	0.2	0.2	GC-MS，RI
33	顺式-薄荷醇	1199	t			t					GC-MS，RI
34	顺式-香芹醇	1205	0.1	t	t	0.1	t	t		t	GC-MS，RI
35	(S)-香茅醇	1223			t		t				GC-MS，RI
36	橙花醇	1230	0.8	1.3	0.5	0.6	1.0	0.2	0.9	0.7	GC-MS，RI
37	(R)-香茅醇	1233	0.1	0.2	0.3	0.2	0.2	0.2	0.8	0.5	GC-MS，RI
38	异香叶醇	1237			t					t	GC-MS，RI
39	β-柠檬醛	1245	35.7	36.3	34.7	35.7	37.4	37.0	34.2	35.4	GC-MS，RI，RT

编号	成分	保留时间 a	不同分布区相对百分含量/%								鉴定方法
			A	B	C	D	E	F	G	H	
40	胡椒酮	1253	t	t	0.1	t	t	t	t	t	GC-MS，RI
41	香叶醇	1258	1.4	2.6	0.7	1.5	1.4	0.8	0.7	0.4	GC-MS，RI
42	α-柠檬醛	1276	45.9	48.0	45.9	47.2	50.0	49.5	44.4	46.2	GC-MS，RI，RT
43	香叶酸	1359	0.1		0.2	0.1	0.2	t		0.2	GC-MS，RI
44	古巴烯	1371			0.1					t	GC-MS，RI
45	乙酸香叶酯	1384						t			GC-MS，RI
46	β-榄香烯	1388			0.1	t		t			GC-MS，RI
47	β-石竹烯	1420	0.3	0.1	0.3	0.3	0.1	0.3	0.1	0.8	GC-MS，RI
48	β-金合欢烯	1456				0.4			2.3	2.0	GC-MS，RI
49	α-石竹烯	1462	t		0.1	0.1	t	t		t	GC-MS，RI
50	大根香叶烯 D	1485			t			t			GC-MS，RI
51	γ-榄香烯	1496		t					t		GC-MS，RI
52	雅榄蓝烯	1502						t			GC-MS，RI，RT
53	大根香叶烯 A	1503			0.1	t					GC-MS，RI
54	β-红没药烯	1510							t		GC-MS，RI
55	荜澄茄烯	1526	t		0.1						GC-MS，RI
56	石竹烯氧化物	1586	0.1	t	0.2	0.1	0.1	0.1	t	0.3	GC-MS，RI
57	蛇麻烯环氧化物 II	1613							t		GC-MS，RI
58	6-芹子烯-4-醇	1624	t								GC-MS，RI
59	α-荜澄茄醇	1662	t								GC-MS，RI
	鉴定成分的种数		35	30	40	29	33	31	26	34	
	单萜烯烃		6.6	3.5	7.0	5.2	1.6	3.9	2.1	3.3	
	单萜氧化物		90.7	95.0	89.5	92.2	96.4	94.5	92.5	91.1	
	倍半萜烯烃		0.3	0.1	0.6	0.4	0.1	0.4	2.4	2.9	
	倍半萜氧化物		0.1	t	0.2	0.1	0.1	0.1	t	0.3	
	非萜类		0.8	0.5	0.3	0.5	0.5	0.2	0.7	0.9	
	鉴定的总成分		98.5	99.1	97.6	98.5	99.1	99.1	97.7	98.5	

注：a 表示各组分在石英柱 HP-5MS 毛细管上的保留指数；GC-MS：气相色谱-质谱联用；RI：与相关文献中的保留指数的比较；RT：与标准品保留时间的比较；t：痕量组分（<0.1%）；表中未标明含量的为未检测到该组分；A：福建建瓯；B：福建永安；C：江西安远；D：江西分宜；E：贵州毕节；F：湖南永州；G：云南景东；H：四川长宁

所有分布区山苍子精油中均含有以下组分：α-柠檬醛、β-柠檬醛、α-蒎烯、β-蒎烯、甲基庚烯酮、β-月桂烯、柠檬烯、桉树脑、沉香醇、香茅醛、顺式-马鞭草烯醇、异胡薄荷酮、α-萜品醇、(R)-香茅醇、胡椒酮、香叶醇、β-石竹烯及石竹烯氧化物。其中柠檬烯在福建建瓯，江西安远、分宜和湖南永州分布区的山苍子油中含量较高（>3.1%），仅次于 α-柠檬醛和 β-柠檬醛，但在福建永安、贵州毕节、云南景东和四川长宁分布区的山苍子油中香叶醇、异胡薄荷酮、香茅醛的含量分别要高于对应分布区柠檬烯的含量。此外，某些成分只存在于特定的分布区，为当地所特有。如福建建瓯分布区特有的组分为 o-伞花烃、莰酮、6-芹子烯-4-醇、α-荜澄茄醇；福建永安分布区特有的组分为 α-萜品烯、γ-萜品油烯、(Z)-β-萜品醇；湖南永州分布特有的组分为乙酸香叶酯、雅榄蓝烯；云南景东分布区特有的组分为 3-蒈烯、p-伞花烃；四川长宁分布区特有的组分为 β-红没药烯、蛇麻烯环氧化物Ⅱ，这些化合物的含量都比较低（<0.1%）。

柠檬烯的含量整体偏低（0.7%～5.3%），这与以往的研究有所不同，以往研究表明，山苍子油中的柠檬烯是主要成分，且含量较高（6.0%～14.6%）。同样，一些微量成分，如 o-伞花烃和雅榄蓝烯在以往的山苍子油化学成分研究中没有提及。本研究从潺槁木姜子（Litsea glutinosa）的叶挥发油中检测到 o-伞花烃，含量低于 0.1%。雅榄蓝烯存在于樟科（Lauraceae）植物挥发油中也有过报道。

不同分布区山苍子精油中的化学成分存在着种类和含量的差异，但在各分布区山苍子精油中柠檬醛都是其主要成分。在同样的实验条件下，这种差异可能与基因遗传变异、地理和气候因素有关。即使在同一个分布区，这种差异也会或多或少地显现出来。事实上，对于相同的分布区、生态环境和生长阶段的植物，它们的挥发油成分依然可能不同。从根本上来说，山苍子精油的成分是基因与环境互作的结果。

山苍子精油是一种主要由萜类组成的天然产物。过去一直认为萜类是排毒作用的产物或者溢流代谢物，直到大量的萜类被证实是一种对其他生物体具有驱避或引诱作用的化合物，这才使得人们相信在生物体之间的竞争或互利共生过程中萜类起着非常重要的作用。精油成分的不同可能会导致生物活性方面的差异。所以，不同分布区山苍子精油的生物活性可能也会有所不同。

3.5　山苍子种质资源收集

种质资源保存是良种选育的物质基础。从建立种质资源库和良种选育的要求出发，山苍子种质资源收集应注意：①考虑地理生态型，因山苍子分布广泛，会形成不同生态型，因此只有全面了解不同生态环境因素，才能较全面地把不同地理生态类型收集齐全；②重视重点分布地区，不能忽视一般地区，非重点分布区可能保存有宝贵的种质资源，因此要注意边缘分布地区和偏僻地方的收集；③注意收集材料的代表性，要按原始风貌收集保存，避免人为选择，使物种保持遗传的整体性。山苍子分布广泛，收集工作必须做到目标明确、主次分明、准确可靠、分批分期进行。因此，要根据研究目标、任务，有针对性地确定收集的对象和数量，以期起到事半功倍的功效，避免盲目性。

为了更加有效地利用和研究山苍子种质资源，必须在广泛收集的基础上，相对集中地加以妥善保存。只有做好种质资源的保存，才能为育种的长期需要，贮备充分的种质材料，为研究山苍子物种的发生与演变、了解遗传变异的形式与幅度、进行科学分类，集中提供系统的实物材料。山苍子种质资源收集保存的方法主要采用离体保存，即采集种子、集中种植保存的方法。中国林业科学研究院亚热带林业研究所在 2009～2013 年的每年 8 月底至 9 月底在山苍子全分布区（12 个省份）收集产量高的优异种质资源。入选居群须保存基本完好，林相整齐且居群内个体分布较均匀。各取样单株要求间隔 100 m 以上，且保证取样的均匀性，最大限度地降低母树间的亲缘关系。所选单株应处于亚优势地位，生长正常，无病虫害。在每个单株树冠中上部外围的二年生枝条采集其成熟果实若干（实际采集重量为 500 g 以上），记录采集地自然条件，包括海拔、纬度、经度、土壤类型、地势、气温（年平均温度、月平均温度、极端最高温度、极端最低温度）、降水量及其月分布、空气湿度及其蒸发量、无霜期；主要生物学特性；主要经济性状；主要性状优缺点等。目前共收集种质资源 260 份，构建了山苍子第一个省级种质资源库。

参 考 文 献

黎章矩, 华家其, 曾燕如. 2010. 油茶果实含油率影响因子研究. 浙江林学院学报, 27(6): 935-940.
李文英, 顾万春. 2005. 蒙古栎天然群体表型多样性研究. 林业科学, 41(1): 49-56.
田胜平, 汪阳东, 陈益存, 等. 2012a. 不同居群山苍子果实精油和柠檬醛含量及其与地理-气候因子的相关性. 植物资源与环境学报, 21(3): 57-62.
田胜平, 汪阳东, 陈益存, 等. 2012b. 山苍子天然种群叶片和种实性状的表型多样性. 生态学杂志, 31(7): 1665-1672.
杨帆, 王羽梅. 2006. 山鸡椒(山苍子)精油研究现状. 韶关学院学报, 30(6): 80-83.
张彩霞, 明军, 刘春, 等. 2008. 岷江百合天然群体的表型多样性. 园艺学报, 35(8): 1183-1188.

第4章 山苍子精油抑菌活性

山苍子精油的抗菌特性为我国南方老百姓广泛熟识。Cai 等（2019）和 Yang 等（2020）利用抑菌圈法探究山苍子精油对大肠杆菌和李斯特菌的抑制效果。王雪等（2019）分别对山鸡椒、毛叶木姜子和毛山鸡椒进行物种鉴定，并从中各选择 5 个山苍子家系的精油作为生物学重复，对每个家系精油进行 GC-MS 挥发性成分检测，最终基于山苍子抑菌活性和化学成分分析，对 3 种山苍子精油进行评价，为山苍子林木遗传育种提供了依据，有利于山苍子精油的进一步开发利用。

4.1 山苍子精油抑菌活性评价

4.1.1 山苍子精油抑制细菌活性

山苍子精油对沙门氏菌、大肠杆菌 O157 和大肠杆菌 DH5α 显示出显著的抑制作用，其抑菌圈为 3.0～5.0 mm。而山苍子精油对粪肠球菌 BM13、李斯特菌 J4045、李斯特菌 Clip 11262、铜绿假单胞菌和金黄色葡萄球菌抑制作用不明显。山苍子精油对不同的供试菌的抑制作用（抑菌圈直径大小）相差较大，这可能主要归因于精油的挥发性、水溶性的强弱，细菌的结构等因素对抑菌圈直径大小的测定结果有较大的影响，从而使其不足以对植物精油的抗菌性作出公正的评价，只能作为初步筛选精油抗菌性能的手段。通过实验研究发现（Cai et al.，2019），革兰氏阳性菌对山苍子精油的抗性比革兰氏阴性菌更强。这可能是革兰氏阳性菌和革兰氏阴性菌具有不同的细胞结构所导致的。

山苍子精油处理细菌后，细菌细胞壁的渗透性显著增加，这意味着细菌细胞壁的完整性已被破坏。细胞壁具有维持细胞形状，提高细胞机械强度并避免渗透压和其他外力对细胞造成损伤的能力。失去了细胞壁的保护，细菌即将死亡。此外，细胞壁可以有效地防止一些外来物质进入细胞，包括抗生素、抗菌剂、水解酶等。研究结果表明，山苍子精油能够通过去除细菌细胞壁来提高其抗菌活性。

通过扫描电子显微镜（SEM）观察发现，用精油处理的细菌细胞显示细胞壁受损，细胞形态变形和细胞萎缩。对细胞的损害似乎是随着精油浓度的逐渐增加而增强的。相反，未经处理的细胞呈棒状，形态完整，大小一致（图 4-1，图 4-2），这证明精油处理使细胞壁和细胞膜发生了不可逆损伤。

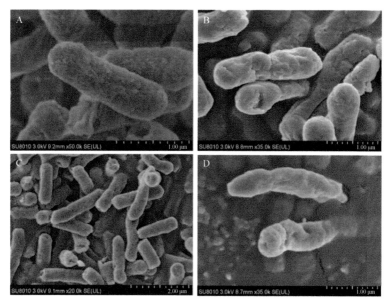

图 4-1　用不同浓度的山苍子精油处理的大肠杆菌 O157 和沙门氏菌的扫描电镜图
A. 大肠杆菌 O157 未处理对照；B. 大肠杆菌 O157 精油处理后；C. 沙门氏菌未处理对照；
D. 沙门氏菌精油处理后

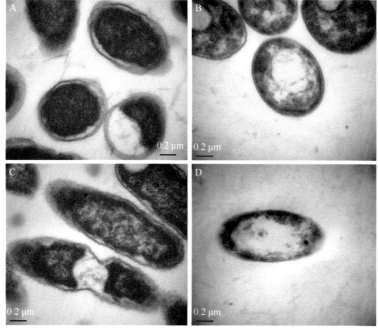

图 4-2　用不同浓度的山苍子精油处理的大肠杆菌 O157 和沙门氏菌的透射电镜照片
A. 大肠杆菌 O157 未处理对照；B. 大肠杆菌 O157 精油处理后；C. 沙门氏菌未处理对照；
D. 沙门氏菌精油处理后

透射电子显微镜（TEM）（图 4-2）显示了未经山苍子精油处理的大肠杆菌 O157 和沙门氏菌显示正常的杆状结构，细胞壁完整。经山苍子精油处理大肠杆菌 O157 和沙门氏菌后，细胞壁出现严重损伤，形态学改变。此外，受损细胞表现出粗糙和模糊的膜边界。该实验证明，山苍子精油对大肠杆菌 O157 和沙门氏菌具有抑制效果，但到目前为止，精油抑菌的机理尚不明确，还需要加强研究。

4.1.2　山苍子精油抑制真菌活性

王雪等（2019）展示了第 5 天各家系不同浓度精油的抑菌率（表 4-1）。总的来说，山苍子精油具有较好的抑菌效果，在浓度为 1000 μl/L 时，除了 F15、C14 和 F11，其余家系抑菌率都达到了 100%。大部分家系精油在浓度为 500 μl/L 时，抑菌率在 90% 以上。

表 4-1　生长速率法测定第 5 天不同浓度精油对尖孢镰刀菌的菌落抑菌率

精油编号	不同浓度下抑菌率/%				
	62.5 μl/L	125 μl/L	250 μl/L	500 μl/L	1000 μl/L
G3	47.70	77.24	96.54	100.00	100.00
G4	84.49	87.69	92.06	98.94	100.00
L6	35.59	56.76	79.28	100.00	100.00
F7	7.17	59.34	100.00	100.00	100.00
L29	43.90	53.80	63.83	100.00	100.00
F15	25.46	37.43	55.78	67.71	94.91
C5	40.94	51.71	67.99	89.43	100.00
C3	37.27	51.24	71.28	86.08	100.00
C14	64.49	73.61	78.49	88.37	97.53
F14	12.99	25.59	63.50	96.44	100.00
F12	12.40	29.94	61.25	98.15	100.00
F9	44.36	66.15	90.60	100.00	100.00
F8	48.75	58.52	74.68	91.33	100.00
F10	8.86	29.26	52.20	91.30	100.00
F11	7.81	9.00	22.55	31.65	79.24

表 4-2 展示了不同家系精油的毒力，其中毒力方程是根据浓度对数和抑菌率相关性，做出的回归方程。根据毒力方程，当 y 值为 1 时，x 所对应的浓度就是最小抑菌浓度（minimal inhibitory concentration，MIC）；当 y 值为 0.5 时，x 所对应的浓度就是半数效应浓度（EC_{50}）。G4、G3 和 F9 精油的 EC_{50} 较低，分别为 0.47 μl/L、63.32 μl/L 和 73.42 μl/L；G3、F7 和 F9 精油的 MIC 较低，分别为 265.53 μl/L、243.13 μl/L 和 321.07 μl/L。

表 4-2 山苍子精油抑制尖孢镰刀菌的毒力方程、相关系数、最小抑菌浓度和半数效应浓度

精油编号	毒力方程	相关系数 R^2	MIC/（μl/L）	EC_{50}/（μl/L）
G4	$y = 0.1565x + 0.7077$	0.9621	737.44	0.47
G3	$y = 0.8031x - 0.1437$	0.9881	265.53	63.32
L29	$y = 0.6369x - 0.111$	0.976	555.12	91.06
L6	$y = 0.7234x - 0.2261$	0.9999	495.35	100.86
F7	$y = 1.5408x - 1.1353$	0.9833	243.13	115.17
F14	$y = 0.9392x - 0.6694$	0.9633	599.06	175.83
C5	$y = 0.5447x - 0.0595$	0.9682	881.27	106.46
C3	$y = 0.561x - 0.0992$	0.9968	910.66	116.97
F15	$y = 0.5659x - 0.2423$	0.9758	1567.70	204.98
C14	$y = 0.209x + 0.4937$	0.9952	2645.38	107.19
F12	$y = 0.9489x - 0.6779$	0.975	586.49	174.31
F9	$y = 0.7803x - 0.1756$	0.9997	321.07	73.42
F8	$y = 0.4499x + 0.1285$	0.9889	865.16	166.95
F10	$y = 0.9143x - 0.7036$	0.9616	729.93	207.21
F11	$y = 0.8761x - 0.8473$	0.9423	1283.95	345.02

4.2 几种山苍子精油抑菌活性评价

尖孢镰刀菌在山苍子精油浓度为250 μl/L的培养基中培养到第7天后记录菌落形态，如图4-3所示，在山鸡椒精油培养基中的菌落直径最小，其次是毛叶木姜子和毛山鸡椒。进一步对三种山苍子精油含量、MIC 和 EC_{50} 进行分析（表4-3），山鸡椒精油含量为6.13%，显著高于毛叶木姜子（2.86%）和毛山鸡椒（2.31%）。山鸡椒 MIC 和 EC_{50} 浓度分别为 459.315 μl/L 与 74.176 μl/L，毛叶木姜子 MIC 和 EC_{50} 分别为 1320.815 μl/L 与 142.29 μl/L，毛山鸡椒的 MIC 和 EC_{50} 分别是 757.321 μl/L 与 193.38 μl/L。其中，山鸡椒 MIC 显著低于毛叶木姜子，EC_{50} 显著低于毛山鸡椒，证明山鸡椒果实精油含量及精油抑制真菌效果都显著优于其他两个品种。

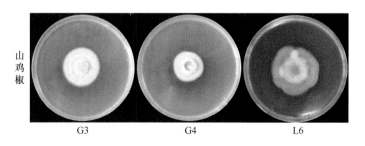

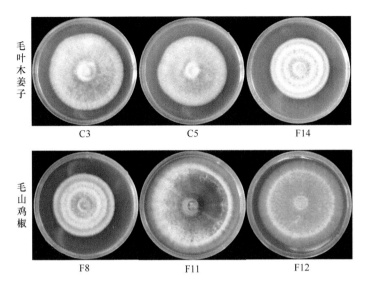

图 4-3　山鸡椒、毛叶木姜子、毛山鸡椒精油抑制尖孢镰刀菌效果图

图为尖孢镰刀菌在精油浓度为 250 μl/L 培养基中培养到第 7 天后的菌落形态。G3、G4 和 L6 表示在含有山鸡椒精油培养基中的菌落形态；C3、C5 和 F14 表示在含有毛叶木姜子精油培养基中的菌落形态；F8、F11 和 F12 表示在含有毛山鸡椒精油培养基中的菌落形态

表 4-3　山鸡椒、毛叶木姜子和毛山鸡椒抑菌活性差异分析

物种名称	精油含量/%	MIC/（μl/L）	EC_{50}/（μl/L）
山鸡椒	6.13±1.62a*	459.315±92b	74.176±20b
毛叶木姜子	2.86±0.4b	1320.815±367a	142.29±20ab
毛山鸡椒	2.31±0.29b	757.321±159ab	193.38±43a

*表示 5% 显著性。同列不同字母表示两者之间差异显著

　　三种山苍子精油抑制真菌效果随精油浓度增大和培养时间延长的变化趋势为：三种山苍子精油抑菌率随浓度的增大都表现出先迅速升高，后缓慢上升的趋势，在浓度为 1000 μl/L 时，抑菌率都达到 100%。但整体上看，山鸡椒的抑菌率要高于毛叶木姜子和毛山鸡椒，特别是当浓度为 500 μl/L 时，山鸡椒的抑菌率接近 100%。由图 4-4 可知，山鸡椒和毛山鸡椒精油的抑菌效果随培养时间延长呈现较为平稳的变化趋势，毛叶木姜子呈现缓慢下降趋势。

　　三种山苍子精油对大肠杆菌和李斯特菌都表现出抑制活性，特别是对大肠杆菌的抑菌活性优于李斯特菌。根据抑菌圈实验判定标准：抑菌圈直径大于 20 mm，极敏；直径为 15～20 mm，高敏；直径为 11～15 mm，中敏；直径为 8～11 mm，低敏；直径小于 8 mm，不敏感。当精油浓度为 100 μl/ml 时，大肠杆菌对山鸡椒、毛叶木姜子和毛山鸡椒精油都表现出极敏感性；当精油浓度为 50 μl/ml 时，对山

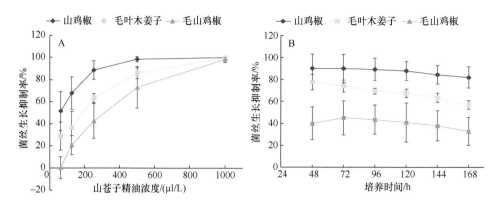

图 4-4　三种山苍子精油对尖孢镰刀菌的抑菌率随浓度和培养时间的变化趋势

A 为尖孢镰刀菌培养到第 6 天时，三种山苍子精油对尖孢镰刀菌的抑菌率随精油浓度的变化趋势；B 表示的是精油浓度为 250 μl/L 时，三种山苍子精油的抑菌率随尖孢镰刀菌培养时间延长的变化趋势。图中对各品种精油抑菌率偏离最大的两个数值进行剔除后取平均值，误差线表示标准偏差

鸡椒和毛叶木姜子精油表现出极敏感性，对毛山鸡椒精油表现为高敏；浓度在 25 μl/ml 或以下时，大肠杆菌对三种山苍子精油都表现出中敏或低敏感性。而李斯特菌在精油浓度为 100 μl/ml 时，对山鸡椒精油表现出极敏感性，对毛叶木姜子和毛山鸡椒分别表现出高敏与中敏感性；当浓度为 12.5 μl/ml 时，对毛叶木姜子和毛山鸡椒精油表现出低敏感性。整体上看，山鸡椒精油对李斯特菌的抑菌效果要优于毛叶木姜子和毛山鸡椒（表 4-4）。

表 4-4　三种山苍子精油在不同浓度下对大肠杆菌和李斯特菌的抑菌活性

供试精油	大肠杆菌（E. coli）					李斯特菌（L. monocytogenes）				
	6.25 μl/ml	12.5 μl/ml	25 μl/ml	50 μl/ml	100 μl/ml	6.25 μl/ml	12.5 μl/ml	25 μl/ml	50 μl/ml	100 μl/ml
山鸡椒	10.65± 1.05	11.68± 1.45	12.9± 1.46	24.29± 5.02	29.19± 4.62	10.47± 1.97	11.54± 1.88	12.26± 0.86	13.92± 3.36	22.12± 4.43
毛叶木姜子	10.53± 1.8	11.44± 0.18	12.34± 1.82	20.82± 1.28	24.85± 1.96	7.52± 0.44	9.15± 0.98	11.04± 1.22	12.76± 2.42	17.05± 1.22
毛山鸡椒	10.42± 0.63	11± 1.18	12.43± 0.82	18.2± 1.41	28.16± 1.68	8.77± 0.29	10.66± 0.44	10.59± 0.77	12.81± 0.29	15.85± 2.79

4.3　山苍子精油主要成分与抑菌效果相关性分析

　　山苍子精油主要的化学成分为柠檬醛（橙花醛和香叶醛）、柠檬烯、石竹烯、香茅醛、芳樟醇和松油醇，将这 6 种主要成分与抑菌率和精油含量进行相关性分析。如图 4-5 所示，柠檬醛和芳樟醇与抑菌率呈显著（显著性水平 $\alpha=0.05$）正相关关系，相关系数分别为 0.342 和 0.333；柠檬醛与精油含量呈现显著正相关关系，

相关系数为 0.391；柠檬烯和石竹烯与柠檬醛的含量呈现极显著（显著性水平
α=0.01）负相关关系，相关系数分别为–0.496 和–0.664。

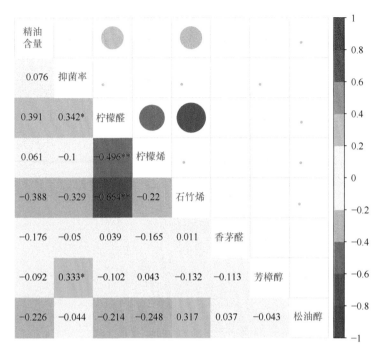

图 4-5　山苍子精油主要化学成分与抑菌率和精油含量相关性分析

*P<0.05；**P<0.01

参 考 文 献

王雪，梁晓洁，高暝，等. 2019. 三种山苍子精油化学成分及抑菌效果差异分析. 天然产物研究
　　与开发，31: 1847-1856.

Cai X, Wang X, Chen Y, et al. 2019. A natural biopreservative: antibacterial action and mechanisms of
　　Chinese *Litsea mollis* Hemsl. extract against *Escherichia coli* DH5α and *Salmonella* spp. J Dairy
　　Sci, 102(11): 9663-9673.

Yang Y, Lin M, Feng S, et al. 2020. Chemical composition, antibacterial activity, and mechanism of
　　action of essential oil from *Litsea cubeba* against foodborne bacteria. J Food Process Preserv,
　　44(4): e14724.

第 5 章　山苍子遗传育种研究

山苍子缺乏良种，严重制约了山苍子的产量提升和产业发展，因此系统开展山苍子良种选育具有重要意义。本章将从山苍子家系苗期筛选、幼林期生长稳定性分析、盛果期生长和经济性状遗传变异分析，同时结合其含油率及精油质量等阐述山苍子优良家系选择的研究进展。

5.1　山苍子家系物候期观察

5.1.1　山苍子家系萌芽和展叶物候期观察

山苍子芽为混合芽，一般 1 个混合芽由 1 个叶芽和 4 个花芽组成，混合芽萌发后花蕾即露出。由表 5-1 可知，山苍子混合芽膨大期（图 5-1A）为 5 月上旬至 6 月上旬，不同家系和同一家系雌、雄株之间芽膨大期在时间上差异不大。山苍子混合芽开放期（图 5-1B）为 5 月中下旬至 9 月下旬，各家系间芽开放期差异较大，其中 f17、f26、f27 等家系芽开放较早，f38、f1、f4 等家系开放较晚。此外，大部分家系雄株的芽开放期早于雌株。山苍子展叶始期（图 5-2A）一般为 3 月初至 3 月中旬，此时植株大部分顶芽开放露出叶片，到 3 月下旬至 4 月初，大多数枝条上的小叶平展，为展叶盛期（图 5-2B），10 月末至 11 月中旬叶片大部分变黄并脱落，为落叶期（图 5-2C），12 月初至 12 月下旬为落叶末期（图 5-2D），此时植株上叶片几乎全部脱落。各家系及同一家系雌、雄株之间展叶的各个物候期相差不大。

表 5-1　山苍子家系萌芽和展叶物候期

家系	性别	混合芽		叶			
		芽膨大期	芽开放期	展叶始期	展叶盛期	落叶期	落叶末期
f29	♂	5.18	6.04	3.16	3.28	11.10	12.07
	♀	5.18	6.19	3.14	3.24	11.01	12.01
f30	♂	5.18	5.26	3.16	3.28	11.08	12.07
	♀	5.18	7.02	3.22	3.30	11.08	12.07
f31	♂	5.26	8.10	3.18	3.28	11.01	12.07
	♀	5.22	9.06	3.15	3.28	11.01	12.07
f32	♂	5.10	6.27	3.20	3.30	10.28	11.29
	♀	5.10	6.10	3.17	4.02	10.25	11.25

家系	性别	混合芽		叶			
		芽膨大期	芽开放期	展叶始期	展叶盛期	落叶期	落叶末期
f15	♂	5.30	7.21	3.08	3.26	11.20	12.12
	♀	5.30	8.27	3.06	3.22	11.15	12.15
f4	♂	5.15	8.27	3.20	4.02	11.08	12.12
	♀	5.15	9.02	3.15	4.02	11.08	12.17
f41	♂	5.15	8.15	3.20	3.30	11.08	12.07
	♀	5.10	8.15	3.11	3.28	11.12	12.22
f5	♂	5.10	8.27	3.20	3.30	11.15	12.17
	♀	5.10	8.25	3.16	3.26	11.15	12.22
f6	♂	5.10	8.15	3.18	3.28	11.14	12.12
	♀	5.10	8.27	3.18	3.30	11.12	12.07
f36	♂	5.10	7.10	3.18	3.26	11.08	12.12
	♀	5.15	8.18	3.08	3.20	11.08	12.07
f37	♂	6.05	9.02	3.08	3.20	11.08	12.25
	♀	6.02	8.27	3.08	3.20	11.12	12.25
f38	♂	5.15	10.02	3.06	3.22	11.08	12.12
	♀	5.02	9.29	3.08	3.22	11.08	12.12
f7	♂	5.22	8.27	2.28	3.20	11.08	12.17
	♀	5.18	9.06	2.26	3.20	11.08	12.25
f8	♂	5.26	7.01	3.22	4.02	11.15	12.17
	♀	5.02	7.10	3.17	4.02	11.15	12.12
f10	♂	5.15	7.14	3.20	4.02	11.15	12.25
	♀	5.15	8.27	3.24	4.02	11.15	12.25
f22	♂	5.10	7.14	3.18	4.04	11.15	12.12
	♀	5.02	6.19	3.22	4.04	11.10	12.12
f12	♂	5.22	9.02	3.18	3.30	11.20	12.25
	♀	5.22	7.10	3.16	3.30	11.15	12.25
f19	♂	5.10	7.05	3.24	4.08	11.20	12.15
	♀	5.15	6.27	3.20	4.10	11.20	12.15
f25	♂	5.15	6.04	3.14	3.28	11.01	12.15
	♀	5.15	6.04	3.16	3.30	11.01	12.12
f42	♀	5.18	8.22	3.20	3.30	11.08	12.20
f1	♀	5.15	9.14	3.08	3.24	11.15	12.28
f24	♀	5.18	9.20	3.08	3.26	11.08	12.01
f26	♀	5.10	5.18	3.16	3.28	11.20	12.07
f27	♀	5.18	5.26	3.18	3.28	11.10	12.01

续表

家系	性别	混合芽		叶			
		芽膨大期	芽开放期	展叶始期	展叶盛期	落叶期	落叶末期
f28	♀	5.18	6.04	3.16	3.30	11.08	12.17
f14	♀	5.30	7.10	3.08	3.20	11.08	12.12
f16	♀	5.30	8.27	3.06	3.23	11.08	12.28
f6	♀	5.08	9.06	3.18	3.25	11.08	12.20
f21	♀	5.10	8.27	3.18	3.25	11.08	12.07
f39	♀	5.05	8.22	3.12	3.28	11.15	12.12
f34	♀	5.02	8.31	2.24	3.26	11.18	12.12
f35	♀	5.30	8.27	3.14	3.25	11.08	12.17
f9	♀	5.15	7.14	3.26	4.08	11.15	12.25
f23	♀	5.18	9.02	3.26	4.10	11.08	12.17
f33	♂	5.02	8.01	3.10	3.26	11.08	12.17
f40	♂	5.02	8.27	3.10	3.25	11.08	12.25
f17	♂	5.10	5.18	3.18	3.23	11.20	12.07
f18	♂	5.18	6.27	3.18	3.23	11.08	12.07
f2	♂	5.10	8.25	3.18	4.02	11.10	12.10
f3	♂	5.12	8.27	3.20	3.30	11.08	12.07
f11	♂	5.15	7.15	3.20	4.02	11.15	12.25
f13	♂	5.10	7.181	3.18	4.04	11.15	12.12

图 5-1　山苍子萌芽物候期

A. 芽膨大期；B. 芽开放期

图 5-2 山苍子家系展叶物候期
A. 展叶始期；B. 展叶盛期；C. 落叶期；D. 落叶末期

5.1.2 山苍子家系开花物候期观察

山苍子的花期为现蕾次年春季，由表 5-2 可知，其初花期（图 5-3A）为 1 月中旬至 3 月中旬，盛花期（图 5-3B）为 2 月初至 3 月中下旬，落花始期（图 5-3C）为 2 月中旬至 4 月初，落花终期（图 5-3D）为 2 月底至 4 月初。山苍子不同家系的开花物候期相差较大，花期最早的家系 f7 于 1 月中旬就进入了初花期，到 2 月下旬花朵几乎全部凋谢，而花期最迟的家系 f23 在 3 月中下旬才开始开花，4 月中旬才进入落花终期。此外，花期较早的家系还有 f34、f24、f1、f15 等，花期较迟的家系还有 f9、f10 和 f31 等。雌、雄株开花物候期差异方面，大部分家系的雄株花期要早于雌株 1 周左右。同时，对比山苍子展叶物候期可知，山苍子植株为花先于叶开放或者花叶同时开放。

表 5-2 山苍子家系开花物候期

家系	性别	初花期	盛花期	落花始期	落花终期
f29	♂	3.04	3.12	3.26	4.08
	♀	3.06	3.16	3.28	4.10
f30	♂	3.05	3.11	3.25	4.08
	♀	3.02	3.08	3.22	4.04
f31	♂	3.06	3.11	3.25	4.02
	♀	3.09	3.18	3.28	4.06
f32	♂	3.02	3.08	3.25	4.02
	♀	3.06	3.12	3.26	4.04
f15	♂	2.10	2.22	3.14	3.28
	♀	2.12	2.24	3.16	3.26
f4	♂	2.26	3.06	3.21	4.05
	♀	3.05	3.11	3.28	4.08
f41	♂	2.16	2.26	3.15	3.24
	♀	2.26	3.06	3.20	3.28
f5	♂	3.04	3.10	3.20	3.30
	♀	3.04	3.11	3.22	3.30
f6	♂	2.26	3.06	3.20	3.30
	♀	3.02	3.10	3.24	4.02
f36	♂	2.12	2.24	3.18	3.24
	♀	2.14	2.28	3.18	3.24
f37	♂	2.16	2.26	3.20	3.28
	♀	2.19	2.30	3.20	3.28
f38	♂	2.20	3.02	3.24	4.02
	♀	3.02	3.08	3.24	4.02
f7	♂	1.15	1.26	2.10	2.26
	♀	1.20	2.02	2.12	2.26
f8	♂	3.06	3.18	3.30	4.06
	♀	3.06	3.16	3.30	4.04
f10	♂	3.11	3.18	3.30	4.06
	♀	3.15	3.24	3.30	4.06
f22	♂	3.06	3.18	3.28	4.04
	♀	3.10	3.21	3.28	4.06
f12	♂	3.05	3.16	3.26	4.06
	♀	3.09	3.20	3.26	4.06
f19	♂	3.06	3.14	3.28	4.10
	♀	3.11	3.20	4.01	4.13

续表

家系	性别	初花期	盛花期	落花始期	落花终期
f25	♂	3.02	3.08	3.20	3.30
	♀	3.06	3.16	3.24	4.02
f42	♀	3.08	3.16	3.25	4.02
f1	♀	2.10	2.22	2.28	3.15
f24	♀	2.06	2.12	2.20	2.28
f26	♀	3.08	3.16	2.26	4.02
f27	♀	3.06	3.12	3.26	4.02
f28	♀	3.05	3.11	2.22	3.30
f14	♀	2.14	2.26	3.15	3.28
f16	♀	2.14	3.02	3.20	3.28
f6	♀	3.04	3.10	3.24	4.01
f21	♀	3.02	3.10	3.26	4.02
f39	♀	2.24	3.06	3.24	4.02
f34	♀	2.04	2.12	2.28	3.10
f35	♀	3.06	3.11	3.24	4.02
f9	♀	3.18	3.24	4.02	4.10
f23	♀	3.20	3.26	4.10	4.16
f33	♂	2.24	3.4	3.20	3.28
f40	♂	2.20	3.2	3.20	3.28
f17	♂	2.24	3.05	3.18	3.24
f18	♂	2.26	3.06	3.18	3.26
f2	♂	2.26	3.06	3.21	4.05
f3	♂	2.18	2.26	3.15	3.24
f11	♂	3.11	3.18	3.30	4.06
f13	♂	3.06	3.18	3.28	4.04

图 5-3 山苍子家系开花物候期
A. 初花期；B. 盛花期；C. 落花始期；D. 落花终期

5.1.3 山苍子家系结实物候期观察

3 月中旬至 4 月中旬，在山苍子花凋谢后一周左右，可以观察到其子房逐渐膨大，进入幼果发育期（图 5-4A）。7 月中旬至 9 月上旬，山苍子少数果实的颜色由绿色变为红色，此时为果实成熟始期（图 5-4B）。7 月下旬至 9 月下旬为山苍子果实成熟期（图 5-4C），此时大部分果实颜色变为深红色至紫黑色，同时少数先进入成熟期的果实开始脱落（图 5-4D）进入落果始期。到 8 月中旬至 9 月末，绝大部分果实均已脱落，为落果末期（图 5-4E）。由表 5-3 还可以看出，山苍子不同家系结实物候期相差较大，其中，f8、f22、f10 和 f15 等家系果实成熟较早，而 f34、f1 和 f7 等家系果实成熟较晚。

图 5-4 山苍子家系结实物候期

A. 幼果发育期；B. 果实成熟始期；C. 果实成熟期；D. 落果始期；E. 落果末期

表 5-3 山苍子家系结实物候期

家系	幼果发育期	果实成熟始期	果实成熟期	落果始期	落果末期
f26	4.06	8.01	8.10	8.11	8.25
f27	4.06	8.01	8.18	8.11	8.27
f28	4.08	8.10	8.16	8.18	8.25
f29	4.13	7.25	8.06	8.06	8.18
f30	4.10	7.28	8.06	8.06	8.20
f31	4.13	8.06	8.18	8.20	8.27
f32	4.13	7.25	8.11	8.06	8.18
f14	4.13	7.26	8.02	8.11	8.27
f15	4.04	7.12	7.25	7.28	8.11
f16	4.04	8.11	8.24	8.20	8.27
f4	4.13	8.15	8.25	8.18	9.02
f41	4.02	7.21	8.06	7.28	8.22
f5	4.10	8.08	8.15	8.12	8.27
f6	4.06	7.28	8.11	8.06	8.18
f20	4.08	7.28	8.11	8.06	8.15
f21	4.13	7.28	8.05	8.06	8.15
f24	3.15	7.28	8.22	8.06	9.30
f25	4.06	8.11	8.18	8.18	9.06
f36	3.28	7.25	8.01	8.01	8.06
f37	4.06	7.20	7.28	7.28	8.27
f38	4.06	7.28	8.22	8.24	8.27
f39	4.13	7.28	8.11	8.15	8.18
f1	3.20	9.05	9.20	9.22	9.30

续表

家系	幼果发育期	果实成熟始期	果实成熟期	落果始期	落果末期
f7	3.16	8.27	9.10	9.12	9.24
f34	3.18	9.02	9.25	9.25	9.30
f35	4.06	7.25	8.11	8.12	8.15
f8	4.13	7.18	7.21	7.28	8.01
f9	4.14	7.18	7.28	8.1	8.22
f10	4.08	7.25	7.28	8.01	8.11
f22	4.10	7.18	7.21	8.01	8.11
f12	4.10	7.25	8.20	8.21	8.25
f23	4.20	7.22	8.20	8.22	8.28
f19	4.18	7.25	8.27	8.28	9.24
f42	4.08	7.28	8.11	8.12	8.15

综上所述，山苍子主要物候期：山苍子芽膨大期为 5 月上旬至 6 月上旬，芽开放期为 5 月中下旬至 9 月下旬；展叶始为 3 月初至 3 月中旬，展叶盛期为 3 月下旬至 4 月初，落叶期为 10 月末至 11 月中旬，落叶末期为 12 月初至 12 月下旬；山苍子花先于叶开放或者花叶同时开放，初花期为现蕾次年 1 月中旬至 3 月中旬，盛花期为 2 月初至 3 月中下旬，落花始期为 2 月中旬至 4 月初，落花终期为 2 月底至 4 月初；幼果发育期为 3 月中旬至 4 月中旬，在山苍子花凋谢后一周左右，果实成熟始期为 7 月中旬至 9 月上旬，果实成熟期和落果始期为 7 月下旬至 9 月下旬，落果末期为 8 月中旬至 9 月末。山苍子不同家系的萌芽、开花和结实等物候期在时间上相差较大，而展叶物候期在不同家系间较为一致。

5.2 山苍子家系苗期生长性状遗传变异分析

5.2.1 山苍子苗高和地径生长节律

山苍子幼苗的苗高和地径在 7 月 1 日至 9 月 15 日，处于快速增长阶段，在 8 月 1 日左右增长速度达到最快，10 月 1 日之后增长速度趋于平缓。据此可将山苍子幼苗生长期划分为 3 个阶段：生长初期、快速生长期和苗木硬化期。从 6 月初种子开始发芽，到 7 月初出芽整齐为生长初期，此期间幼苗积累干物质为快速生长做准备；7 月初到 9 月中旬，气温较高、水分充足，苗木快速生长，为快速生长期；10 月初之后，气温下降、日照变短，苗木生长速度变慢，并逐渐硬化进入休眠期，为越冬做准备（高暝等，2018）。

此外，在苗木快速生长期，建阳种源的苗高和地径的生长速度均大于其他种源，而织金种源的苗高和地径的生长速度均小于其他种源。相应地，进入苗木硬化期苗木生长趋于平缓后，苗高和地径的生长速度也均是建阳种源最大，织金种源最小。

5.2.2　山苍子苗期生长性状遗传变异分析

对 2015 年 12 月不同山苍子家系的苗期生长性状进行方差分析（表 5-4），不同山苍子家系苗高和地径的差异均达到极显著水平（P<0.01），说明苗高和地径在家系间存在丰富的遗传变异，苗期选择潜力较大。

表 5-4　不同山苍子家系苗期生长性状方差分析

性状	自由度	家系均方	机误均方	F
苗高	41	116.72	7.29	16.011**
地径	41	0.645	0.23	28.655**

**表示 0.01 水平差异极显著（P<0.01）；下同

对各山苍子家系苗期生长性状的变异参数进行估算。由表 5-5 可知，苗高和地径的表型变异系数分别为 10.28% 和 9.70%，遗传变异系数分别为 9.45% 和 5.38%，苗高的表型变异系数和遗传变异系数都高于地径。苗高和地径的家系遗传力分别为 0.93 与 0.96，说明山苍子苗期受环境的影响较小，主要受较高强度的遗传控制。

表 5-5　山苍子苗期生长性状变异参数

性状	变幅	平均值	标准差	表型变异系数/%	遗传变异系数/%	家系遗传力
苗高/cm	42.32～77.32	63.90	6.57	10.28	9.45	0.93
地径/mm	4.69～8.17	6.91	0.67	9.70	5.38	0.96

各山苍子家系的苗高均值为 63.90 cm，各山苍子家系地径均值为 6.91 mm。

5.2.3　山苍子苗期生长性状聚类分析

42 个山苍子家系可以分为 3 类，具体结果见表 5-6。其中，第 I 类家系生长性状表现最好，苗高和地径均值分别为 69.24 cm 与 7.48 mm，分别比参试家系均值高 8.36% 和 8.25%；第 II 类家系长势中等，苗高和地径均值分别为 63.93 cm 与 6.91 mm，均接近于参试家系平均水平；第 III 类家系生长性状表现较差，苗高和地径均值分别为 53.12 cm 与 5.80 mm，分别比参试家系均值低 16.87% 和 16.06%。

表5-6 山苍子苗期生长性状聚类结果

类别	家系	苗高均值/cm	地径均值/mm
I	f7、f24、f38、f28、f35、f10、f12、f17、f5、f30、f23、f34、f29、f26	69.24	7.48
II	f32、f9、f3、f2、f39、f27、f37、f18、f8、f11、f31、f22、f41、f36、f13、f20、f21、f40、f6、f4、f16	63.93	6.91
III	f33、f42、f15、f1、f19、f14、f25	53.12	5.80

综上所述,山苍子幼苗生长期可划分为3个阶段:生长初期、快速生长期和苗木硬化期。6月初至7月初为生长初期,7月初至9月中旬为快速生长期,10月初之后为硬化期。在幼苗生长的不同时期,应根据其生长需求予以不同的管理措施,如快速生长期应及时浇水灌溉、松土除草、加强病虫害防治,以保证其成活率和快速生长,而在其进入硬化期时,浇水量和浇水次数应予以减少,并适时进行叶面喷施磷肥,从而促进苗木木质化进程和营养物质的积累,使苗木在越冬过程中增强对低温和干旱的抗性。

山苍子苗期和幼林期的各生长性状在家系间的差异均达到显著或极显著水平,幼林期生长性状的变异系数大于苗期,家系遗传力小于苗期,说明山苍子家系从苗期到幼林期受环境的影响增大,家系间的变异增大。

5.3 山苍子幼林期生长性状遗传变异分析

5.3.1 生长性状方差分析

对3个试验点山苍子家系的生长性状进行联合方差分析(表5-7),结果表明:2016年树高在家系间表现出显著差异,在地点间表现出极显著差异,而家系和地点的交互作用没有达到显著水平,地径在家系间和地点间均表现出极显著差异,在家系和地点交互作用上表现出显著差异;2017年,树高、地径和冠幅在家系间表现出极显著差异,枝下高在家系间表现出显著差异,4个生长性状在地点间均表现出极显著差异,地径的家系和地点的交互效应达到显著水平。

表5-7 山苍子家系的生长性状联合方差分析

年份	性状	变异来源	自由度	平方和	均方	F
2016	树高	家系	12	10 696.37	891.36	2.26*
		地点	2	61 307.69	30 653.85	77.70**
		交互作用	24	8 145.70	339.40	0.86
		误差	78	30 773.28	394.53	
	地径	家系	12	188.42	15.70	3.30**
		地点	2	820.14	410.07	86.25**

续表

年份	性状	变异来源	自由度	平方和	均方	F
2016	地径	交互作用	24	202.11	8.42	1.77*
		误差	78	370.86	4.75	
2017	树高	家系	12	37 235.20	3 102.93	3.06**
		地点	2	423 606.75	211 803.38	209.21**
		交互作用	24	28 812.46	1 200.52	1.19
		误差	78	78 966.74	1 012.39	
	地径	家系	12	950.28	79.19	3.49**
		地点	2	8 068.09	4 034.05	177.64**
		交互作用	24	952.48	39.69	1.75*
		误差	78	1 771.34	22.71	
	冠幅	家系	12	26 554.80	2 212.90	3.27**
		地点	2	286 132.97	143 066.49	211.26**
		交互作用	24	24 214.27	1 008.93	1.49
		误差	78	52 821.22	677.20	
	枝下高	家系	12	2 925.73	243.81	2.27*
		地点	2	3 635.00	1 817.50	16.95**
		交互作用	24	3 923.93	163.50	1.52
		误差	78	8 364.86	107.24	

*表示 0.05 水平差异显著（0.01<P<0.05）；**表示 0.01 水平差异极显著（P<0.01）；下同

2016 年和 2017 年地径的家系和地点交互作用均达到了显著水平，而且家系和地点交互作用的平方和均大于家系效应的平方和，可见家系和地点交互作用对地径表现的影响比家系单一作用大，有必要对交互作用做进一步分析。因此，确定利用地径进行后续的稳定性分析。

5.3.2　生长性状变异参数估算

对各试验点山苍子生长性状的变异参数进行估算（表 5-8），2016 年各性状的表型变异系数为 20.98%～29.27%，遗传变异系数为 0.62%～20.35%，家系遗传力为 0.003～0.81；2017 年各性状的表型变异系数为 20.48%～54.68%，遗传变异系数为 9.31%～23.94%，家系遗传力为 0.29～0.72。

表 5-8　各试验点山苍子家系生长性状变异参数估算

年份	性状	试验点	变幅	均值	标准差	表型变异系数/%	遗传变异系数/%	家系遗传力
2016	树高/cm	万州	20.00～100.50	64.04	15.71	23.84	1.97	0.02
		京山	54.50～147.33	96.12	20.47	21.30	11.64	0.58
		清流	70.00～175.00	120.58	25.29	20.98	0.62	0.003

续表

年份	性状	试验点	变幅	均值	标准差	表型变异系数/%	遗传变异系数/%	家系遗传力
2016	地径/mm	万州	3.09～8.62	5.56	1.34	24.17	18.79	0.81
		京山	4.11～13.52	8.44	2.41	28.6	20.35	0.76
		清流	5.40～18.95	12.03	3.52	29.27	13.31	0.46
2017	树高/cm	万州	27.00～71.00	71.64	20.04	27.97	12.47	0.41
		京山	92.00～240.00	162.91	37.81	23.21	13.38	0.59
		清流	127.00～311.33	217.50	44.55	20.48	9.31	0.49
	地径/mm	万州	2.72～9.92	6.05	1.44	23.80	13.22	0.57
		京山	10.51～29.27	18.73	5.12	27.34	12.76	0.45
		清流	6.39～41.42	26.16	8.27	31.61	20.26	0.72
	冠幅/cm	万州	9.00～57.00	26.08	10.29	39.46	14.03	0.29
		京山	46.00～201.75	110.39	33.34	30.20	20.08	0.70
		清流	80.00～230.33	143.56	38.84	27.05	13.93	0.60
	枝下高/cm	万州	5.00～58.33	27.23	14.89	54.68	23.94	0.41
		京山	12.00～56.33	39.42	10.13	25.70	10.76	0.38
		清流	6.00～44.67	28.01	8.72	31.13	17.35	0.63

5.3.3 AMMI 模型和线性回归模型比较

鉴于 2016 年和 2017 年地径的家系和地点交互作用均表现出显著水平，对这两年的地径进行了线性回归模型和加性主效应和乘积交互作用模型（简称 AMMI 模型）分析（表 5-9）。由线性回归模型分析结果可知，2016 年和 2017 年的联合回归分别能够解释交互作用的 13.39%与 46.90%，信息遗漏程度均比较高，可见，线性回归模型不适于对参试山苍子家系进行交互作用的分析。而根据 AMMI 模型的分析结果，2016 年和 2017 年的第一项主成分分量（IPCA1）分别能解释交互作用的 66.22%和 80.42%，两年均达到了显著水平，表明应用 AMMI 模型对参试家系进行交互作用的分析是可靠的。

表 5-9　地径线性回归模型和 AMMI 模型分析

年份	分析方法	变异来源	df	SS	SS/%	MS	F	P
2016	线性回归	联合回归	1	27.07	13.39	27.07	5.69*	0.02
		基因回归	11	70.40	34.83	6.4	1.35	0.22
		环境回归	1	0.38	0.19	0.38	0.08	0.78
		残差	11	104.26		9.48	1.99*	0.04
		误差	78	370.86		4.75		
	AMMI 模型	IPCA1	13	133.83	66.22	10.29	2.17*	0.02

续表

年份	分析方法	变异来源	df	SS	SS/%	MS	F	P
2016	AMMI 模型	IPCA2	11	68.27	33.78	6.21	1.31	0.24
		误差	78	370.86		4.75		
2017	线性回归	联合回归	1	446.71	46.90	446.71	19.67**	<0.01
		基因回归	11	124.74	13.10	11.34	0.50	0.90
		环境回归	1	27.36	2.87	27.36	1.20	0.28
		残差	11	353.67		32.15	1.42	0.18
		误差	78	1771.34		22.71		
	AMMI 模型	IPCA1	13	766.03	80.42	58.93	2.59**	<0.01
		IPCA2	11	186.45	19.58	16.95	0.75	0.69
		误差	78	1771.34		22.71		

注：df：自由度；SS：离均差平方和；MS：均方；F：统计量；P：显著性水平

5.3.4　试验点鉴别力分析

清流试验点对家系的鉴别力最强，京山试验点次之，万州试验点对家系的鉴别力则较弱。3 个试验点与原点的连线的夹角均为钝角，各试验点间呈两两负相关，说明 3 个试验点位于不同的品种生态区，分别适宜种植不同的山苍子家系。

从各试验点的稳定性参数（表 5-10）也可以看出，各试验点对家系的鉴别力的大小排序为清流、京山、万州。

表 5-10　各试验点稳定性参数

试验点	2016 年			2017 年		
	地径均值/mm	D_e	位次	地径均值/mm	D_e	位次
万州	5.5628	1.0546	3	6.048	1.5048	3
京山	8.4379	1.4941	2	18.7302	1.6017	2
清流	12.0347	1.6400	1	26.1616	2.9230	1

注：D_e 表示基因型或环境的相对稳定性

综上所述，3 个试验点中，清流试验点对山苍子家系的鉴别力最强，京山试验点居中，万州试验点对山苍子家系的鉴别力较弱。

5.4　山苍子不同家系果实产量和含油率遗传变异分析

5.4.1　山苍子林分和环境因子与其经济指标的关联特征

1）林分和环境因子的选择

山苍子林分特征各指标见表 5-11。将各林分因子和单株产量进行回归分析，结果见表 5-12。胸径和树冠高与单株产量的相关性较高。太阳辐射的分布是从低纬度向高纬度递减，气温从低纬度向高纬度递减，随着海拔的升高气温降低，故海拔、纬度、日照均影响年平均温度。本研究中选择常用的年平均温度和年降水量作为环境因子。

表 5-11　林分特征各指标

样地所在区域	树高	枝下高	树冠高	胸径	单株产量
清流	5.56~2.9	1.04~0.29	4.81~2.33	46.41~19.86	8.21
太子山	3.66~2.16	0.46~0.24	3.28~1.84	26.57~11.83	5.15
富阳	4.76~2.48	0.52~0.05	4.37~2.29	42.25~16	7.13

表 5-12　林分因子与单株产量的线性回归分析结果

因子	未标准化系数	标准化系数	t	P	偏相关系数
常量	7.557		136.097		
胸径	0.463	0.375	3.595	<0.01**	0.307
树冠高	0.427	0.508	35.719	<0.01**	0.955
冠幅	0.014	0.016	0.911	0.364	0.082
树高	0.261	0.218	2.277	<0.05*	0.200
枝下高	0.022	0.042	1.744	0.084	0.155

2）林分因子和环境因子对山苍子经济指标的影响

胸径和树冠高对山苍子单株产量有极显著影响（$P<0.01$），年平均降水量对单株产量有显著影响（$P=0.034$），年平均温度对单株产量无显著影响（$P=0.400$）；胸径（$P=0.138$）和树冠高（$P=0.095$）均对山苍子果实精油含量无显著影响，年平均降水量和年平均温度对果实精油含量均有极显著影响（$P<0.01$）；胸径（$P=0.560$）、树冠高（$P=0.355$）、年平均降水量（$P=0.451$）和年平均温度（$P=0.059$）对山苍子精油中柠檬醛含量均无显著影响（表 5-13）。

表 5-13　林分因子和环境因子与山苍子经济指标的协方差分析结果

经济指标	胸径		树冠高		年平均降水量		年平均温度	
	F	P	F	P	F	P	F	P
单株产量	461.273	<0.01**	152.526	<0.01**	4.581	0.034*	0.720	0.400
果实精油含量	2.232	0.138	2.832	0.095	13.007	<0.01**	33.110	<0.01**
柠檬醛含量	0.341	0.560	0.862	0.355	0.571	0.451	3.623	0.059

3）林分因子和环境因子与山苍子经济指标的相关性

在林分因子和环境因子与山苍子经济指标自然对数转化的基础上，对其进行相关性分析。胸径与单株产量呈极显著正相关，相关系数为 0.787；树冠高与单株产量呈极显著正相关，相关系数为 0.886，与果实精油含量呈显著负相关，相关系数为-0.169；年平均降水量与单株产量呈极显著正相关，相关系数为 0.470，与果实精油含量呈负相关；年平均温度与单株产量呈极显著正相关，相关系数为 0.330，与精油中柠檬醛含量呈负相关；单株产量与果实精油含量呈极显著负相关，相关系数为-0.236（表 5-14）。

表 5-14　林分因子和环境因子与山苍子经济指标的相关系数

经济指标	胸径	树冠高	年平均降水量	年平均温度	单株产量
单株产量	0.787**	0.886**	0.470**	0.330**	
果实精油含量	−0.113	−0.169*	−0.298	0.060	−0.236**
柠檬醛含量	0.051	0.091	−0.029	−0.137	0.098

4）林分因子和环境因子与山苍子经济指标的结构方程

利用结构方程模型分析山苍子树冠高、胸径对山苍子经济指标（单株产量、果实精油含量、柠檬醛含量）的直接效应和间接效应（表 5-15）。在直接效应方面，胸径和树冠高对单株产量的效应均为正效应，其效应系数分别为 0.255（$P<0.01$）、0.668（$P<0.01$）；年平均降水量和年平均温度对单株产量均为正效应，其效应系数分别为 0.051（$P=0.384$）和 0.048（$P=0.380$）。因此，根据对单株产量的总效应由强到弱排列，各因素依次为树冠高、胸径、年平均降水量、年平均温度。在间接效应方面，胸径、树冠高、年平均降水量、年平均温度对果实精油含量均呈负

表 5-15　林分因子和环境因子对山苍子经济指标的直接效应和间接效应

潜在变量	显变量	直接效应系数	间接效应系数
单株产量	胸径	0.255**	
	树冠高	0.668**	
	年平均降水量	0.051	
	年平均温度	0.048	
果实精油含量	胸径		−0.061
	树冠高		−0.158
	年平均降水量		−0.012
	年平均温度		−0.011
柠檬醛含量	胸径		0.025
	树冠高		0.066
	年平均降水量		0.005
	年平均温度		0.005

效应，效应系数分别为–0.061、–0.158、–0.012、–0.011；胸径、树冠高、年平均降水量、年平均温度对精油中柠檬醛含量均呈正效应，效应系数分别为 0.025、0.066、0.005、0.005。

相关研究结果显示，胸径、树冠高、年平均降水量、年平均温度与单株产量均呈极显著正相关，且胸径和树冠高对单株产量的影响效应大于年平均降水量和年平均温度。因此，在山苍子经营过程中应注重胸径和树冠高的培育（袁雪丽等，2021）。

5.4.2　山苍子经济性状多重比较

对山苍子各家系柠檬醛含量、平均单株产量及含油率进行多重比较分析（表 5-16），结果表明 f25 柠檬醛含量显著高于 f3、f13、f16、f17、f29 和 f33 家系，达到最高水平，含量为 84.79%，f8、f24 和 f4 柠檬醛含量无显著差异，高于家系 f7、f21、f26、f11、f28、f32、f18、f5、f1，且 f33（61.23%）柠檬醛含量最低；家系 f3（8.43 kg）和 f8（8.42 kg）平均单株产量显著高于其他家系，家系 f23 和 f31 之间无显著差异，家系 f15 平均单株产量（0.78 kg）最低，其他家系之间无显著差异性；含油率最高的家系为 f27，家系 f23 含油率最低（0.80 %）。

表 5-16　山苍子经济性状多重比较分析

家系	柠檬醛含量/%	平均单株产量/kg	含油率/%
f1	80.33 abc	2.91 abc	2.92 abc
f2	78.94 abcd	3.18 abc	4.04 abc
f3	72.71 bcdef	8.43 a	4.67 abc
f4	82.4 ab	3.56 abc	4.58 ab
f5	80.51 abc	6.24 abc	1.68 abc
f6	79.79 abcd	2.06 abc	1.70 abc
f7	82.18 abc	1.63 abc	1.83 abc
f8	83.8 ab	8.42 a	2.82 abc
f9	79.44 abcd	2.01 abc	2.46 abc
f10	80.22 abcd	5.29 abc	3.31 abc
f11	80.96 abc	5.44 abc	2.68 abc
f12	76.17 abcde	2.27 abc	3.58 abc
f13	71.34 cdef	3.55 abc	3.14 abc
f14	77.44 abcde	3.42 abc	2.92 abc

家系	柠檬醛含量/%	平均单株产量/kg	含油率/%
f15	75.84 abcde	0.78 c	2.69 abc
f16	73.24 bcde	5.4 abc	2.90 abc
f17	66.03 ef	3 abc	4.30 ab
f18	80.57 abc	1.43 bc	3.30 abc
f19	78.28 abcde	0.91 bc	2.90 abc
f20	79.23 abcd	3.77 abc	3.54 abc
f21	81.5 abc	1.79 abc	2.73 abc
f22	74.26 abcde	1.92 abc	2.54 abc
f23	75.52 abcde	7.83 ab	0.80 c
f24	83.46 ab	1.78 abc	1.56 bc
f25	84.79 a	1.68 abc	3.89 abc
f26	81.08 abc	1.86 abc	4.26 ab
f27	78.15 abcde	5.8 abc	4.80 a
f28	80.9 abc	3.12 abc	4.13 ab
f29	67.62 def	5.12 abc	4.60 ab
f30	75.9 abcde	2.95 abc	3.26 abc
f31	75.13 abcde	6.69 ab	2.86 abc
f32	80.62 abc	2.12 abc	1.49 bc
f33	61.23 f	1.33 bc	4.51 ab

注：同列中不同小写字母表示在 5%水平上差异显著

5.4.3　生长性状和经济性状相关性分析

对山苍子家系的生长性状与果实产量、果实含油率和精油主要成分含量等经济性状进行相关性分析（表 5-17）。由表 5-17 可知，山苍子树高与精油中香叶醛的含量呈极显著负相关，与橙花醇的含量呈极显著正相关，相关系数分别为-0.706和 0.646；胸径与香叶醛的含量也呈极显著负相关，与橙花醇的含量则是呈显著正相关，相关系数分别为-0.684 和 0.609；冠幅与香叶醛的含量呈显著负相关，相关系数为-0.635；枝下高与橙花醇的含量呈显著正相关，相关系数为 0.606；分枝数与香叶醛的含量呈显著负相关，相关系数为-0.613。由此可见，这 5 个生长性状可分别作为山苍子精油某些成分含量的间接选择指标。

由于柠檬醛是山苍子精油最主要的成分，因此将橙花醛和香叶醛 2 种柠檬醛异构体含量合并之后，与生长性状进行了相关性分析。结果表明，树高与柠檬醛含量呈极显著负相关，胸径和冠幅均与柠檬醛含量呈显著负相关，相关系数分别为-0.646、-0.609 和-0.570，表明山苍子的生长性状中，树高较适合作为精油中柠檬醛含量的间接选择性状。此外，5 个生长性状与山苍子果实含油率均无显著相关关系，表明含油率的选择与生长性状互不影响。山苍子的胸径与果实产量呈显著正相关关系，相关系数为 0.586，因此胸径可以作为山苍子果实产量的间接选择性状。

表 5-17 山苍子生长性状和经济性状相关性分析

精油主要成分	树高	胸径	冠幅	枝下高	分枝数
α-蒎烯	0.456	0.307	0.334	−0.055	0.434
β-水芹烯	0.319	0.408	0.355	0.135	0.472
β-蒎烯	0.424	0.238	0.162	0.218	0.284
甲基庚烯酮	0.299	0.233	0.204	0.174	0.369
β-月桂烯	0.489	0.378	0.300	0.465	0.430
D-柠檬烯	0.459	0.523	0.419	0.442	0.431
芳樟醇	−0.182	−0.121	−0.184	−0.433	−0.023
香茅醛	0.191	0.047	0.023	0.510	0.055
4-2 氧代丙基-2-环己烯-1 酮	−0.292	−0.345	−0.384	0.238	−0.338
（R）-氧化柠檬烯	−0.438	−0.440	−0.469	−0.106	−0.468
异松油烯	0.472	0.466	0.558	−0.550	0.569
α-松油醇	0.032	0.408	0.336	0.153	0.189
橙花醛	−0.525	−0.475	−0.451	−0.313	−0.410
香叶醛	−0.706**	−0.684**	−0.635*	−0.312	−0.613*
2-异丙烯基-5-甲基-4-烯醛	0.185	0.094	0.067	0.336	0.034
橙花醇	0.646**	0.609*	0.512	0.606*	0.540
石竹烯	0.283	0.192	0.315	−0.442	0.166
柠檬醛	−0.646**	−0.609*	−0.570*	−0.326	−0.537
果实含油率	−0.129	0.003	-0.116	−0.086	−0.111
果实产量	0.405	0.586*	0.549	−0.198	0.407

*表示两因素显著相关，**表示极显著相关

5.4.4 优良家系选择

山苍子的生长环境对其单株产量、精油含量及柠檬醛含量有不同的影响，进而影响经济效益，不能用单一的某一经济价值进行评价和筛选家系，而需要综合考虑不同环境对经济指标的综合影响，本研究以山苍子单株产量、精油含量及柠檬醛含量为经济指标进行优良家系选择。

不同的年均降水量、年均温度、年均日照环境的山苍子单株产量、含油率及柠檬醛含量均值和家系遗传力见表 5-18。

表 5-18　不同环境下各经济指标均值及家系遗传力

经济指标	均值	家系遗传力
柠檬醛含量/%	77.25	0.66
单株产量/kg	3.48	0.67
含油率/%	3.13%	0.80

利用观测变量的加权组合法可得到含油率、柠檬醛含量和单株产量的权重分别为 $W_1=0.361$、$W_2=0.356$、$W_3=0.283$，最终的综合选择指数（I）为：

$$I=W_1\times0.80\times X_1/3.13+W_2\times0.66\times X_2/77.25+W_3\times0.67\times X_3/3.48 \tag{5-1}$$

整理可得：

$$I=0.092X_1+0.003X_2+0.054X_3 \tag{5-2}$$

式中，W 表示各个家系的遗传性状权重综合选择平均值；X 表示家系性状遗传实测值。

由此可计算得出各山苍子家系综合选择指数（表 5-19）。通过计算可得各家系平均选择指数 $I_0=0.71$，选择标准差 $S=0.15$。通过表 5-19 将研究的 33 个山苍子家系分为 3 类：①优良度Ⅰ≥I_0+S，家系含油率、柠檬醛含量、单株产量综合表现最好，可作为重点筛选对象，本研究中有 f3、f7、f8、f29 和 f4 5 个家系达到要求；②I_0≤优良度Ⅱ<I_0+S，家系含油率、柠檬醛含量、单株产量综合表现较好，可将此类作为杂交亲本，为今后筛选优良遗传性状做准备，此次研究中有 f31、f10、f28、f11、f2、f16、f20、f17、f26、f5 和 f23 11 个家系达到要求；③优良度Ⅲ<I_0，家系含油率、柠檬醛含量、单株产量综合表现较差，不合乎选育目标，予以淘汰。根据山苍子单株产量、含油率及柠檬醛含量综合经济指标对参试的 33 个家系进行优良选择，有 15.2%的家系综合表现良好，并有 33.3%的家系可作为杂交育种亲本预选群体，入选的优良家系有 f3、f7、f8、f29 和 f4。

表 5-19　山苍子家系综合选择指数

家系	含油率/%	柠檬醛含量/%	单株产量/kg	选择指数	优良度
F3	4.67	72.71	8.43	1.1	Ⅰ
F7	4.80	78.15	5.8	0.99	Ⅰ
f8	2.82	83.8	8.42	0.97	Ⅰ
f29	4.60	67.62	5.12	0.9	Ⅰ
f4	4.58	82.4	3.56	0.86	Ⅰ
f31	2.86	75.13	6.69	0.85	Ⅱ
f10	3.31	80.22	5.29	0.83	Ⅱ
f28	4.13	80.9	3.12	0.79	Ⅱ
f11	2.68	80.96	5.44	0.78	Ⅱ
f2	4.04	78.94	3.18	0.78	Ⅱ
f16	2.90	73.24	5.4	0.78	Ⅱ

续表

家系	含油率/%	柠檬醛含量/%	单株产量/kg	选择指数	优良度
f20	3.54	79.23	3.77	0.77	II
f17	4.30	66.03	3	0.76	II
f26	4.26	81.08	1.86	0.74	II
f5	1.68	80.51	6.24	0.73	II
f23	0.80	75.52	7.83	0.72	II
f25	3.89	84.79	1.68	0.7	III
f13	3.14	71.34	3.55	0.69	III
f30	3.26	75.9	2.95	0.69	III
f14	2.92	77.44	3.42	0.69	III
f12	3.58	76.17	2.27	0.68	III
f33	4.51	61.23	1.33	0.67	III
f1	2.92	80.33	2.91	0.67	III
f18	3.30	80.57	1.43	0.62	III
f21	2.73	81.5	1.79	0.59	III
f9	2.46	79.44	2.01	0.57	III
f22	2.54	74.26	1.92	0.56	III
f19	2.90	78.28	0.91	0.55	III
f15	2.69	75.84	0.78	0.52	III
f6	1.70	79.79	2.06	0.51	III
f27	1.83	82.18	1.63	0.5	III
f32	1.49	80.62	2.12	0.49	III
f24	1.56	83.46	1.78	0.49	III

参 考 文 献

高暝, 陈益存, 吴立文, 等. 2018. 不同种源/家系山鸡椒苗期生长性状遗传变异. 热带亚热带植物学报, 26(1): 47-55.

李红盛, 汪阳东, 徐刚标, 等. 2018. 山苍子家系幼林生长性状遗传变异及稳定性分析. 林业科学研究, 31(5): 168-175.

商永亮, 张淑华, 陈志成, 等. 2010. 兴安落叶松优良家系选择及遗传增益. 东北林业大学学报, 38(7): 123-125.

许自龙. 2017. 山鸡椒花发育形态学观察研究. 长沙: 中南林业科技大学硕士学位论文.

袁雪丽, 汪阳东, 高暝, 等. 2021. 山苍子林分和环境因子与其经济指标的关联特征. 经济林研究, 39(1): 161-167.

赵曦阳, 李颖, 赵丽, 等. 2013. 不同地点白杨杂种无性系生长和适应性表现分析和评价. 北京林业大学学报, 35(6): 7-14.

Gao M, Chen Y C, Wang Y D. 2016. Evaluation of the yields and chemical compositions of the essential oils of different *Litsea cubeba* varieties. Journal of Essential Oil Bearing Plants, 19(8): 1888-1902.

第6章 山苍子育苗技术

本章将从实生苗培育技术、采穗圃营建技术、嫁接技术、扦插技术等方面介绍山苍子育苗技术研究进展。

6.1 实生苗培育技术

6.1.1 种子准备

1）果实采集

每年9月上旬至9月下旬，选择树龄5年以上、发育健壮、结果多、果粒大、无明显病虫害的山苍子植株为采种母树。采种宜在果皮变为黑色时进行。

2）种子加工

果实采收后应立即处理。将采摘的果实搓去果肉，漂洗除去果肉、杂质、空壳及不饱满种子等；清洗后，用0.5%高锰酸钾浸泡3～5 h消毒；清水冲洗干净，摊晾在阴凉处阴干。如不能及时处理果实，应将果实摊开在空气流通、干燥处，厚度不超过3 cm，勤翻动。

3）种子贮藏

处理好的种子应保湿贮藏，将要贮藏的种子与湿度合适的河沙按照3份河沙1份种子的比例一层种子一层河沙进行摆放，为保证透气，每隔50～60 cm放一把稻草，沙藏到第二年春天播种时。种子贮藏期间，15天翻动一次。

6.1.2 育苗

1）圃地选择

宜选择光照充足、排灌方便、疏松肥沃、微酸性砂壤土、交通便利、靠近水源的地块作为圃地。

2）整地作床

圃地应深耕细整25 cm以上，捡净草根、树根、碎石等。若为平坦地，四周开设排水沟，沟深 40 cm，沟底宽 25 cm。深翻前施有机肥 2～3 t/亩或 150～250 kg/亩饼肥作基肥。在处理好的圃地上做苗床，苗床高 25～30 cm，宽 100～120 cm，步道沟宽 30～40 cm，床面中央略高。

3）播种

由于山苍子种子含有大量蜡质、油脂，播种前应催芽以提高发芽率。用草木灰反复搓揉种皮，去除种皮蜡质。用始温 90℃的热水浸泡 5 min 后，用始温 40～50℃的温水浸种，12 h 一次，浸种 2～6 次。待种皮吸水膨胀后，加入 80%退菌特可湿性粉剂 800 倍液消毒 20 min，滤干水分。

2 月下旬至 3 月下旬种子露白时播种。播种前消毒，用 0.15%甲醛溶液或 80%退菌特可湿性粉剂 800 倍液消毒 20 min，摊开阴干。消毒后，在床面覆盖一层塑料薄膜，密封 3～4 天后揭开，以备播种。

采用条播法。播种沟宽 4～6 cm，沟深 2～3 cm。播种量 5～6 kg/亩。播种后覆细土 1 cm，覆草保墒，并架设 50 cm 高的小拱棚，盖上农膜密封保湿保温。晴天中午，从两端或侧面掀开农膜通风换气（郭起荣，2011）。

4）苗期管理

苗期应做好灌溉排水、松土除草、间苗补苗、追肥等田间管理工作。

视天气状况和土壤墒情及时浇水。宜少量多次，保持土壤湿润为度。灌溉宜在早、晚进行。多雨季节要及时排水，避免苗床积水。人工及时除草，适当松土。在苗高 7～10 cm 时进行一次性间苗，保留密度在 1 万株/亩左右。苗高 30～40 cm 时，雨前撒施尿素 2～3 t/亩，或叶面喷施浓度 0.2%～0.5%的尿素水溶液；6 月、7 月、8 月，每 20 天叶面喷施一次 0.2%～0.5 %的尿素水溶液。

6.1.3　质量分级

山苍子实生苗苗木质量共分 I、II 两个等级，等级规格指标见表 6-1。

表 6-1　山苍子实生苗苗木质量分级

苗龄	等级指标										综合控制指标
	I 级苗					II 级苗					无检疫对象，根系发达完整，侧根分布均匀舒展，生长健壮，苗干直立，枝条分布均匀，顶芽饱满，无机械损伤
	根系			地径/cm	苗高/cm	根系			地径/cm	苗高/cm	
一年生实生苗	主根长/cm	I 级侧根长/cm	I 级侧根数			主根长/cm	I 级侧根长/cm	I 级侧根数			
	≥25	≥15	≥8	≥1.00	≥100	<25,≥20	<15,≥10	<8,≥6	<1.00,≥0.60	<100,≥65	

6.1.4　苗木出圃

当苗木质量达到Ⅰ、Ⅱ级标准时即可出圃。苗木落叶后，于冬季至次年春季萌发前均可出圃。

采用裸根起苗方法。裸根苗及时蘸泥浆，用湿稻草或湿麻袋包裹。若短途短时间运输，用黑色塑料袋包裹苗木根部。按等级每捆 50～100 株，挂上标签，标明树种、苗龄、等级、起苗日期、生产单位、检疫证书编号等内容。装车时防止损伤苗木，装车后需加盖篷布。

6.2　采穗圃营建技术

筛选出山苍子优良家系后，为进一步固定优良性质、扩繁优良家系数量，需营建采穗圃，繁殖大量优良插条、接穗，为营养苗繁育提供优良材料，促进山苍子良种化栽培。

6.2.1　采穗圃营建分类

采穗圃营建的第一种方法为新建采穗圃，此法按照规范设计操作，建园较规范，可长期经营。第二种方法是利用原来的实生低产园改造建圃，用此方法建圃，苗木根系大，在短期内会获得大量优质接穗或插条。第三种方法是回缩改造，去掉结果枝组，恢复和促进树体营养生长，从而产生大量的接穗或插条。

6.2.2　圃地选择与规划

采穗圃应选择在平地或地势较平缓的坡地上营建。要求土层深厚肥沃、质地疏松、排灌方便，微酸性砂壤土，交通便利，位于生产插条的中心地区。面积可根据生产用穗的数量而定。

6.2.3　品种选择

所选品种对当地土壤、气候有良好的适应性，产量、精油含量高，适宜广大地区推广应用，可供各地建园使用。

6.2.4　采穗圃营建

1）新建采穗圃

选择根系发达，主根长度≥25 cm，Ⅰ级侧根数≥8 条，无病虫害的一年生苗木。晚秋至早春,落叶后发芽前定植。生长势较弱的品系株行距 3 m×3 m,生长势较强的品系株行距 4 m×4 m。挖直径 50 cm、深 50 cm 的定植穴,穴内施腐熟有机肥 3~5 kg 和 100 g 复合肥。将幼苗根系舒展在定植穴中心,细土覆盖根系,踏实后浇水。采穗圃母株定植时,按照成行或成块设计,详细画好定植图,并立碑、挂牌标示,方便以后采集穗条时识别,以免混淆。可按品种或无性系成行或成块排列,同一种材料为一个小区。

2)实生低产园改建采穗圃

选择园相整齐、长势良好、亩有效株数在 42 株以上、无病虫害、管理精细、交通方便的 3~10 年定植园。通过第三种采穗圃营建方法去掉结果枝组,恢复和促进树体营养生长。

6.2.5 经营管理技术

1)水肥管理

建圃后及时松土除草。有灌溉条件的采穗圃,旱季灌水 1~2 次,雨季应注意及时排水。落叶后进行块状或带状垦复,并施入农家肥 30~50 kg/株。定植前两年,以促进采穗树发育为目的,每穴结合土壤管理施农家肥,春、夏各施肥一次,施肥量为 100 g/株。定植 2 年后,以树木整形修枝为目的,春季每株施有机肥,氮肥、磷肥、钾肥比例为 2:1:1,8 月中下旬至 9 月上旬,追施氮、磷肥,每株施氮肥 3~4 g,磷肥 10 g,促进萌芽条发生。采穗期,为补充采集枝条和修枝的营养损失、提高发根率、防止土壤肥力减退,施用氮肥、磷肥、钾肥比例为2:1:1,8 月下旬至 9 月上旬追施氮肥 7 g、磷肥 20 g。

2)控形修剪

以多主枝灌丛形较好。以生产尽可能多的高质量、粗度适宜、芽体饱满的接穗和插条并尽可能少结果为目的。通过重剪去除二次枝促进萌生新枝,通过去强、剔弱、留中等,确保留枝均匀生长,粗度适宜。

采穗后要对采穗树进行修剪。首先对过长的或采穗数量过多而明细衰退的主枝进行适当回缩修剪,促进萌发旺条。其次疏除过密及枯死的枝桩、细弱枝,对采条时留桩过长的要进行短截,以减少枯桩的形成。

6.3 嫁 接 技 术

6.3.1 砧木选择

如选择定植一年以上的山苍子作为砧木,需要在嫁接前在距地面 40 cm 处截干，防治伤流。

　　如选择当年种植山苍子为砧木，需选择胸径 0.8～1.5 cm、健康的砧木，嫁接前在距地面 40 cm 处截干，按株行距 20 cm×40 cm 定植，植后马上浇透水。

6.3.2　接穗采集

　　若春季嫁接，在落叶至发芽前采集树体生长健壮、粗度在 0.5 cm 以上、芽体饱满、无病虫害和机械损伤的枝条。

　　若秋季嫁接，则随采随接，采集树体生长健壮、粗度在 0.5 cm 以上、芽体饱满、无病虫害和机械损伤的枝条。

6.3.3　接穗贮藏

　　若春季嫁接，采集的穗条需低温储藏。将采集的穗条，按品种、家系等分类包扎，报纸包裹后适当淋水，以报纸半湿为宜。用薄膜包裹紧密后装入编织袋，置于冷藏库或者挖好的土坑中低温过冬保存。

6.3.4　嫁接时间和方法

　　山苍子可于春季未发芽前嫁接，或者秋季（9～10 月）嫁接。避开雨天嫁接。采用切接法嫁接。在接穗下端斜剪，斜面长 2 cm 左右，反面剪同样斜面。砧木从剪面由外向里剪一斜切口，切口长 2 cm 左右，将接穗插入切口，对齐两者形成层，用薄膜绑紧。

6.3.5　嫁接苗管理

　　接穗成活后及时抹除砧木上萌发的蘖条，揭开接穗薄膜，以免高温损伤新形成枝条。接穗新芽长至 5～8 cm 时，及时摘心，促侧芽发育。及时中耕除草，中耕深度 2～4 cm，除草应"除早、除小、除了"。5 月下旬至 6 月下旬，追肥 1～2 次，追施速效性氮肥 150 kg/hm^2。春、夏季注意灌溉或排水，秋季控水，入冬后灌一次封冻水。

6.4　扦插技术

6.4.1　苗床准备

　　育苗前一年冬季进行土壤冬翻、熟土杀虫。扦插前整畦作床，床面宽 1.2 m、长 35 m、高 0.2 m。

6.4.2 插穗的选择

2 月下旬至 3 月上旬，选择母树根基部生长健壮、粗细均匀、无病虫害的半木质化枝条，枝条围径 1.2～1.5 cm，每段长 10～15 cm，基部削成平滑的三棱形，将基部叶片剪掉，上部保留 2～3 个芽。采下的枝条需将枝条底部浸入清水中保湿，并避免枝条和叶芽受挤压而损伤。

6.4.3 介质材料

扦插介质材料采用椰糠、泥炭土、珍珠岩及其他营养介质材料。其中，椰糠、泥炭土、珍珠岩及营养介质材料的用量比例（体积）为 8∶10∶2∶1。扦插介质材料及温室大棚扦插前用多菌灵进行消毒处理。

6.4.4 生根处理

将插穗下端切口用 3% 的 H_2O_2 浸泡 1～2 h 后，再用 50 mg/kg 的萘乙酸处理 2 h。

6.4.5 扦插方式

将选好的插条斜插于营养袋培养土中，扦插深度 3～5 cm。扦插完成后淋透水，搭盖 20～30 cm 高的拱棚并用薄膜覆盖保湿。

6.4.6 扦插后管理

扦插后的管理主要包括调节光照、温度、湿度，防治病虫害，施肥和防治冻害。晴天上午 10 时到下午 4 时在薄膜上覆盖遮阳网。当温度超过 35℃时应及时喷水降温，白天温度控制在 22～28℃，夜间温度不低于 15℃，湿度维持在 85%～90%。每隔 10 天喷一次多菌灵，及时清理死株。在喷农药时可加入磷酸二氢钾叶面施肥。扦插 30 天后，可适当减少喷水次数，使基质呈现干湿状态，诱导根系生长。当全株生根并抽梢 10 cm 时，选择阴天揭去遮阳网炼苗。

参 考 文 献

郭起荣.2011. 南方主要树种育苗关键技术. 北京: 中国林业出版社.

第 7 章　山苍子栽培技术

本章主要介绍山苍子立地类型划分、立地质量评价、造林技术及主要病虫害防治等方面的研究进展。

7.1　山苍子立地类型划分

山苍子在我国长江以南的省份和地区均有人工林栽培（李红盛等，2017），但是我国山苍子分布广泛，各省份和地区的气候、地形、土壤等环境影响因子不同，导致山苍子生长和产量各异，在一定程度上制约了山苍子的发展。同时在山苍子人工林快速发展过程中，存在因立地条件选择不当造成生长不良和地上部分生物量低下，最终使单株产量缩减的问题。因此，开展山苍子人工林和立地关系研究，划分立地类型并进行立地质量评价，可为提高山苍子产量及可持续经营管理提供理论基础。本研究以不同立地条件的 69 块山苍子人工林为研究对象，通过调查山苍子生长及经济性状，利用主成分分析和数量化理论 I 分析立地因子与山苍子树高之间的关系，评价山苍子立地生产潜力。

7.1.1　影响山苍子生长的立地主导因子

1）立地因子分析

根据 69 块样地调查的数据，对影响山苍子正常生长的立地环境和土壤因子进行相关性分析（表 7-1），其中立地环境因子有地貌、坡度、坡向、坡位，土壤因子有土壤厚度和土壤质地。研究数据分析结果显示，地貌与坡度（−0.84）、坡向（−0.77）、土壤质地（−0.67）呈负相关；地貌与坡位呈正相关，相关系数为 0.52，地貌与土壤厚度的相关系数为 0.80，呈正相关；坡度与坡位的相关系数为−0.39，呈负相关关系；土壤厚度与坡度的相关系数为−0.89，呈负相关，坡度与坡向的相关系数为 0.72、与土壤质地相关系数为 0.85，均呈正相关；坡向与坡位的相关系数为−0.30，呈负相关；坡向与土壤厚度的相关系数为−0.75，呈负相关关系；土壤质地与坡向的相关系数为 0.68，呈正相关关系；坡位与土壤厚度呈正相关，相关系数为 0.22；坡位与土壤质地相关系数为−0.43，呈负相关；土壤厚度与土壤质地呈负相关（−0.68）。

表 7-1　各立地因子间的相关性分析

立地因子	地貌	坡度	坡向	坡位	土壤厚度	土壤质地
地貌	1.00	−0.84	−0.77	0.52	0.80	−0.67
坡度	−0.84	1.00	0.72	−0.39	−0.89	0.85
坡向	−0.77	0.72	1.00	−0.30	−0.75	0.68
坡位	0.52	−0.39	−0.30	1.00	0.22	−0.43
土壤厚度	0.80	−0.89	−0.75	0.22	1.00	−0.68
土壤质地	−0.67	0.85	0.68	−0.43	−0.68	1.00

2）立地因子间的 KMO 检验

研究区内的立地因子根据类目划分数据进行整理分析，运用 KMO 检验山苍子调查样地中立地因子数量化后能否进行主成分分析。当 KMO>0.5 时，表示标准样地内立地因子可以进行主成分分析，本研究山苍子立地因子的 KMO 检验值为 0.741，且 $P<0.001$，说明实验地内山苍子立地数据符合主成分分析要求（表 7-2）。

表 7-2　KMO 检验和 Bartlett's 球状检验结果

指标		值
KMO 检验		0.741
Bartlett's 球状检验	近似卡方	1182.785
	自由度	15
	显著性	0.000

3）立地因子主成分分析

对 69 块标准样地立地因子进行主成分分析。由表 7-3 可知，第一个主成分的累积贡献率所包含的信息占总体信息的 71.149%，因而，选择第一个主成分来进行分析。由表 7-4 可以看出，第一主成分主要有坡度（0.95）、地貌（−0.92）、土壤厚

表 7-3　总方差解释表

成分	初始特征值			提取载荷平方和		
	特征值	贡献率/%	累积贡献率/%	特征值	贡献率/%	累积贡献率/%
1	4.269	71.149	71.149	4.269	71.149	71.149
2	0.868	14.468	85.618			
3	0.383	6.379	91.997			
4	0.307	5.119	97.116			
5	0.124	2.074	99.19			
6	0.049	0.81	100			

表 7-4　基于相关矩阵的标准化负载（模式矩阵）

立地因子	成分	成分公因子方差	成分唯一性
地貌	−0.92	0.84	0.16
坡度	0.95	0.90	0.10
坡向	0.85	0.73	0.27
坡位	−0.51	0.26	0.74
土壤厚度	−0.89	0.79	0.21
土壤质地	0.86	0.74	0.26

度（−0.89）、土壤质地（0.86）、坡向（0.85），在主成分中选取所占比重最高的
立地因子作为影响山苍子的主导因子，第一主成分中坡度因子荷载值最大，坡
度 90% 的方差都可用第一主成分来解释。坡位是第一主成分表示性最差的变
量。因此，山苍子立地分类的主导因子按照与第一主成分的荷载值相关系数排
序依次为：坡度、地貌、土壤厚度、土壤质地、坡向、坡位，立地类型的划分以
此数据信息为依据。

7.1.2　立地类型划分

在调查的立地因子中，坡向对植物日照时间有很大的影响，因考虑研究区内
有两地属于平原，坡向在山苍子研究区内相对影响较小，而土壤质地的划分依据
颗粒直径大小，可直接影响土壤含水量，本研究区均属于亚热带季风气候，在立
地因子中地貌分布状况可间接反映土壤质地情况，且坡向和土壤质地在主成分荷
载中相关系数较小，因此在立地分类和立地质量评价时不考虑坡向和土壤质地，
根据所调查山苍子的分布情况，结合主成分分析结果，选择坡度、地貌、土壤厚
度 3 个影响较大的立地因子对立地类型进行划分。

本次调查在湖北京山太子山林场和浙江杭州新沙岛山苍子家系试验林，以及
福建清流国有林场进行，3 个调查地点均属于亚热带立地区域。根据调查山苍子
的分布情况可知，调查样地属于长江中下游平原立地区和江南丘陵立地区，同时
湖北京山太子山林场研究区也属于汉中盆地立地亚区、浙江杭州新沙岛属于东部
低丘岗地立地亚区、福建清流国有林场属于浙闽东南山地立地亚区。根据主成分
分析可得立地因子对山苍子的影响，将坡度作为划分山苍子立地因子类型组的依
据，可将山苍子划分为如下 5 个立地类型组：平坡立地类型组、缓坡立地类型组、
斜坡立地类型组、陡坡立地类型组、急坡立地类型组。立地类型的确定和划分主
要依据土壤的质量与容量两个因素，结合立地类型主导因子成分的分析，根据所
调查山苍子样地的情况，通过立地因子主成分分析可将山苍子人工林立地类型划
分为 20 个，如表 7-5 所示。

表7-5　山苍子立地类型

序号	划分依据			立地类型名称
	坡度	地貌	土壤厚度	
1	平坡（0°～5°）	丘陵	薄土层	平坡丘陵薄土层
2			中厚土层	平坡丘陵中厚土层
3		平原	薄土层	平坡平原薄土层
4			中厚土层	平坡平原中厚土层
5	缓坡（6°～15°）	丘陵	薄土层	缓坡丘陵薄土层
6			中厚土层	缓坡丘陵中厚土层
7		平原	薄土层	缓坡平原薄土层
8			中厚土层	缓坡平原中厚土层
9	斜坡（16°～25°）	丘陵	薄土层	斜坡丘陵薄土层
10			中厚土层	斜坡丘陵中厚土层
11		平原	薄土层	斜坡平原薄土层
12			中厚土层	斜坡平原中厚土层
13	陡坡（26°～35°）	丘陵	薄土层	陡坡丘陵薄土层
14			中厚土层	陡坡丘陵中厚土层
15		平原	薄土层	陡坡平原薄土层
16			中厚土层	陡坡平原中厚土层
17	急坡（36°～45°）	丘陵	薄土层	急坡丘陵薄土层
18			中厚土层	急坡丘陵中厚土层
19		平原	薄土层	急坡平原薄土层
20			中厚土层	急坡平原中厚土层

　　综上所述，在立地因子主成分分析中特征值大于1的主成分只有一个，说明选择一个主成分即可保留数据集的大部分信息。根据观测变量与主成分的相关系数提取主导因子，其中按照主导因子数据值大小排序为：坡度、地貌、土壤厚度、土壤质地、坡向、坡位。基于主成分分析中成分荷载和公因子方差选取坡度、地貌、土壤厚度3个主导立地因子对山苍子进行立地类型划分。在综合多区域因素分析的基础上，考虑综合主导因素分析原则、科学性原则及理论与实用相结合的原则，建立了研究山苍子的立地分类系统，山苍子研究区域共划分为2个立地区域，5个立地类型组，组合划分了20个立地类型。

　　立地类型的建立为未来在对山苍子林进行管理时提供了理论基础，可在今后山苍子造林时按照不同的立地类型做到适地适树，将来可用于相同气候区域内山苍子的经营管理，具有一定的推广意义。由于研究区域的分布状况，本研究立地分类可以适用于丘陵和平原地区，为未来相似地区山苍子人工林立地分类系统的准确性和实用性提供理论基础。

7.2 山苍子立地质量评价

7.2.1 山苍子立地质量评价指标选择

对本次研究选取山苍子的树高、胸径、冠幅等数据指标进行协方差分析（表 7-6），发现山苍子平均树高为 3.397 m，与单株产量具有非常显著相关性；枝下高平均值为 42.260 cm，对单株产量无显著影响；胸径平均值为 25.070 mm，与单株产量之间无显著相关性；冠幅平均值为 236.500 cm，对单株产量无显著影响；结果枝长度平均值为 134.200 cm，对单株产量有极显著影响。通过分析最终选取山苍子树高作为立地质量评价的指标。

表 7-6　山苍子生长性状的协方差分析

生长性状	平均值	F
树高/m	3.397	33.859***
枝下高/cm	42.260	1.375
胸径/mm	25.070	0.132
冠幅/cm	236.500	4.733
结果枝长度/cm	134.200	6.157**

***表示 P 在 0.0001 水平非常显著相关，**表示 P 在 0.01 水平极显著相关，*表示 P 在 0.05 水平显著相关，下同

7.2.2 基于数量理论山苍子立地质量评价

1）山苍子立地因子特征

对影响山苍子树高的定量立地因子（地貌、坡度、坡向、坡位、土壤质地、土壤厚度），将各因子由定量因子转换为定性因子，并进行类型划分，将立地因子原始数据代入数量化理论模型中，将其函数值填入反应表（表 7-7）。

表 7-7　立地因子反应表

地貌		坡度					坡向		坡位				土壤质地			土壤厚度	
丘陵	平原	平坡	缓坡	斜坡	陡坡	急坡	阳坡	阴坡	上坡	中坡	下坡	平地	砂壤土	黏土	中壤土	中土层	厚土层
1	0	0	0	1	0	0	0	1	1	0	0	0	0	1	0	1	0
1	0	0	0	1	0	0	0	1	1	0	0	0	0	1	0	1	0
1	0	0	0	1	0	0	0	1	1	0	0	0	0	1	0	1	0
1	0	0	0	1	0	0	0	1	1	0	0	0	0	1	0	1	0

续表

地貌		坡度					坡向		坡位				土壤质地			土壤厚度	
丘陵	平原	平坡	缓坡	斜坡	陡坡	急坡	阳坡	阴坡	上坡	中坡	下坡	平地	砂壤土	黏土	中壤土	中土层	厚土层
1	0	0	0	1	0	0	0	1	1	0	0	0	0	1	0	1	0
1	0	0	0	1	0	0	1	0	1	0	0	0	0	1	0	1	0
1	0	0	0	0	1	0	0	1	0	0	1	0	0	0	1	1	0
1	0	0	0	1	0	0	0	1	0	0	1	0	0	0	1	1	0
1	0	0	0	0	1	0	0	1	0	0	1	0	0	0	1	1	0
1	0	0	0	0	1	0	0	1	0	0	1	0	0	0	1	1	0
1	0	0	0	0	1	0	0	1	0	0	1	0	0	0	1	1	0
1	0	0	0	0	1	0	0	1	0	0	1	0	0	0	1	1	0
1	0	0	0	1	0	0	0	1	0	0	1	0	0	0	1	1	0
0	1	1	0	0	0	0	1	0	0	0	0	1	1	0	0	0	1
0	1	1	0	0	0	0	1	0	0	0	0	1	1	0	0	0	1
0	1	1	0	0	0	0	1	0	0	0	0	1	1	0	0	0	1
0	1	1	0	0	0	0	1	0	0	0	0	1	1	0	0	0	1
0	1	1	0	0	0	0	1	0	0	0	0	1	1	0	0	0	1
0	1	1	0	0	0	0	1	0	0	0	0	1	1	0	0	0	1
0	1	1	0	0	0	0	1	0	0	0	0	1	1	0	0	0	1
0	1	1	0	0	0	0	1	0	0	0	0	1	1	0	0	0	1
1	0	0	0	1	0	0	1	0	1	0	0	0	0	1	0	0	1
1	0	0	0	0	1	0	1	0	0	1	0	0	0	1	0	1	0
1	0	0	0	0	1	0	1	0	0	1	0	0	0	1	0	1	0
1	0	0	0	1	0	0	0	1	1	0	0	0	0	1	0	1	0
1	0	0	0	0	0	1	0	1	0	0	1	0	0	0	1	1	0
1	0	0	0	0	0	1	0	1	0	0	1	0	0	0	1	1	0
0	1	0	1	0	0	0	1	0	0	1	0	0	0	1	0	0	1
0	1	0	1	0	0	0	1	0	0	1	0	0	0	1	0	0	1
0	1	0	1	0	0	0	1	0	0	0	0	1	0	1	0	0	1
0	1	1	0	0	0	0	1	0	0	0	0	1	1	0	0	0	1
0	1	1	0	0	0	0	1	0	0	0	0	1	1	0	0	0	1

2）山苍子各项立地影响因子的贡献排序

对立地影响因子在各个预测项目方程中的贡献数据分别进行了综合排序，在排除其他立地影响因子对预测项目数据影响的基础上，计算出山苍子地貌、坡度、坡向、坡位、土壤质地、土壤厚度的偏相关系数（表 7-8），通过立地影响因子各项目在预测方程中的偏相关系数可知项目的贡献率，通过贡献率的大小，可依次得到预测方程中主要立地因子。

表 7-8　各项目在预测方程中的偏相关系数

预测方程	坡度	坡向	地貌	坡位	土壤质地	土壤厚度
y_6	0.188	−0.116	0.108	0.187	0.188	0.096
y_5	−0.595	−0.307	0.206	0.205	0.018	
y_4	−0.59	−0.313	0.205	−0.059		
y_3	−0.338	−0.288	0.167			
y_2	0.363	−0.239				

3）预测方程建立

根据数量化理论 I 建立山苍子树高预测模型，按照各项目对基准变量的贡献，由小到大逐次进行剔除，得到 5 个预测方程（表 7-9）。为考虑每个立地项目单独对基准变量的直接影响贡献，通过 F 检验，5 个预测方程中 $F>F_{0.05}$，达到了极显著水平，说明预测模型相关紧密，可以应用到立地质量评价的实践工作中（表 7-10）。

表 7-9　预测方程

项目	预测方程
地貌	$y_5=1.583+1.206\delta(1,1)+0.431\delta(2,3)+0.674\delta(2,4)+1.724\delta(2,5)+−0.989\delta(3,2)−0.095\delta(4,1)+0.466\delta(4,2)+0.824\delta(4,3)+0.980\delta(5,1)−0.098\delta(5,3)+1.025\delta(6,2)$
坡度	$y_4=3.588+1.863\delta(1,1)−0.980\delta(2,2)−1.381\delta(2,3)−1.837\delta(2,4)−0.492\delta(2,5)−1.645\delta(3,2)−0.095\delta(4,1)+0.466\delta(4,2)+0.956\delta(4,3)+0.113\delta(5,3)$
坡向	$y_3=4.053+1.838\delta(1,1)−0.980\delta(2,2)−1.368\delta(2,3)−1.802\delta(2,4)−0.437\delta(2,5)−1.621\delta(3,2)−0.561\delta(4,1)+0.557\delta(4,3)−0.466\delta(4,4)$
坡位	$y_2=3.588+1.168\delta(1,1)−0.706\delta(2,2)−0.937\delta(2,3)−0.542\delta(2,4)+0.633\delta(2,5)−1.320\delta(3,2)$
土壤质地	$y_1=3.588−0.599\delta(2,2)+0.005\delta(2,3)+0.398\delta(2,4)+1.329$

注：括号中的数字代表不同的立项因子。1.地貌；2.坡度；3.坡向；4.坡位；5.土壤质地；6.土壤厚度

表 7-10　预测方程复相关系数及显著性检验

项目		y_5	y_4	y_3	y_2	y_1
复相关系数		0.485	0.477	0.477	0.452	0.426
F 检验	F	5.337	5.669	6.322	8.371	8.721
	$F_{0.05}$	2.34E−07	2.00E−07	7.80E−08	4.34E−08	1.73E−07

通过协方差分析发现山苍子单株产量与平均树高呈现非常显著相关性，因此选择山苍子树高作为立地质量评价指标，应用数量化理论 I 模型，根据立地因子

各项目贡献值依次得到 5 个预测方程，预测方程通过 F 检验达到极显著水平，可在实践工作中推广应用。最终根据实际综合因子相互结合，建立数量理论 I 模型，山苍子树高预测方程为：$y=2.409+0.683\delta(1,1)+0.00\delta(1,2)+0.00\delta(2,1)+0.00\delta(2,2)+0.585\delta(2,3)+1.542\delta(2,4)+2.439\delta(2,5)+0.00\delta(3,1)-0.835\delta(3,2)+0.00\delta(5,1)-0.706\delta(5,2)-0.599\delta(5,3)+0.00\delta(6,1)+1.179\delta(6,2)$，$F$ 检验 $F>F_{0.05}$，该预测方程可以在实践中应用。

4）山苍子数量化立地质量得分

在各山苍子树高预测方程中，每个项目下的立地类目得分不同，在实践和应用中我们应充分考虑调查环境的实际情况，本研究既考虑到全部的立地环境因子状况，也结合前面立地类型分类的情况，依据立地因子主成分分析编制各类目得分表（表 7-11）。结果表明：截距系数为 2.409，标准误差 0.762，t 值为 3.163；地貌 X_1 的类目 x_{11} 系数 0.683，标准误差 0.698，t 值 0.978，类目 x_{12} 系数为 0；在坡度 X_2 中类目 x_{21}、x_{22} 系数均为 0，类目 x_{23} 系数为 0.585，标准误差 0.753，t 值 0.777，类目 x_{24} 系数为 1.542，标准误差 1.204，t 值 1.280，类目 x_{25} 系数为 2.439，标准误差 1.020，t 值 2.390；坡向立地因子下类目 x_{31} 系数为 0，x_{32} 系数为 -0.835，标准误差 0.587，t 值 -1.423。土壤质地 X_5 立地因子下类目 x_{51} 系数为 0，x_{52} 系数

表 7-11　数量化立地质量得分

因子	类目	系数	标准误差	t 值
截距		2.409	0.762	3.163
地貌 X_1	x_{11}	0.683	0.698	0.978
	x_{12}	0		
坡度 X_2	x_{21}	0		
	x_{22}	0		
	x_{23}	0.585	0.753	0.777
	x_{24}	1.542	1.204	1.280
	x_{25}	2.439	1.020	2.390
坡向 X_3	x_{31}	0		
	x_{32}	-0.835	0.587	-1.423
土壤质地 X_5	x_{51}	0		
	x_{52}	-0.706	0.215	-3.280
	x_{53}	-0.599	0.459	-1.305
土壤厚度 X_6	x_{61}	0		
	x_{62}	1.179	0.745	1.581
复相关系数				0.470
F 检验				6.888***

为–0.706，标准误差 0.215，t 值–3.280，x_{53} 系数为–0.599，标准误差 0.459，t 值–1.305；土壤厚度 X_6 立地因子下类目 x_{61} 系数为 0，x_{62} 系数为 1.179，标准误差 0.745，t 值 1.581。为考虑每个项目单独对基准变量的影响，计算出复相关系数为 0.470，对复相关系数采用显著性检验（F 检验），经检验呈非常显著相关，F 值为 6.888。

5）山苍子立地质量等级评价表

通过山苍子林地制定了立地质量得分表，在此基础上可以将得分表进行等级划分，并在以后的实际情况中，依据山苍子立地质量得分表预估出林地是否适合山苍子种植。编制山苍子立地质量等级评价表就是根据实际情况将 X_i 一列中的各项目得分值代数和极差分为 3 等份，再将其划分组合成 4 个等分数值范围，划分数值组合为Ⅰ、Ⅱ、Ⅲ、Ⅳ，即优、良、中、差 4 个项目立地质量得分等级。根据划分等级编制山苍子树高立地质量等级评价表（表 7-12）。

表 7-12 立地质量评价

立地质量类型	得分值	立地质量评价
Ⅰ	5.981～8.837	优
Ⅱ	3.125～5.981	良
Ⅲ	0.269～3.125	中
Ⅳ	<0.269	差

6）山苍子立地质量评价结果

基于山苍子立地类型划分中立地因子成分荷载，根据主导因子（坡度、地貌、土壤厚度 3 个立地因子）组合成的 20 个立地类型，计算山苍子立地类型得分值，并结合得分值对山苍子立地类型进行评价（表 7-13）。根据立地类型划分的得分值，研究发现山苍子林中 10%评价为优，分别为急坡丘陵中厚土层立地类型和急坡平原中厚土层立地类型；立地类型中有 13 个评价结果为良，占 65%；立地类型评价中只有 5 个评价结果为中，占 25%，分别为平坡丘陵薄土层立地类型、平坡平原薄土层立地类型、缓坡丘陵薄土层立地类型、缓坡平原薄土层立地类型、斜坡平原薄土层立地类型。结果表明，山苍子研究样地 75%立地类型为优、良等级，说明研究区域适合种植山苍子（袁雪丽等，2020）。

本研究以山苍子树高作为立地质量评价指标得出的研究结果，与李红盛等（2017）研究表明的树高较适合作为果实精油中柠檬醛含量的间接选择指标，胸径较适合作为果实产量的间接选择指标结果相同。有学者用此方法对梁山慈竹和料慈竹进行立地质量评价，并建立了胸径和立地质量之间的数量化方程，在实际应用中可以结合调查数据对相似立地条件下的山苍子经济效益作出预估，可以客观地避免不必要的损失。学者唐诚等（2018）利用数量化理论Ⅰ模型对西南桦

表 7-13　山苍子立地质量评价结果

序号	划分依据			立地类型名称	得分值	评价结果
	坡度	地貌	土壤厚度			
1	平坡 （0°～5°）	丘陵	薄土层	平坡丘陵薄土层	3.092	中
2			中厚土层	平坡丘陵中厚土层	4.271	良
3		平原	薄土层	平坡平原薄土层	2.409	中
4			中厚土层	平坡平原中厚土层	3.588	良
5	缓坡 （6°～15°）	丘陵	薄土层	缓坡丘陵薄土层	3.092	中
6			中厚土层	缓坡丘陵中厚土层	4.271	良
7		平原	薄土层	缓坡平原薄土层	2.409	中
8			中厚土层	缓坡平原中厚土层	3.588	良
9	斜坡 （16°～25°）	丘陵	薄土层	斜坡丘陵薄土层	3.677	良
10			中厚土层	斜坡丘陵中厚土层	4.856	良
11		平原	薄土层	斜坡平原薄土层	2.994	中
12			中厚土层	斜坡平原中厚土层	4.173	良
13	陡坡 （26°～35°）	丘陵	薄土层	陡坡丘陵薄土层	4.634	良
14			中厚土层	陡坡丘陵中厚土层	5.813	良
15		平原	薄土层	陡坡平原薄土层	3.951	良
16			中厚土层	陡坡平原中厚土层	5.13	良
17	急坡 （36°～45°）	丘陵	薄土层	急坡丘陵薄土层	5.531	良
18			中厚土层	急坡丘陵中厚土层	6.709	优
19		平原	薄土层	急坡平原薄土层立	4.848	良
20			中厚土层	急坡平原中厚土层	6.026	优

人工林进行评价，筛选出西南桦适宜生长的立地环境，段高辉等（2019）应用数量化理论Ⅰ模型评价了黄龙山林区油松人工林立地质量状况。本研究中山苍子作为经济林，选择树高为评价指标通过协方差分析山苍子生长性状和单株产量，采用数量化理论Ⅰ模型对山苍子进行立地质量评价，将非数量化因子转化为数量化因子，掌握了它们之间的定量关系，从而更加准确地评价了山苍子的立地指标，为今后经济林立地质量评价提供了参考。

也有学者采用土壤养分、地貌作为自变量进行立地质量评价，与本研究中选择变量相似。本研究发现，平坡丘陵薄土层立地类型、平坡平原薄土层立地类型、缓坡丘陵薄土层立地类型、缓坡平原薄土层立地类型、斜坡平原薄土层立地类型5个立地类型下山苍子生长较差。而评价的优良结果主要集中在坡度>16°的平原和丘陵的薄土层和中厚土层，与此相反的是张东等（2015）研究了坡度对杧果生长特性的影响情况，并指出缓坡有利于杧果的生长，陡坡中杧果生长缓慢。而刘德胜等（2011）在山苍子的栽培和利用研究中发现，山苍子在厚土壤层中生长较好，且符合山苍子立地类型划分及评价结果，立地质量评价为中的均属于薄土层。为了山苍子能够健康与科学地持续经营，本研究通过预测方程的建立和立地质量得分表的编制，使山苍子种植更加趋向科学化和规模化，为进一步加强山苍子林立地质量评价、适地宜林奠定了理论基础。

7.2.3　基于土壤理化性质山苍子立地质量评价

土壤质量和功能能够作为森林植物生态系统的重要组成结构与物质基础，为森林植物生长发育、繁殖生息提供良好的生存环境，是改善和保持整个森林生态环境质量及促进动植物健康的物质基础，为推动森林生态系统健康可持续发展提供了重要的物质基础。

1）土壤理化性质特征

根据土壤理化性质测定的数据，以及全国第二次土壤普查养分分级标准，对本次研究区域内山苍子林下土壤养分进行多重比较分析（表 7-14），结果表明，浙闽东南山地立地亚区（福建清流）土壤有机质含量最高，且与其他两个地区差异显著；东部低丘岗地立地亚区（杭州新沙岛）土壤有机质含量最少，为 19.63 g/kg，达到中等水平；汉中盆地立地亚区（湖北太子山）土壤有机质含量为 22.55 g/kg，也在中上等级，说明研究区域土壤有机质含量充足。

表 7-14　土壤主要养分多重比较分析

研究点	pH	有机质/(g/kg)	全氮/(g/kg)	全磷/(g/kg)	全钾/(g/kg)	有效磷/(mg/kg)	速效钾/(mg/kg)
清流	4.60±0.08c	44.01±9.67a	1.63±0.29a	0.17±0.31c	7.11±1.39a	1.61±0.31c	28.21±9.88b
太子山	5.31±0.15b	22.55±3.02b	1.09±0.13b	0.52±0.10a	9.06±0.65b	11.53±6.43b	108.62±28.14a
新沙岛	5.54±0.22a	19.63±1.58b	1.09±0.13b	0.44±0.03b	24.64±0.33c	28.95±4.77a	50.03±14.67b

注：同列不同小写字母表示差异显著（$P<0.05$）

清流土壤全氮含量为 1.63 g/kg，并与其他两地土壤全氮含量差异显著，达到高含量等级，太子山与新沙岛土壤全氮含量之间无显著差异，均为中上等级，说明研究区域土壤全氮含量充足；研究区域土壤全磷含量差异显著，太子山（0.52 g/kg）和新沙岛（0.44 g/kg）均达到中等水平，清流（0.17 g/kg）全磷含量极低；土壤全钾含量在 3 个研究点差异显著，最高的为新沙岛样地，为 24.64 g/kg，含量达到二级水平，最低为清流地区，为 7.11 g/kg，属于五级水平；土壤有效磷含量在 3 个地区呈现显著差异，新沙岛含量最高，为 28.95 mg/kg，属于二级水平，清流含量最低（1.61 mg/kg），属于六级水平，说明清流地区山苍子林应适当施磷肥；太子山（山苍子林地土壤速效钾含量 108.62 mg/kg）与其他两地呈显著差异，且含量达到二级高水平，而清流（28.21 mg/kg）和新沙岛（50.03 mg/kg）山苍子林土壤速效钾含量较低，特别是清流地区，所以应在清流和新沙岛山苍子林研究区域适当施钾肥；3 个研究样地土壤 pH 差异显著，均属于酸性土壤。

2）土壤理化性质相关性分析

山苍子林土壤养分元素之间的协同和拮抗有利于林木生长发育。通过对养分元素及 pH 之间的相关性分析（表 7-15），结果表明，土壤全氮含量与有机质（0.957）呈正相关，且相关性最大，与全钾（−0.488）、全磷（−0.726）、有效磷（−0.569）、速效钾（−0.504）及 pH（−0.717）呈负相关；全钾与全磷（0.363）、有效磷（0.909）及 pH（0.702）呈正相关，与有机质（−0.604）和速效钾（−0.137）呈负相关，且与有效磷相关性最大，与速效钾相关性最小；全磷与有机质（−0.796）呈负相关，与有效磷（0.499）、速效钾（0.773）及 pH（0.824）呈正相关，且与 pH 相关性最大，与有效磷相关性最小；有机质与有效磷（−0.697）、速效钾（−0.492）、pH（−0.807）呈负相关，且按照相关系数依次为 pH<有效磷<速效钾；有效磷与速效钾（−0.014）呈负相关，与 pH（0.73）呈正相关；速效钾与 pH 呈正相关，相关系数为 0.487。

表 7-15　土壤养分元素和 pH 的相关性

养分元素	全氮	全钾	全磷	有机质	有效磷	速效钾	pH
全氮	1	−0.488	−0.726	0.957*	−0.569	−0.504	−0.717
全钾	−0.488	1	0.363	−0.604	0.909	−0.137	0.702
全磷	−0.726	0.363	1	−0.796	0.499	0.773	0.824
有机质	0.957	−0.604	−0.796	1	−0.697	−0.492	−0.807
有效磷	−0.569	0.909	0.499	−0.697	1	−0.014	0.73
速效钾	−0.504	−0.137	0.773	−0.492	−0.014	1	0.487
pH	−0.717	0.702	0.824	−0.807	0.73	0.487	1

3）山苍子生长性状与土壤理化性质线性逐步回归研究

运用 R 统计软件中线性逐步回归的方法，以山苍子树高（Y）为因变量，有机质含量（X_1）、全氮（X_2）、全磷（X_3）、全钾（X_4）、有效磷（X_5）、速效钾（X_6）为自变量，建立山苍子树高对有机质含量、全氮、全磷、全钾、有效磷、速效钾的逐步回归模型，筛选出对山苍子树高影响较大的土壤养分因子（表 7-16）。方程通过 F 检验极显著（$F>F_{0.05}$），说明回归方程可以在实践中推广应用。整体预测方程为：$Y=2.108+1.147X_1+0.057X_2−0.588X_3−0.015X_4−0.021X_5−0.001X_6$。

通过逐步回归最终可得方程：

$$Y=1.634+1.004\ X_2−0.034\ X_4 \tag{7-1}$$

表 7-16　土壤养分因子对山苍子树高的影响

模型		系数	t 值	显著性	F 值
m1	常量	2.108	2.894	0.004	
	全氮	1.147	0.998	0.32	
	全钾	0.057	1.913	0.057	
	全磷	−0.588	−0.987	0.325	2.64
	有机质	−0.015	−0.41	0.682	
	有效磷	−0.021	−1.013	0.312	
	速效钾	−0.001	−0.197	0.844	
m2	常量	2.04	3.192	0.002	
	全氮	1.12	0.984	0.327	
	全钾	0.059	2.07	0.04	3.17
	全磷	−0.643	−1.23	0.22	
	有机质	−0.013	−0.371	0.711	
	有效磷	−0.021	−1.008	0.315	
m3	常量	2.116	3.507	0.001	
	全氮	0.716	2.143	0.033	
	全钾	0.059	2.098	0.037	3.95
	全磷	−0.579	−1.175	0.241	
	有效磷	−0.018	−0.941	0.348	
m4	常量	2.113	3.502	0.001	
	全氮	0.801	2.489	0.014	
	全钾	0.036	2.678	0.008	4.97
	全磷	−0.676	−1.401	0.163	
m5	常量	1.634	3.278	0.001	
	全氮	1.004	3.487	0.001	6.44
	全钾	0.034	2.542	0.012	

　　土壤中主要限制性元素氮、磷、钾含量，能够影响植物生长发育，是植物生长所需的必需矿质元素（张全军等，2011；郭子武等，2012）。山苍子林生长与土壤理化性质立地质量评价中，对 3 个研究区域土壤养分有机质、全氮、全磷、全钾、有效磷、速效钾进行多重比较发现，清流土壤有机质含量明显高于其他两地，由于清流属于丘陵地区，林下有其他植物，腐殖质比其他两地多，土壤有机质与 pH 呈负相关，这与土壤有机质对 pH 具有缓冲作用结果相符；土壤全氮含量清流显著高于其他两地，所以该区域不用施氮肥，在森林土壤中，森林凋落物的分解是林木生长所需碳和氮的主要来源，研究表明，山苍子林土壤全氮含量与有机质含量呈正相关，与土壤氮元素的增加可以促进土壤微生物活动，加快土壤有机质

的分解速率研究结果一致。土壤全磷含量是制约林木健康发展的主要因素，研究表明，太子山、新沙岛样地土壤全磷含量在中等级且差异显著，有效磷含量在 3 个研究样地差异显著，且与全磷含量呈正相关，说明全磷含量丰缺不一定会影响到有效磷供应林木生长，因为磷在土壤中大部分是以难溶性化合物存在的，而且磷元素的来源主要是凋落物和岩石的风化，所以土壤中磷元素积累缓慢、含量少，与本研究中样地土壤全磷含量结果相同。本研究中样地间全钾含量和速效钾含量均达到显著差异，且两者之间呈负相关，清流土壤速效钾含量（28.21 mg/kg）水平极低，全钾含量（7.11 g/kg）也在低水平，而太子山、新沙岛土壤中全钾含量和速效钾含量没有达到临界值，在不超过临界值时土壤钾含量越高，植物生长越好，为了不影响山苍子正常的生长发育，应在清流样地适当施加钾肥，促进林木钾元素吸收，增加植物的抗逆性和果实的产量。

综上所述，山苍子土壤理化性质立地质量评价：通过相关性分析，全氮与有机质含量呈现正相关，与全钾、全磷、有效磷、速效钾及 pH 呈负相关；全钾与全磷、有效磷及 pH 呈正相关，与有机质和速效钾呈负相关；全磷与有机质呈负相关，与有效磷、速效钾及 pH 呈正相关。以山苍子树高（Y）为因变量，有机质（X_1）、全氮（X_2）、全磷（X_3）、全钾（X_4）、有效磷（X_5）、速效钾（X_6）为自变量，通过逐步回归分析，得到平均树高和养分之间的回归方程，方程通过 F 检验呈显著影响（$P<0.05$），$F=6.44$。

7.3　山苍子造林技术

7.3.1　造林技术

1）造林地选择

山苍子造林地宜选择年平均气温 10～25℃，无霜期 200～270 天，年降水量 1300～1800 mm，土层厚度≥40 cm，pH 4.5～6.0 的黄壤、红壤或山地棕壤土，海拔 1800 m 以下的坡地或平地。

2）整地

坡度 15°以下的缓坡地适用全面整地，整地深度 25～30 cm。坡度 15°以上的中高丘陵地适用局部整地，沿等高线进行带状整地，随坡度大小设计适宜的宽度，一般宽度控制在 2～3 m，带内全垦。

3）造林密度

株行距 3 m×3 m、4 m×4 m，3000～4000 株/亩，按品字形栽植，第三年开花能分辨雌、雄后按 10∶1 比例保留雌、雄株，密度为 1650 株/亩。

4）造林季节

晚秋至早春，山苍子落叶后发芽前，阴天栽植。

5）造林方法

挖长 50 cm、宽 50 cm、深 50 cm 的定植穴。每穴施腐熟的有机肥基肥 3～5 kg 和 100 g 复合肥。基肥 10 cm 高度之上将幼苗根系舒展在定植穴中心，细土覆盖根系，踏实后浇水。

7.3.2　抚育管理

1）幼林抚育

山苍子定植前两年，每穴结合土壤管理施复合肥，春、夏各施一次，施肥量为 100 g/株。造林后连续 3 年，在生长季节及时清除周围杂草灌木，同时扩穴培土。

2）成林管理

山苍子盛果期后每年施肥 3 次，2 月施花前肥，速效氮肥 100～200 g/株；5 月施壮果肥，复合肥 150～250 g/株；秋季施腐熟农家肥 2 t/亩。根据土壤肥力调整施肥量。

3）整形修剪

山苍子造林时于 0.8～1 m 高处截干后栽植，或者在定植当年待苗木成活后于 0.8～1 m 处定干，翌年选留 3～4 个骨干枝，第三年在每个骨干枝上选留 2～3 个侧枝，培育成开心树形。

山苍子投产后宜适当修枝整形，主要修剪病虫枝和枯枝，适当截短新枝三分之一，促使侧枝萌发。

7.3.3　更新复壮

1）截干

冬季将主干生长不良的树齐地面砍除，削平砍口，涂抹伤口保护剂，加强抚育管理，翌年春天保留 1～2 根萌条作为主干。主干生长正常，主枝及侧枝生长不良的树，离地面 1～1.5 m 处截干，加强抚育管理，翌年选择生长健壮、无病虫害的萌条 3～4 枝作为主枝培育，其余抹除。

2）更新造林

对病虫害严重、植株稀疏不齐，生产能力极低的成林，皆伐，重新栽植和抚育管理。

7.3.4 果实采收

山苍子在 7 月上旬至 8 月上旬，果皮呈青色，果壳坚硬、剥开果壳内有浅红色的核仁，并带有微量的浆液时采收。将山苍子带有部分叶子的细枝摘下，然后逐粒摘下果实，果实应留带果柄，切忌砍枝采摘。

7.4 主要病虫害防治

山苍子常见病虫害有膏药病、叶斑病、白粉病及红蜘蛛、卷叶虫、红头芫菁等。病虫害防治应贯彻预防为主，综合防治原则。做好病虫害的检疫，防止蔓延扩散。防治方法见表 7-17。

表 7-17　山苍子主要病虫害防治方法

病虫害名称	防治方法
红头芫菁	①加强果园管理，做好除草松土，维持果园清洁；②8%绿色威雷稀释 800～1000 倍液、2%噻虫啉微胶囊悬浮剂 1500～2000 倍液喷雾，或 2.5%溴氰菊酯乳油 1500～2000 倍液喷雾防治
透翅蛾	①对基地林间卫生情况进行处理，及时清除虫害致死植株，并在林外烧毁，杀死枝干内幼虫/蛹；②成虫期 8%绿色威雷 1000 倍液、2%噻虫啉微胶囊悬浮剂 1500～2000 倍液在林地周围花草及树干上喷雾；③选用 20%吡虫啉乳剂、48%乐斯本乳油 3 倍液，依据山苍子胸径大小注射 1～6 ml
红蜘蛛	发芽前或展叶期，采用99%矿物油 200 倍液加 1.8%阿维菌素 2000 倍液，或加 5%噻螨酮乳油 1500 倍液，或加 24%螺螨酯悬浮剂 2000 倍液喷雾防治
叶斑病	发病初期可喷施 50%的多菌灵 500 倍液，未发病的植株应喷药预防，每隔 7～10 天喷洒一次，连续喷洒 2～3 次
白粉病	在发芽前喷波尔多液（1：2：100～200）、3-4 波美度石硫合剂，也可在发病初期，用 15%三唑酮可湿性粉剂 1500 倍液，73%特速唑可湿性粉剂 1000～1500 倍液，10%乐无病可湿性粉剂 1200～1600 倍液交替喷洒
膏药病	螺虫乙酯 4000～5000 倍液喷雾，每隔 7～10 天喷洒一次，连续喷洒 2～3 次

参 考 文 献

段高辉, 赵鹏祥, 周远博, 等. 2019. 黄龙山林区油松人工林立地质量评价研究. 西北林学院学报, 34(5): 161-166.

郭子武, 陈双林, 杨清平, 等. 2012. 雷竹林土壤和叶片 N、P 化学计量特征对林地覆盖的响应. 生态学报, 32(20): 6361-6368.

李红盛, 汪阳东, 陈益存, 等. 2017. 山苍子生长经济性状遗传变异分析及优良家系选择. 经济林研究, 35(4): 64-71.

李红盛, 汪阳东, 陈益存, 等. 2018. 山苍子生长与经济性状遗传变异及稳定性分析. 长沙: 中南林业科技大学硕士学位论文.

刘德胜, 方建民, 丁增发, 等. 2011. 山苍子的栽培和利用(上篇). 安徽林业科技, 37(1): 51-54.

唐诚, 王春胜, 庞圣江, 等. 2018. 广西大青山西南桦人工林立地类型划分及评价. 西北林学院学报, 33(4): 52-57.

袁雪丽, 汪阳东, 黄兴召, 等. 2020. 基于数量化理论对山苍子立地类型划分及评价. 西北林学院学报, 35(5): 91-96.

张东, 赵丹, 郑良永. 2015. 坡度对芒果生长特性及产量的影响. 中国热带农业, (5): 20-22.

张全军, 于秀波, 钱建鑫, 等. 2011. 鄱阳湖南矶湿地优势植物群落及土壤有机质和营养元素分布特征. 生态学报, 32(12): 3656-3669.

第8章 山苍子基因组图谱构建及进化

林木基因组的研究可以为林木资源评价、遗传育种提供基础。基因组测序和组装技术的发展，为从本质上认识植物，解析植物起源、进化、生长发育背后的分子进化机制、基因功能和调控机制提供了方向，进而推动了植物重要性状的遗传解析、分子育种和遗传改良。

8.1 基因组图谱

8.1.1 樟科植物基因组研究概况

自 1990 年人类基因组计划启动以来，通过全基因组信息深入解析物种背后的遗传信息，推动了生命科学的发展。自第一代 Sanger 测序完成拟南芥全基因组测序以来，测序技术经过以 Roche 454、Illumina Solexa/HiSeq 和 ABI SOLiD 技术为代表的第二代高通量短读长测序发展到目前的第三代单分子长片段测序时代。伴随测序技术的发展，高通量/高分辨率染色体构象捕获（high-throughput/resolution chromosome conformation capture，Hi-C）技术辅助染色体级别基因组组装技术、BioNano 光学图谱技术、10X Genomics 基因组辅助组装技术也应运而生，显著提高了基因组组装的质量（刘海琳和尹佟明，2018）。

基于基因组的研究，衍生出比较基因组学、功能基因组学、三维基因组学、宏基因组学、表观基因组学等交叉学科，利用生物信息学手段进行多组学联合分析为植物基因组研究注入强大活力。

樟科植物基因组学研究刚刚拉开帷幕。目前，只有牛樟（*Cinnamomum kanehirae*）和鳄梨（*Persea americana*）进行了基因组测序（Chaw et al.，2019；Rendón-Anaya et al.，2019）。从系统发育的角度来看，木兰类植物、单子叶植物和双子叶植物之间的系统发育关系仍有待讨论（Soltis D E and Soltis P S，2019）。基于牛樟基因组的系统发育分析支持在木兰类及双子叶植物与单子叶植物分开后，木兰类与双子叶植物形成姐妹类群；而鳄梨基因组分析结果表明，木兰类植物与双子叶植物和单子叶植物的共同分支形成姐妹类群。另外有部分基于叶绿体基因组和部分核基因的研究支持木兰类植物与单子叶植物形成姐妹类群（Sun et al.，2015；Zhang et al.，2012）。不稳定的系统发育关系反映了单子叶植物、双子叶植物和木兰类植物之间的复杂进化关系。这种现象也体现在形态学上，如螺旋状花序轴存在于木本植物和双子叶植物中，但不存在于单子叶植物中。通常，单子叶植物有两个以上的胚珠（Endress and Doyle，2015）；木兰类植物和双子叶植物的心皮通常有一个、两个或更多的胚珠。然而，在木兰类植物和单子叶植物中花是三基数，而双子叶植物的花多为四基数或五基数（Chen et al.，2020）。因此，需要进一步增加樟科物种的基因组数据以为认识物种的进化增添证据。

除悬而未决的进化关系问题，如何从基因组角度解释樟科富含挥发性的萜类化合物，也是一个重要的科学问题。对牛樟基因组的研究发现，染色体复制和串联重复事件导致其萜类合酶基因家族发生了显著扩张（Chaw et al.，2019）。然而，未基于基因组对萜类合成关键基因进行功能解析和调控的研究。同时，由于缺乏其他樟科基因组的数据，无法进一步对樟科萜类合成的进化机制进行解析。另外，牛樟和鳄梨基因组均未组装至染色体水平，制约了基因组的完整性及对染色体进化、基因组结构等问题的解决。

8.1.2　山苍子基因组的测序和组装

本研究的植物材料为高精油含量的山鸡椒江西分宜家系 1#，栽培于中国林业科学院亚热带林业研究所试验基地（北纬 30°02′29″，东经 119°59′19″），位于中国浙江省杭州市富阳区。基因组首先利用 PacBio SMRT 测序平台获得 213.25 G 的测序数据，测序深度为 155.64×（表 8-1），并利用 Illumina 测序平台，构建 10X Genomics 文库和二代测序小片段文库（表 8-1）。通过 10X Genomics 辅助三代测序数据组装，初步获得的草图基因组包括 1514 个染色体骨架（scaffolds），重叠群 N50 为 607 340 bp（表 8-2），基因组大小为 1325.69 Mb（表 8-3）。为将山鸡椒基因组进行染色体水平的组装，进一步构建了 Hi-C 文库。首先将测序获得的 292.17 G 的测序片段比对到草图基因组。根据 Hi-C 技术的原理，若两个染色体骨架上存在 Hi-C 技术捕获的序列对，则判定这两个染色体骨架之间存在相互作用。染色体骨架上相互作用的序列对越多，相互作用越强烈，则越倾向于聚为一类。按照山鸡椒的染色体数，确定染色体骨架的聚类数。通过 Hi-C 技术辅助组装，最终将覆盖基因组 1253.47 Mb（94.56%）的共 1154 个染色体骨架组装到 12 条拟染色体上（图 8-1，表 8-3）。

表 8-1　山苍子测序信息

双端测序文库	插入位置/bp	总数据量/G	读长/bp	测序深度/×
Illumina reads	350	359.77	150	262.58
PacBio reads	—	213.25	—	155.64
10X Genomics	—	143.28	150	104.57
合计	—	716.30	—	522.79

注：用覆盖基因组大小的几倍（×）来表示测序的深度

表 8-2　山苍子基因组组装信息

样本 ID	长度		数量	
	重叠群/bp	染色体骨架/bp	重叠群/个	染色体骨架/个
合计	1 313 552 199	1 325 587 569	3 669	1 514
最长片段	4 317 025	10 220 425	—	—
数量≥2000	—	—	3 669	1 514
N50	607 340	1 759 806	627	220
N60	477 094	1 418 648	871	304
N70	365 825	1 077 290	1 186	411
N80	265 320	761 030	1 607	559
N90	168 889	447 104	2 217	785

表 8-3　山苍子拟染色体组装结果

	组装前数据	拟染色体组装数据
全长/Mb	1325.59	1325.69
染色体骨架 L50/N50/Mb	2 20；1.76	5；113.31
染色体骨架 L90/N90	785；0.45	11；64.38
最长染色体/Mb	10.22	10.22
染色体骨架数量/个	1154	509
重叠群（N50）/kb	607.34	607.34

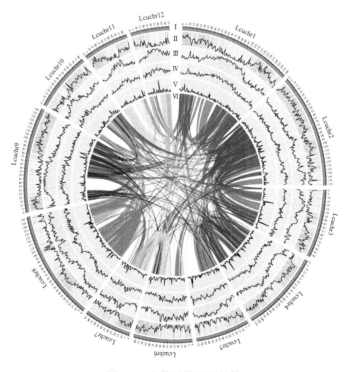

图 8-1　山苍子基因组结构

Lcuchr1～12 指山苍子 1～12 号染色体；Ⅰ.12 条染色体（以 Mb 为单位）；Ⅱ. 基因密度，表示每 Mb 的
基因数量；Ⅲ. 转座元件（TE）分布；Ⅳ. 每 Mb 的 GC 含量；Ⅴ. 基因表达水平；Ⅵ. 基因组的共线性

利用 CEGMA（Parra et al.，2007）、mRNA 序列比对和 BUSCO（Simão et al.，2015）对山苍子基因组组装的完整性进行评估。结果表明，基因组组装的完整性分别为 95.97%（表 8-4），97.91%（表 8-5）和 88.4%（表 8-6）。山苍子基因组组装了 238 个基因（95.97%），表明其组装质量较高。

表 8-4　山苍子基因组组装 CEGMA 评估

物种	完整度		组装+未组装	
	已组装核心基因数量	完整度%	已组装核心基因数量	完整度%
L. cubeba	223	89.82	238	95.97

表 8-5　山苍子基因组组装 mRNA 序列评估

数据集	数量/个	总长度/bp	组装覆盖度/%	一条染色体骨架上组装 50%以上的序列	
				数量/个	百分比/%
>0 bp	93 790	63 676 995	98.687	91 833	97.91
>200 bp	93 790	63 676 995	98.687	91 833	97.91
>500 bp	35 121	46 477 568	99.245	34 453	98.10
>1 kb	18 676	34 883 400	99.470	18 337	98.19
>2 kb	5 909	16 753 702	99.577	5 773	97.70

表 8-6　山苍子基因组组装 BUSCO 评估

	基因组		蛋白质	
	数量/个	比例/%	数量/个	比例/%
完整序列 BUSCO 评估	1272	88.4	1284	89.2
单拷贝序列 BUSCO 评估	1182	82.1	1130	78.5
非单拷贝序列 BUSCO 评估	90	6.3	154	10.7
零散序列 BUSCO 评估	42	2.9	72	5
缺失序列 BUSCO 评估	126	8.7	84	5.8
合计	1440		1440	

8.1.3　基因组注释

基因结构和功能注释：为生成具有高置信度的基因模型，结合 RNA 测序及与山鸡椒亲缘关系较近的植物和模式植物的直系同源蛋白质对山鸡椒进行基因结构注释。首先，使用 Cufflinks 软件（Trapnell et al.，2012）和基因结构注释软件（Program to Assemble Spliced Alignments，PASA）（Haas et al.，2008）获得 RNA 测序（RNA-seq）的转录本。获得的可读框（ORF）用于 *ab initio* 基因注释和初始基因集。接下来，使用 Augustus（Stanke and Waack，2003）、GlimmerHMM v.3.0.1（Majoros et al.，2004）、SNAP（2006-07-28 版）（Korf，2004）、Genscan（Burge and Karlin，1997）和 Geneid（Parra et al，2000）基于 GlimmerHMM 对 *ab initio* 基因进行预测。然后，利用 exonerate（Slater and Birney，2005）将直系同源蛋白质序列与未注释的山鸡椒基因组进行比对以获得最终的蛋白质结果。最后，采用 Evidence Modeler（Haas et al.，2008）生成高置信度的基因集。基因功能注释，是将山鸡椒基因蛋白质编码序列提交至 KEGG（http://www.genome.jp/kegg/）、SwissProt（http://www.uniprot.org），TrEMBL（http://www.uniprot.org）和 InterProScan v5.11-51.0（https://www.ebi.ac.uk/interpro/）进行功能注释。

非编码 RNA：使用结构特征和同源性比对鉴定非编码 RNA。利用 rRNA 在不同物种中的高保守性，以其他物种 rRNA 进行 BLAST 比对鉴定山鸡椒 rRNA。利用 tRNAscn-SE（http://lowelab.ucsc.edu/tRNAscan-SE/）鉴定 tRNA。利用 Infernal 软件搜索 Rfam 数据库（http://infernal.janelia.org/），利用 Rfam 家族的协方差模型，识别微 RNA（miRNA）和核小 RNA（snRNA）。

基于从头预测和同源注释的方法，在山苍子基因组中预测到 735 Mb 的转座元件（transposable element，TE），占山苍子（*L. cubeba*）基因组的 55.47%（表 8-7），介于牛樟（*C. kanehirae*）（在 730.7 Mb 基因组中占 47.84%）（Chaw et al.，2019）和鹅掌楸（*L. chinense*）（在 1742.4 Mb 基因组中约占 61.64%）（Chen et al.，2018）（表 8-7）之间。长末端重复序列（long terminal repeat，LTR）是山苍子基因组 TE 中的主要类型，占整个基因组的 47.64%（631 Mb）。山苍子和鹅掌楸的基因组均比牛樟基因组大，并且其 LTR/Gypsy 和 LTR/Copia 元件的比例均比牛樟高。这表明，LTR/Gypsy 和 LTR/Copia 元件可能在山苍子与鹅掌楸基因组的扩张中发挥了重要作用（表 8-7）。在山苍子基因组中鉴定到 31 329 个蛋白质编码基因（表 8-8）。

表 8-7 不同物种的 TE 含量

物种	基因组大小/Mb	转座元件/%	LTR/%	Gypsy 类反转座子长度/Mb	Gypsy 类反转座子/%	Copia 类反转座子长度/Mb	Copia 类反转座子/%
牛樟	730.7	47.84	25.53	335.66	10.40	196.70	6.10
山苍子	1325.69	55.47	47.64	389.58	29.39	210.98	15.92
鹅掌楸	1742.4	61.64	56.25	704.67	40.45	227.86	13.08

表 8-8　山苍子基因组的注释信息

比对数据库		注释数量	注释比例/%
NR		29 595	94.5
Swiss-Prot		24 488	78.2
KEGG		23 140	73.9
InterPro	合计	25 859	82.5
	Pfam 注释	23 905	76.3
	GO 注释	17 370	55.4
注释基因数量		29 651	94.6
基因总数量		31 329	

8.2　山苍子进化

8.2.1　基因家族进化分析

下载猕猴桃（*Actinidia chinensis*）（GCA_003024255.1）、角苔（*Anthoceros angustus*）、耧斗菜（*Anthoceros angustus*）（GCA_002738505.1）、凤梨（*Ananas comosus*）（GCF_001540865.1）、拟南芥（*A. thaliana*）（TAIR 10）、芦笋（*Asparagus officinalis*）（GCF_001876935.1）、无油樟（*Amborella trichopoda*）（V1.0）、甜菜（*Beta vulgaris*）（V1.2.2）、牛樟（*C. kanehirae*）（GCA_003546025.1）、甜橙（*Citrus sinensis*）（GCF_000317415.1）、咖啡（*Coffea canephora*）（V1.0）、黄瓜（*Cucumis sativus*）（CCF_000004075.2）、胡萝卜（*Daucus carota*）（V2.0）、银杏（*Ginkgo biloba*）（2019-06-04）、雷蒙德氏棉（*Gossypium raimondii*）（V2.1）、大豆（*Glycine soja*）（V1.1）、向日葵（*Helianthus annuus*）（GCF_002127325.1）、鹅掌楸（*L. chinense*）（GCA_003013855.2）、香蕉（*Musa acuminate*）（V1.0）、博落回（*Macleaya cordata*）（GCA_002174775.1）、中国莲（*Nelumbo nucifera*）（GCF_000365185.1）、睡莲（*Nymphaea colorata*）（GCA_902499525.1）、水稻（*Oryza sativa*）（V7.0）、鳄梨（*P. americana*）（V2.0）、海枣（*Phoenix dactylifera*）（GCF_000413155.1）、蝴蝶兰（*Phalaenopsis equestris*）（APLD00000000.1）、巴旦木（*Prunus persica*）（V2.1）、毛果杨（*Populus trichocarpa*）（V3）、番茄（*Solanum lycopersicum*）（SL2.50）、蓖麻（*Ricinus communis*）（GCF_000151685.1）、紫萍（*Spirodela polyrhiza*）（GCA_001981405.1）、可可（*Theobroma cacao*）（V1.1）、葡萄（*V. vinifera*）（V12X）和玉米（*Zea mays*）（V2.1）的基因组数据。删除 ORF 小于 200 bp 的基因，并使用 OrthoMCL 进行基因家族聚类。

基于基因获得和丢失的最大似然模型，使用来自 26 个物种的基因组数据分析基因家族的扩增或收缩。通过 KEGG 富集分析，发现了木兰类、山苍子及其他樟科植物中特有、显著扩展和收缩的基因家族。

首先，在 26 个物种的基因组数据中筛选保守基因家族（表 8-9），包括 22 个物种中共有的单拷贝基因和另外 4 个物种中存在两个拷贝的基因。因此，单拷贝基因家族的总数不超过 30 个。其次，在具有两个拷贝的基因家族的物种中，选择 BLAST 比对率最高的基因。最后，我们获得了 26 个物种共有的 1201 个保守的基因家族。利用 MrBayes 软件和 GTR+Γ 模型（Huelsenbeck and Ponquist，2001），

表 8-9　26 个物种的基因集

物种	基因数量	未分类基因数量	聚类基因数量	基因家族数量	特有基因家族数量	特有家族基因数量	共有基因家族数量	共有基因家族基因数量	单拷贝基因数量	每个基因家族平均基因数量
Anthoceros angustus	16 511	3 847	12 664	7 738	586	3 042	3 074	3 664	132	1.637
Aquilegia coerulea	24 794	3 799	20 995	13 141	652	2 549	3 074	5 341	132	1.598
Ananas comosus	21 445	2 175	19 270	12 364	371	1 453	3 074	5 474	132	1.559
Arabidopsis thaliana	27 404	3 976	23 428	13 022	892	3 875	3 074	6 064	132	1.799
Amborella trichopoda	26 846	7 850	18 996	12 781	1 012	4 396	3 074	4 359	132	1.486
Beta vulgaris	22 904	4 631	18 273	12 658	608	2 326	3 074	4 848	132	1.444
Coffea canephora	25 574	4 465	21 109	13 651	617	2 102	3 074	5 217	132	1.546
Nelumbo nucifera	24 124	1 708	22 416	13 779	466	2 454	3 074	5 273	132	1.627
Citrus sinensis	30 806	5 935	24 871	15 200	571	1 518	3 074	6 506	132	1.636
Liriodendron chinense	16 511	3 847	12 664	7 738	586	3 042	3 074	3 664	132	1.637
Litsea cubeba	24 794	3 799	20 995	13 141	652	2 549	3 074	5 341	132	1.598
Cinnamomum kanehirae	26 531	3 325	23 206	14 080	259	748	3 074	6 193	132	1.648
Musa acuminate	36 515	10 424	26 091	13 202	835	2 340	3 074	7 807	132	1.976
Macleaya cordata	21 911	2 698	19 213	12 669	336	1 508	3 074	5 236	132	1.517
Nymphaea tetragona	31 589	7 877	23 712	12 467	1 057	6 182	3 074	4 882	132	1.902
Oryza sativa	27 694	7 493	20 201	13 499	758	2 152	3 074	5 211	132	1.496
Picea abies	71 158	24 964	46 194	16 728	5 517	25 553	3 074	5 903	132	2.761
Phalaenopsis equestris	17 870	2 093	15 777	10 991	352	1 163	3 074	4 707	132	1.435
Persea americana	24 616	4 519	20 097	13 784	259	596	3 074	5 705	132	1.458
Prunus persica	26 873	4 246	22 627	14 206	574	2 136	3 074	5 503	132	1.593
Populus trichocarpa	41 331	7 779	33 552	14 941	1 058	3 896	3 074	8 154	132	2.246
Solanum lycopersicum	34 682	8 615	2 6067	14 232	1 030	4 814	3 074	6 204	132	1.832
Spirodela polyrhiza	19 591	3 585	16 006	11 538	410	1 685	3 074	4 637	132	1.387
Theobroma cacao	29 445	6 133	23 312	14 491	601	2 854	3 074	5 336	132	1.609
Vitis vinifera	26 346	6 513	19 833	13 176	643	1 953	3 074	5 367	132	1.505
Zea mays	40 557	10 220	30 337	15 578	1 854	6 548	3 074	6 903	132	1.947

基于 1201 个保守基因家族构建了系统发育树，用于扩张和收缩基因家族的分析及分化时间的评估。使用 MCMCTree 估算分化时间，首先用 baseml 计算取代速率每个时间单元的替换率，然后用 MCMCTree 设置 usedata=3 得到 out.BV 文件，最后用 MCMCTREE 设置 usedata=2 估算最终的时间。

通过比较 26 个物种的基因组，获得在樟科中显著扩张、收缩和特有的基因家族。植物信号途径 KEGG 和基因本体 GO 富集分析发现，樟科显著扩张的基因家族富集在单萜类生物合成、次级代谢产物的生物合成和代谢途径，以及基因本体中的萜烯合酶活性，转移酶活性和催化活性。单萜类生物合成、次级代谢产物的生物合成和代谢的 KEGG 途径中皆包括单萜合酶基因家族。樟科植物因其特殊的香气而闻名遐迩，而单萜化合物是香气的主要成分，负责合成单萜化合物的 TPS-b 基因家族的扩张，可能为樟科富含单萜化合物提供了"原材料"。对樟科 711 个特有的基因家族进行 KEGG 富集，富集的途径主要包括植物激素信号转导和植物的昼夜节律；樟科特有基因家族中包括多个参与植物激素转导途径的转录因子，如 ABSCISIC ACID-INSENSITIVE 5（ABI5）（Finkelstein and Lynch，2000）和乙烯响应转录因子 ERF098。樟科 711 个特有的基因家族经 GO 富集，主要富集到调节细胞代谢和有机环化合物的代谢过程中。对山鸡椒显著扩张、收缩和特有的基因家族进行分析发现，特有基因家族富集到类萜和类固醇的生物合成和氮素代谢 KEGG 途径，显著扩张基因家族主要富集到次级代谢的膜运输，包括来自 ABC 转运蛋白 C 家族的许多成员（Yazaki，2006）。基因家族显著扩张、收缩和特有的基因家族的分析结果为研究樟科特殊香气的生物合成的分子基础提供了方向。

8.2.2　木兰类单子叶植物和双子叶植物的系统发育关系

为在被子植物中进行系统发育树的构建，从 BUSCO 数据库中获得了 34 个物种共有的 160 个单拷贝基因家族，利用 RAxML（V8.1.1767）的 GTRGAMMA 和 GAMMAJTT 模型基于核苷酸和氨基酸重建系统树。串联法建树方法为将全部单拷贝基因家族比对结果串联分析，利用 RAxML 构建系统发育树（Huelsenbeck and Ponquist，2001）；并联法建树方法中将单个基因树利用 RAxML 构建系统发育树，随后利用 ASTRAL 进行整合构建系统发育树。用 Q 值（Q-value）检测不完全谱系分选（incomplete lineage sorting，ILS）导致的基因树之间位点的差异。具体来说，利用 ASTRAL（V4.11.2）的多位点自举值检验和内置的局部后验概率分析计算分支支持率及检测不同的树形所占比例（Mirarab et al.，2014）。使用"ASTRAL"拓扑结构指代从 160 个单拷贝基因的氨基酸比对中构建的系统树，其中分支支持率低于 33% 表明潜在的 ILS。

木兰类的进化位置，即木兰类、单子叶植物和双子叶植物之间的进化关系一直备受争议（Chen et al.，2018；Chaw et al.，2019；Soltis D E and Soltis P S，2019）。作为木兰类的一员，山鸡椒基因组为解析复杂的系统发育关系提供了新的证据。利用串联和多物种并联（multi-species coalescent，MSC）方法，对被子植物的系统发育关系进行分析，探究木兰类的系统进化位置（图 8-2）。首先，对基于 19 个双子叶植物、8 个单子叶植物、4 个木兰类植物和 3 个外群植物（无油樟、银杏和角苔）鉴定的 160 个单拷贝基因家族的核苷酸和氨基酸序列，进行串联比对构建系统发育树，结果表明（图 8-2A，图 8-2C），在与单子叶植物分化后，木兰类与双子叶植物形成姐妹类群。

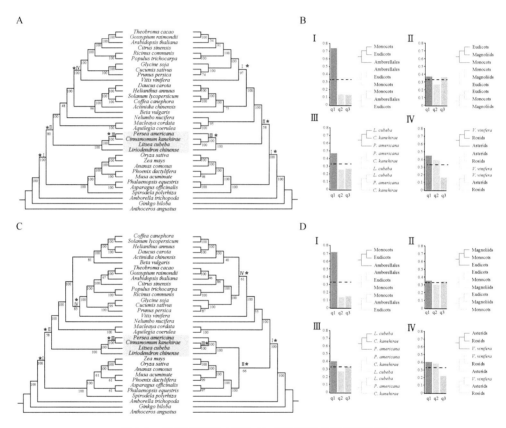

图 8-2　基于串联和 ASTRAL 方法构建的系统发育树

A. 使用核苷酸序列基于串联序列（左）和 MSC 方法（右）构建的系统发育树。灰色背景为木兰类的物种。Ⅰ、Ⅱ、Ⅲ和Ⅳ表示关注的系统位置。B. 根据核苷酸序列比对结果利用 ASTRAL 评估 160 个单拷贝基因树不同拓扑结构的比例。q1、q2 和 q3 分别表示对主拓扑结构（红色）、第二种（蓝色）和第三种（黄色）拓扑结构的支持率。虚线代表阈值为 0.33。C. 利用氨基酸序列基于串联序列（左图）和 MSC 方法（右图）构建的系统发育树。D. 根据氨基酸序列比对结果利用 ASTRAL 评估 160 个单拷贝基因树不同拓扑结构的比例

　　由于不完全谱系分选对被子植物早期分支中木兰类、双子叶植物和单子叶植物的分化起重要作用，因此进一步利用 ASTRAL（Mirarab et al.，2014）进行基于

160 个单拷贝基因家族的 MSC 系统发育分析（图 8-2A，图 8-2C，右侧）。基于核苷酸序列的 MSC 分析的系统发育结果表明（图 8-2A，右侧），在与单子叶植物分化后，木兰类与双子叶植物形成姐妹类群，该结果与串联分析结果、牛樟基因组（Chaw et al.，2019）研究结果一致。然而，利用氨基酸序列以 MSC 方法构建的系统发育树（图 8-2A，右侧）显示，木兰类与单子叶植物形成姐妹类群。为评估单拷贝基因树的不一致性，利用 ASTRAL 中的 Q 值检验评估不同拓扑结构的支持率（图 8-2B，图 8-2D）。基因树较为支持无油樟为被子植物的姐妹类群（q1），部分拓扑结构支持单子叶植物为其他被子植物的姐妹类群（q2），部分拓扑结构支持双子叶植物为其他被子植物的姐妹类群（q3）（图 8-2B 和图 8-2D 中的 I）。相比之下，代表木兰类、单子叶植物和双子叶植物分支的"Ⅱ"节点在单拷贝基因树之间极为不稳定（图 8-2B 和图 8-2D 中的Ⅱ）。在核苷酸（图 8-2B 中的Ⅱ）和氨基酸序列（图 8-2D 中的Ⅱ）通过并联分析获得的拓扑结构中，Q1 和 Q3 的支持率十分相近。综合串联比对结果，总的来说，系统发育分析较为支持在与单子叶植物分化后，木兰类与双子叶植物形成姐妹类群。

同时，单拷贝基因树之间还存在其他位点的差异，如葡萄的系统发育位置（图 8-2D 中的Ⅳ）和鳄梨的系统发育位置（图 8-2A～D 中的Ⅲ）。与 ASTRAL 分析一致（图 8-2B 和图 8-2D 的右侧），对樟科物种的进一步系统生物学分析支持木姜子属和樟属为姐妹类群。

8.2.3　全基因组复制事件分析

山鸡椒全基因组复制事件利用同义替换率（K_S）分析（Vanneste et al.，2013）。通过使用 BLASTP 将山鸡椒蛋白质序列和山鸡椒自身、莲桂（*Dehaasia hainanensis*）、蜡梅（*Chimonanthus praecox*）、鹅掌楸（*L. chinense*）和葡萄（*V. vinifera*）的蛋白质序列进行相似性比对（期望值<$1×10^{-10}$），然后使用 mclblastline pipeline（V10-201）（micans.org/mcl）构建基因家族基因集。利用 MUSCLE（V3.8.31）（Edgar，2004）对每个基因家族序列进行比对，并使用 PAML 软件包（V4.4c）的 CODEML 程序（Goldman and Yang，1994）中的最大似然法，获得基因家族内所有成对基因的 K_S 值。随后，将基因家族按照 K_S 低于 5 的标准区分亚家族。校正 K_S 值的冗余后，利用 PhyML（Guindon et al.，2010）使用默认设置构建每个亚家族的系统发育树。对于系统发育树中的每个复制节点，两个子进化枝之间的所有 m 个 K_S 值都以 $1/m$ 的权重添加到 K_S 分布中，因此单个重复事件的所有 K_S 估值的权重之和为 1。

利用 i-ADHoRe（V3.0）鉴定山鸡椒基因组中的共线性区段，参数为"level_2_only=FALSE"，以检测古老的大规模重复事件而导致的高度退化的共线性区段（One thousand plant transcriptomes initiative，2019；Robertson et al.，2017）。使用

PAML（v4.4c）的 CODEML 程序（Goldman and Yang，1994）中的最大似然法计算位于共线性区段的同义替换率分布。

对基因组共线性和同义替换率的分析均显示山鸡椒基因组发生两次全基因组复制（whole genome duplication，WGD）事件。对基因组内的共线性区块进行分析，发现每个区块的同源区段人部分为 2~4 个，最多有 5 个（图 8-3），这表明山鸡椒基因组中至少出现两次全基因组复制事件。山鸡椒基因组中所有旁系同源基因的同义替换率及保留在山鸡椒基因组中的共线性区段中的重复序列都显示了全基因组复制事件的两个特征峰，其中较近的峰位于 $K_S \approx 0.5$，古老的峰位于 $K_S \approx 0.8$（图 8-3）。为更好地确定山鸡椒基因组中的两次 WGD 事件，对山鸡椒与莲桂、奎乐果、蜡梅、鹅掌楸和葡萄的 K_S 分布进行分析（图 8-3B），山鸡椒和莲桂、奎乐果、蜡梅的 K_S 分布代表了对应物种的相对分歧时间点。山鸡椒和鹅掌楸的 K_S 分布代表了山鸡椒与木兰类植物的分化；山鸡椒与葡萄的 K_S 分布代表了木兰类植物与真双子叶植物之间的分化。结果表明，山鸡椒中较古老的一次 WGD 事件发生在樟目和木兰类植物分化前，而较近的 WGD 事件发生在樟科植物分化之前。

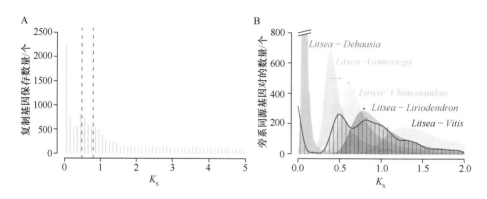

图 8-3　山鸡椒全基因组复制事件

A. 基于山鸡椒旁系同源基因组分析的 K_S 分布，两个 K_S 峰由虚线表示，分别位于 $K_S \approx 0.5$ 和 0.8，灰色矩形分别代表 0.3~0.645 和 0.645~1.1；B. 山鸡椒与选定的樟目物种和葡萄比对分析的 K_S 分布（峰值表示 WGD 事件）

8.2.4　山苍子基因组为揭示樟科起源和遗传改良提供了新视角

尽管植物基因组测序已开展多年，但木兰类植物的基因组测序仅于近年在鹅掌楸、鳄梨和牛樟中得到开展（Chaw et al.，2019；Chen et al.，2018；Rendón-Anaya et al.，2019）。木兰类植物、单子叶植物和双子叶植物之间的进化关系问题一直悬而未决，鹅掌楸和牛樟基因组提供了意见相左的结果。鹅掌楸基因组的结果支持木兰类植物处于双子叶植物和单子叶植物分支的基部，而牛樟基因组支持在与单子叶植物分化后，木兰类与双子叶植物形成姐妹类群。由于鹅掌楸和牛樟基因组在进行系统进化分析时，仅使用了其本身数据代表木兰类，在数据量的问题上存在局限性。为解决这一问题，利用山苍子、鹅掌楸、牛樟和鳄梨的基因组数据代表木兰类，结合苔藓植物、裸子植物、双子叶植物、单子叶植物的代表物种共同进行系统发育树的构建。在早期被子植物的分化过程中，可能存在着不完全谱系分选（ILS）。ILS是祖先群体中等位基因多态性表达的结果。总体来说，单子叶植物，双子叶植物和木兰类植物分化过程中的不完全谱系分选造成木兰类进化位置的不确定性，系统发育分析结果较为支持在与单子叶植物从共同祖先分化之后，木兰类与双子叶植物形成姐妹类群。然而，Zhao 等（2020）基于基因组的微共线性研究支持木兰类植物和单子叶植物形成姐妹类群。木兰类植物的系统发育关系仍需要进一步探究。

WGD 事件和 TE 的扩张进化决定了植物基因组的复杂性（Soltis D E and Soltis P S，2019）。山苍子基因组中发生两次全基因组复制事件，较古老的一次WGD 事件发生在樟目和木兰类植物分化前，而较近的 WGD 事件发生在樟科植物分化之前，该结果与 Chaw 等（2019）基于牛樟基因组进行的 WGD 事件分析结果一致。鹅掌楸基因组为 1742.4 Mb，TE 含量为 61.64%；山苍子基因组为 1325.69 Mb，TE 含量为 55.47%；而牛樟基因组为 730.7 Mb，TE 含量为 47.84%，可以推测，TE 的扩张决定了木兰类植物基因组的大小。TE 长末端重复序列是山苍子基因组 TE 中的主要类型，在山苍子基因组的扩张中发挥重要作用。

山苍子处于双子叶植物系统发育树基部的特殊进化地位及复制和染色体重排的复杂历史为研究基因组进化过程中重复基因保留的分子机制提供了机会。全基因组复制事件在被子植物中广泛存在，对植物基因组结构、功能进化、遗传多样性及提高植物适应性具有重要作用（van de Peer et al.，2009）。染色体片段的串联和复制形成的重复序列及串联重复序列为植物进化提供了丰富的原材料，是基因组和遗传系统分化的重要推动力量（Ohno，1970；Chaw et al.，2019）。

在拟南芥、桉、毛果杨、水稻和葡萄中，分别有 42%、54%、59%、64%和85%的 *TPS* 基因以串联重复的形式出现（Chen et al.，2004，2011），在每个串联排列的成员之间具有高度的同源性。通常，重复基因可通过保留、新功能化、亚功能化、专门化和消亡等途径进一步进化（Byrne and Wolfe，2007；Panchy et al.，2016）。重复基因保留和丢失的机制非常复杂，涉及基因的表达、功能和选择压力等方面（Panchy et al.，2016；Qiu et al.，2020）。基因表达或蛋白质功能的差异有助于保留重复基因。研究表明，正向选择、蛋白质亚细胞定位改变、启动子区域差异等机制控制了重复基因的表达差异、保留和功能分化（Ren et al.，2014；Huo et al.，2017）。伴随单萜合酶基因家族在樟科的扩张，基因簇的形成、基因功能分化和基因调控的差异都可能导致山苍子萜类化合物产量与组分的变化（Chen et al.，2020）。而 *TPS* 基因家族扩张后分化获得的新功能可能与植物为适应环境所形成的特异性萜类化合物有关（Pichersky and Raguso，2018）。单萜合酶基因家族催化单萜合成的最后也是最关键的一步，决定了单萜的组分和产量，其在樟科中的显著扩张为樟科丰富的单萜化合物合成提供了遗传基础。

参 考 文 献

刘海琳, 尹佟明. 2018. 全基因组测序技术研究及其在木本植物中的应用. 南京林业大学学报 (自然科学版), 42(5): 172-178.

Burge C, Karlin S. 1997. Prediction of complete gene structures in human genomic DNA. Journal of Molecular Biology, 268(1): 78-94.

Byrne K P, Wolfe K H. 2007. Consistent patterns of rate asymmetry and gene loss indicate widespread neofunctionalization of yeast genes after whole-genome duplication. Genetics, 175(3): 1341-1350.

Chaw S M, Liu Y C, Wu Y W, et al. 2019. Stout camphor tree genome fills gaps in understanding of flowering plant genome evolution. Nature Plants, 5(1): 63-73.

Chen F, Ro D K, Petri J, et al. 2004. Characterization of a root-specific *Arabidopsis* terpene synthase responsible for the formation of the volatile monoterpene 1,8-cineole. Plant Physiology, 135: 1956-1966.

Chen F, Tholl D, Bohlmann J, et al. 2011. The family of terpene synthases in plants: a mid-size family of genes for specialized metabolism that is highly diversified throughout the kingdom. Plant Journal, 66: 212-229.

Chen J H, Hao Z D, Guang X M, et al. 2018. Liriodendron genome sheds light on angiosperm phylogeny and species-pair differentiation. Nature Plants, 5: 18-25.

Chen Y C, Li Z, Zhao Y X, et al. 2020. The *Litsea* genome and the evolution of the laurel family. Nature Communications, 11(1): 1675.

Edgar R C. 2004. MUSCLE: multiple sequence alignment with high accuracy and high throughput. Nuclc Acids Research, 32(5): 1792-1797.

Endress P K, Doyle J A. 2015. Ancestral traits and specializations in the flowers of the basal grade of living angiosperms. Taxon, 64(6): 1093-1116.

Finkelstein R R, Lynch T J, 2000. The Arabidopsis abscisic acid response gene *ABI5* encodes a basic leucine zipper transcription factor. Plant Cell, 12(4): 599-609.

Goldman N, Yang Z. 1994. A codon-based model of nucleotide substitution for protein-coding DNA sequences. Molecular Biology Evolution, 11(5): 725-736.

Guidolotti G, Rey A, Medori M, et al. 2016. Isoprenoids emission in *Stipa tenacissima* L. photosynthetic control and the effect of UV light. Environental Pollution, 208: 336-344.

Guindon S, Dufayard J, Lefort V, et al. 2010. New algorithms and methods to estimate maximum-likelihood phylogenies: assessing the performance of PhyML 3.0. Systematic Biology, 59: 307-321.

Haas B J, Salzberg S L, Zhu W, et al. 2008. Automated eukaryotic gene structure annotation using EVidenceModeler and the Program to Assemble Spliced Alignments. Genome Biology, 9(1): R7.

Huelsenbeck J P, Ronquist F. 2001. MRBAYES: Bayesian inference of phylogenetic trees. Bioinformatics, 17: 754-755.

Huo N X, Dong L L, Zhang S L, et al. 2017. New insights into structural organization and gene duplication in a 1.75-Mb genomic region harboring the α-gliadin gene family in *Aegilops tauschii*, the source of wheat D genome. Plant Journal, 92(4): 571-583.

Korf I. 2004. Gene finding in novel genomes. BMC Bioinformatics, 5(1): 59.

Majoros W H, Pertea M, Salzberg S L. 2004, TigrScan and GlimmerHMM: two open source ab initio eukaryotic gene-finders. Bioinformatics, 20(16): 2878-2879.

Mirarab S, Reaz R, Bayzid M S, et al. 2014. ASTRAL: genome-scale coalescent-based species tree estimation. Bioinformatics, 30(17): 541-548.

Ohno S. 1970. Evolution by Gene Duplication. New York: Springer.

One Thousand Plant Transcriptomes Initiative. 2019. One thousand plant transcriptomes and the phylogenomics of green plants. Nature, 574: 679-685.

Panchy N, Lehti-Shiu M, Shiu S H. 2016. Evolution of gene duplication in plants. Plant Physiology, 171(4): 2294-2316

Parra G, Blanco E, Guigo R. 2000. Gene ID in Drosophila. Genome Research, 10: 391-393.

Parra G, Bradnam K, Korf I. 2007. CEGMA: a pipeline to accurately annotate core genes in eukaryotic genomes. Bioinformatics, 23: 1061-1067.

Pichersky E, Raguso R A. 2018. Why do plants produce so many terpenoid compounds. New Phytologist, 220: 692-702.

Qiu Y C, Tay Y V, Ruan Y, et al, 2020. Divergence of duplicated genes by repeated partitioning of splice forms and subcellular localization. New Phytologist, 225(2): 1011-1022.

Ren L L, Liu Y J, Liu H J, et al. 2014. Subcellular relocalization and positive selection play key roles in the retention of duplicate genes of populus class III peroxidase family. Plant Cell, 26(6): 2404-2419.

Rendón-Anaya M, Enrique I L, Alfonso M B, et al. 2019. The avocado genome informs deep angiosperm phylogeny, highlights introgressive hybridization, and reveals pathogen- influenced gene space adaptation. Proceedings of the National Academy of Sciences of the United States of America, 116(34): 17081-17089.

Robertson F M, Gundappa M K, Fabian G, et al. 2017. Lineage-specific rediploidization is a mechanism to explain time-lags between genome duplication and evolutionary diversification. Genome Biology, 18(1): 111.

Simão F A, Waterhouse R M, Ioannidis P, et al. 2015. BUSCO: assessing genome assembly and annotation completeness with single-copy orthologs. Bioinformatics, 31: 3210-3212.

Slater G S C, Birney E. 2005. Automated generation of heuristics for biological sequence comparison. BMC Bioinformatics, 6: 31.

Soltis D E, Soltis P S. 2019. Nuclear genomes of two magnoliids. Nature Plants, 5(1): 6-7.

Stanke M, Waack S. 2003. Gene prediction with a hidden Markov model and a new intron submodel. Bioinformatics, 19: 215-225.

Sun M, Soltis D E, Soltis P S, et al. 2015. Deep phylogenetic incongruence in the angiosperm clade Rosidae. Molecular Phylogenetic and Evolution, 83: 156-166.

Trapnell C, Roberts A, Goff L, et al. 2012. Differential gene and transcript expression analysis of RNA-seq experiments with TopHat and Cufflinks. Nature Protocols, 7(3): 562-578.

van de Peer Y, Fawcett J A, Proost S, et al. 2009. The flowering world: a tale of duplications. Trends in Plant Science, 14(12): 680-688.

Vanneste K, van de Peer Y, Maere S. 2013. Inference of genome duplications from age distributions revisited. Molecular Biology Evolution, 30(1): 177-190.

Yazaki K. 2006. ABC transporters involved in the transport of plant secondary metabolites. FEBS Letters, 580(4): 1183-1191.

Zhang N, Zeng L, Shan H, et al. 2012, Highly conserved low‐copy nuclear genes as effective markers for phylogenetic analyses in angiosperms. New Phytologist, 195(4): 923-937.

Zhao T, Xue J Y, Kao S M, et al. 2020. Novel phylogeny of angiosperms inferred from whole-genome microsynteny analysis. https://doi.org/10.1101/2020.01.15.908376[2020-01-15].

第9章 山苍子花发育机制

花是开花植物生殖生长发育过程中最关键的器官，也是物种信息遗传的重要渠道。目前普遍认为花发育的过程可以分为以下4个阶段：①成花诱导，植物经过一定时间的营养生长发育后，在内因（如激素、酶、特定因子表达等）和环境因素（如光照、温度、湿度等）诱导下从营养生长向生殖生长转变，进而形成花序分生组织；②花序分生组织逐步发育形成花分生组织；③花分生组织分化形成花器官原基；④花器官的成熟，即花器官原基形成后，雌蕊、雄蕊、胚囊和花药等的成熟过程（Lang，1952）。

9.1 山苍子花发育的形态特征

山苍子为雌雄异株植物，花序伞形。雄花簇集排列于花序轴上，苞片通常包裹着4～10朵小花，多为5朵；小花在花序轴顶端部位排列成圆顶形。雄花小花由外到内依次为：花被片（白色，两轮，每轮3瓣，交叉排列）、雄蕊群（3轮，每轮3枚雄蕊，雄蕊基部有大量柔毛存在，而且在第3轮雄蕊基部出现黄绿色形状不规则的蜜腺）、单个退化雌蕊（位于雄蕊群中央）。雌花簇生于花序轴上，通常也是4～10朵小花，多为5朵，花被片两轮，每轮3瓣，雄蕊群退化，基部有柔毛和不规则蜜腺；单个雌蕊，基部无柔毛，子房卵形，柱头似扇形，花期1月上旬至3月下旬。

对山苍子花发育过程的解析是制定其栽培措施的重要理论依据之一。利用石蜡切片、体视显微镜和扫描电镜等技术手段系统地研究山苍子花发育过程，探讨外部形态和内部结构的关联，雌雄配子体发育特征及形态解剖的进程变化十分必要。

9.1.1 山苍子花芽分化

山苍子雌、雄花芽的分化过程相似，均可分为5个阶段：未分化期、花序原基分化期、苞片原基分化期、花原基分化期和花器官分化期。其中花器官分化期又可以细分为花被原基分化期、雄蕊原基分化期和雌蕊原基分化期（许自龙等，2017；何文广等，2018）。

未分化期：4月初至5月下旬，混合芽长3～4 mm，青绿色，芽顶端尖细，逐渐生长变大，表面出现白色柔毛，鳞片出现分化。花序原基出现之前，未分化期包含两个阶段：营养生长期和生理分化期。由于营养生长期和生理分化期细胞形态变化相似，不能明显区分，仅观察到混合芽中叶原基形成。

花序原基分化期：5 月下旬至 7 月下旬，从外形看，混合芽逐渐生长似椭圆状，基部变宽、变大，其鳞片表面出现红点，颜色由绿变红。花序原基包裹在鳞片中，不可见。混合芽剥开之后，混合芽中花序原基位于鳞片和叶芽之间，一般4 个花序原基，原基形似半圆。花序原基位于已分化的叶原基和外层鳞片之间，细胞排列紧密，类似半圆形凸起。

苞片原基分化期：7 月下旬至 8 月中旬，混合芽形态与花序原基分化期基本相似，鳞片红点继续增加，红色加深，花芽依然不可见。花序原基边缘区出现分化，分化的部分即苞片原基，它包裹着生长点区域，略高于生长点区域。花序原基生长点变宽变平变大，在其边缘区形成凸起，即苞片原基。随着细胞分化发育，苞片原基逐渐生长形成4 枚苞片，包裹着生长点区域。

花原基分化期：8 月中旬至 8 月下旬，混合芽中叶芽周围出现青绿色花芽，花芽外被鳞片，位于叶芽和鳞片之间，一般有2～4 个花芽。花原基中轴生长点中心及其周围均出现凸起，中心凸起比周围凸起大，呈半圆状，外部光滑。苞片形成之后，先由中轴生长点中心形成凸起，然后中轴生长点周围也形成凸起，即花原基。

花器官分化期：8 月下旬至 9 月下旬，混合芽中花芽的生长高度逐渐超过叶芽 2～3 mm，花梗和花蕾清晰分辨，花芽青绿色加深，花蕾似圆形，叶芽和鳞片长度近似，随着花芽继续分化，叶芽继续生长分化，鳞片渐渐枯萎脱落。随着花原基的发育，进入花器官分化期，花器官分化期进一步可以细分为花被原基分化期、雄蕊原基分化期和雌蕊原基分化期。花被原基分化期：花原基生长点逐渐扁平、变宽，继而在花原基边缘产生凸起；最外层3 片花被原基先发生，随后在靠近第一轮花被的区域内出现3 个凸起，即第二轮花被原基出现，至此，两轮花被原基形成。雄蕊原基分化期：花被原基分化很快，迅速形成两轮花被，类似锥体形，变宽，包裹着生长点区域，花被生长发育过程中，在花被内侧相继出现两轮凸起；扫描观察发现，实际为 3 轮凸起交叉排列，由外而内，形成凸起，每轮 3 枚，共 9 枚，即为雄蕊原基的形成。雌蕊原基分化期：随着原基细胞的分裂和分化，雄蕊生长迅速，单个雄蕊形似长条状。9 月上旬，小花中心生长点产生像锥体的凸起，即单个雌蕊原基，形态较小，被雄蕊原基包围，雌蕊原基发育较雄蕊原基晚，雄蕊原基围绕着雌蕊原基。随着花被、雄蕊和雌蕊进一步的发育，花葶的伸长，逐渐形成伞形花序。山苍子花芽分化与混合芽外部形态见表 9-1。

表 9-1　山苍子花芽分化与混合芽外部形态

花芽分化时期		时间	芽形态发育
未分化期		4月初至5月下旬	混合芽很小，青绿色，芽顶端尖细，逐渐生长变大，鳞片出现分化，表面出现白色柔毛
花序原基分化期		5月下旬至7月下旬	混合芽逐渐变成似椭圆状，基部变宽、变大，鳞片表面出现红点，颜色由绿显红，花芽包裹在鳞片中，不可见
苞片原基分化期		7月下旬至8月中旬	形态与花序原基分化期基本相似，红点继续增加，红色加深，花芽依然不可见
花原基分化期		8月中旬至8月下旬	鳞片分离张开，叶芽周围出现青绿色花芽，花芽外被鳞片，位于叶芽和鳞片之间，一般有2~4个花芽
花器官分化期	花被原基分化期	8月下旬至9月上旬	混合芽中花芽的生长高度逐渐超过叶芽，可清晰分辨花梗、花蕾，花芽青绿色加深，花蕾似圆形，叶芽长度和鳞片差不多，随着花芽继续分化，叶芽继续生长分化，鳞片渐渐枯萎脱落
	雄蕊原基分化期	9月上旬至9月中旬	
	雌蕊原基分化期	9月中旬至9月下旬	

9.1.2　山苍子花器官形态发育

山苍子的雌、雄花分别簇集排列于花序轴上。花序轴基部着生 4 枚黄绿色苞片，苞片一般包裹着 4 到 10 朵小花，大多为 5 朵，小花在花序轴顶端部位排列成圆顶形，顶端呈伞形花序。一般位于花序中心的小花分化生长较快，花葶较长，小花发育由外到内，先是花被片：白色，两轮，每轮 3 瓣，交叉排列。然后是雄蕊群：3 轮，每轮 3 枚雄蕊，雄蕊基部有大量柔毛存在，而且在第 3 轮雄蕊基部出现黄绿色形状不规则的蜜腺。雄蕊群中央是单个雌蕊。

山苍子雌、雄花器官形态发育中，二者除了以上相同特点之外，也有很大区别。观察到的主要区别是：①山苍子雌、雄花蕾发育过程中大小不同，雌花蕾一般小于雄花蕾，约为雄花蕾大小的二分之一。②山苍子雄花中，雄蕊青绿色，3 轮 9 枚均正常发育，花药形状似猫爪印，4 个花粉囊，成熟时瓣裂，花粉粒黄色、球形，花丝绿色、有柔毛；雌蕊柱头发育不良或者败育，花柱缩短或者缺失，不能受精；山苍子雌花中，单个雌蕊由柱头、花柱和子房构成。柱头类似半圆盘状，表面一层细胞出现乳突状分化，乳突细胞棒状，成熟时含有透亮的黏液，花柱弯曲，表面有一条裂缝，连接柱头和子房。单子房，子房卵形，光滑无毛，雌蕊基部无柔毛；雌花中雄蕊群发育不良或者败育，形态不规则，体积小，无花粉。

9.1.3　山苍子小孢子发生和雄配子体发育

9.1.3.1　花药壁发育和小孢子发生

1）花药壁发育

花蕾形成早期，花药壁发育开始于表皮下的孢原细胞进行的平周分裂，形成外层的初生壁细胞和初生造孢细胞，之后初生壁细胞继续进行平周分裂，形成内外两层次生壁细胞，外层的次生壁细胞进一步分化为药室内壁和中层，内层的次生壁细胞则分化为中层和绒毡层。药室内壁（1 层）、中层（2 层）、绒毡层（1 层）及表皮（1 层）共 5 层细胞组成完整的花药壁。

次生造孢细胞时期，表皮细胞开始径向延长，纵向加厚，似矩形，花药壁分化为药室内壁、中层和绒毡层，但是绒毡层与次生造孢细胞紧密排列在一起，不可分辨。小孢子母细胞形成至减数分裂时期，明显发生变化的是药室内壁加厚似矩形，表皮细胞被油细胞部分覆盖；中层清晰；绒毡层扁平形或者椭圆状，绒毡层细胞单核或者双核。四分体时期，绒毡层变形，开始降解；药室内壁细胞木质化纤维状；中层细胞出现退化；至花粉成熟散粉期间，表皮细胞部分退化但是仍然宿存；药室内壁纤维化程度达到最大；中层细胞部分退化；绒毡层完全降解消失。

2）小孢子发生

山苍子雄花 3 轮可育雄蕊，每轮 3 枚共 9 枚雄蕊，花药有 4 个花粉囊，中间由药隔组织隔开，成熟时花粉囊纵向瓣裂。

9 月上旬，在雄蕊原基出现后不久，表皮细胞内形成分裂旺盛的孢原细胞，孢原细胞体积比周围细胞大，细胞核大，染色深。9 月中旬，孢原细胞平周分裂形成初生壁细胞和初生造孢细胞，两种细胞紧密排列，细胞核染色深，随着初生造孢细胞进行连续的垂周分裂和平周分裂形成次生造孢细胞，9 月下旬，次生造孢细胞有丝分裂形成的早期小孢子母细胞出现，这些细胞排列紧密、近圆形，细胞核染色明显。绒毡层与小孢子母细胞紧密排列在一起似球体无法分辨。10 月初，早期的小孢子母细胞逐渐分开，小孢子母细胞体积变大，胞质着色浅，胞质和细胞壁间出现胼胝质，小孢子母细胞成熟。

10 月上旬至中旬，小孢子母细胞进入减数分裂，减数分裂时间约 15 天。小孢子母细胞依次经过间期，前期Ⅰ，中期Ⅰ，后期Ⅰ，末期Ⅰ，完成减数分裂Ⅰ，末期Ⅰ出现细胞板，形成细胞壁，形成两个子细胞，即二分体。随后，直接进入减数分裂Ⅱ（可能由于分裂时间太短，前期Ⅱ和中期Ⅱ未观察到），后期Ⅱ两个子细胞包裹在胼胝质里，子细胞明显出现两个核分布于两极位置，至末期Ⅱ，由于纺锤体空间位置不同而最终形成的四分体呈四面体型、十字交叉型和左右对称型三种四分体，四面体型和十字交叉型四分体较多。10 月下旬，四分体解体，发育成游离的小孢子。

9.1.3.2　雄配子体发育

10 月下旬，四分体发育而释放的 4 个小孢子游离在花粉囊中，小孢子体积较小，呈圆形，核大，细胞壁薄。11 月上旬，游离小孢子的体积逐渐增大，内、外壁逐渐发育形成，随着内、外壁生长发育成熟，内壁和外壁层次逐渐清楚。与此同时，小孢子核向内壁边缘移动，进入单核靠边期。此后，细胞核在靠近壁的位置发生分裂，形成两个大小相似的核，一个靠近细胞壁，另一个位于细胞中间，小孢子进入双核期。12 月初，随着山苍子进入休眠期，小孢子也逐渐进入休眠期阶段，小孢子内的两个核不明显，细胞质变浓厚，外壁出现了许多凸起。随着温度的回升，翌年一月中旬，4 个花粉囊分别开裂，花粉粒中营养核位于中间，呈圆形；生殖核变长条形，围绕在营养核周围，同时，外壁纹路中有许多明显的凸起，即刺突形成，二细胞型成熟花粉粒（雄配子体）发育成熟。

成熟的花粉粒呈球形，直径 20 μm 左右，表面遍布很小的刺状纹饰，纹饰密集而整齐，刺突基部膨大，刺突间距 1~2 μm。花粉粒表面有极少数小穿孔但未观察到薄壁区。

在雄配子体发育过程中，有花粉败育现象，发生在减数分裂结束，四分体释放之后，小孢子形状畸形，胞核不可见，花粉细胞中的细胞质降解完全，最后只剩下空的花粉壁。从造孢细胞发生至花粉成熟，花药壁发生了一系列变化，详见表 9-2。

表 9-2　小孢子发育阶段与花药壁发育进程

时间	小孢子发育阶段	花药壁发育进程			
		表皮细胞	药室内壁	中层细胞	绒毡层细胞
9 月上旬	孢原细胞开始分裂	形状不规则	无	无	无
9 月中旬	形成初生造孢细胞	近似矩形	扁平形	不能区分	不能区分
9 月下旬	形成次生造孢细胞	似矩形，径向延长，纵向加厚	单层，扁平形	两层，扁平形	不能区分
10 月初	形成小孢子母细胞	似矩形，纵向加厚	单层，加厚似矩形	两层，扁平形	似椭圆状，单核或者双核
10 月上旬	小孢子母细胞开始减数分裂	似正方形，油细胞覆盖	似矩形	同上一时期	同上一时期
10 月中旬	四分体形成	似正方形，油细胞数目增加	开始木质化	开始退化	解体
10 月下旬	四分体解体	同上一时期	进一步木质化	部分退化	进一步解体
11 月上旬	单核花粉粒形成	开始退化	高度木质化	进一步退化	仅剩残迹
11 月下旬	二核花粉粒形成	进一步退化	同上一时期	部分消失，但仍然宿存	消失
2 月中旬	散粉	部分消失，但仍然宿存	同上一时期	同上一时期	—

注：—表示发育过程结束

9.1.4 山苍子大孢子发生和雌配子体发育

9.1.4.1 胚珠和大孢子发生

1）胚珠的发生及结构

山苍子子房壁内壁中下部的局部细胞形成一团形态无明显差异且向子房室内凸起的原基细胞，即胚珠原基。随着胚珠原基细胞不断分裂，原基的顶端分化为珠心，基部发育为珠柄，形成明显的珠心和珠柄。珠柄不断伸长加粗，珠心基部外侧出现一对突起，为内珠被原基，由于一侧珠被细胞分裂快，沿着珠心生长，并开始包围珠心，使胚珠偏离中轴线向一侧弯曲，当珠心进一步向下弯曲生长时，在内珠被外侧形成外珠被原基，内外珠被两层，快速生长，包围珠心，在珠孔的顶端，内珠被不愈合，形成珠孔。由于外侧的珠被和珠柄细胞生长较快，胚珠继续弯曲，使珠孔再次回到向上的位置，这种胚珠发育称为拳卷型。同时，胚珠发育过程中没有出现珠心冠原、珠心喙等特化细胞结构。

2）大孢子发生

在珠心发育的早期阶段，雌蕊子房内壁下表皮细胞分裂，构成胚珠原基。胚珠原基进一步发育，分化出单一的孢原细胞，该细胞位于珠心表皮细胞下，体积较大，细胞质浓厚，细胞核也较周围细胞核大，显微镜下显示其与相邻细胞的形态特征显著不同，从而区别于珠心的其他细胞。孢原细胞经过一次平周分裂，分化为初生壁细胞和造孢细胞。初生壁细胞进一步经过平周分裂和垂周分裂发育为珠心组织，造孢细胞直接发育形成大孢子母细胞，其位于珠心顶端数层细胞之下，山苍子胚珠发育属于厚珠心型。造孢细胞经过减数分裂形成四分体，四分体分离后，一般沿珠孔合点极轴呈直线排列，近合点端的大孢子发育为功能大孢子，其余 3 个在发育中退化。

9.1.4.2 雌配子体发育

随着发育的进行，功能大孢子体积明显增大，细胞壁逐渐解体，周围的细胞降解减少，囊腔液泡化而且不断变大，发育成单核胚囊，随后单核胚囊发生第一次有丝分裂形成两核，形成的两核开始在一起，之后移向两端，从而建立了极性，形成二核胚囊；接着珠孔端和合点端的两核各自进行第二次有丝分裂，形成 4 核胚囊结构；随后 4 核各自进行第三次有丝分裂，形成 8 核胚囊结构。连续经过了三次核的有丝分裂后，胚囊体积迅速增大，沿纵轴扩展，但不伴随细胞质分裂，8 个细胞核处于同一细胞质中，因此，形成了具有 8 个细胞核的胚囊。接着，靠近珠孔端的 3 个细胞核发育成 3 个细胞，包含 1 个卵细胞和 2 个助细胞，卵细胞和助细胞形态大小相似，不易分辨。在珠孔端的 4 个核有 3 个组成卵器，体积小呈楔形，包含一个卵细胞和两个助细胞。第 4 个细胞核移向胚囊中央成为上极核；靠近合点端的 4 个核有 3 个形成反足细胞，第 4 个细胞核为下极核，向上移动至上极核旁，构成含两个核的中央细胞，至此，胚囊发育成熟，即形成的雌配子体为 7 细胞 8 核结构，雌配子体发育成熟。

9.2　山苍子花发育的生理特性

9.2.1　花发育相关的生理因子

1）碳水化合物与花芽分化

在植物的碳氮比学说中已经论述了碳水化合物对植物花芽分化的重要作用，但作为学说来讲其相关理论还未完全得到有关研究的证实。目前对这方面的研究也越来越多，研究表明，葡萄糖、果糖和蔗糖等可溶性糖可以被直接利用，而淀粉水解为可溶性糖后再被利用。可溶性糖含量和淀粉含量一般在花形态分化开始之前达到最高，然后在花芽形态分化过程中，含量降低，当形态分化完成后，又会回升，呈现先上升、后下降、再上升的趋势。这说明可溶性糖和淀粉在花芽分化过程中扮演着重要的角色（路苹等，2003；Janick and Faust，1982）。也有些植物其他部位碳水化合物的变化会影响花芽分化进程，人参根中与叶片中的可溶性糖含量和淀粉含量在花芽形态分化期前达到最高，但在花芽形态分化初期有所下降，说明人参花芽形态分化要消耗大量的碳水化合物，这些碳水化合物有可能来自植物其他部位的供给（吉艳慧，2009）。程华等（2013）研究发现，板栗叶片在花芽分化前期可溶性糖含量由缓慢上升转变为迅速上升，在花芽分化期间保持较高水平，花芽分化后再次提升。可以推测叶片中的高糖水平可以促进花芽分化进程，而叶片内淀粉含量随着花芽分化呈先上升后下降的变化走势。随着花芽分化进程的加快，淀粉含量逐渐呈下降趋势，在分化结束时下降趋势更加明显，这说明花芽分化过程是一个消耗淀粉的过程，表明淀粉可以促进花芽分化。可溶性糖和淀粉在花芽分化过程中一直保持动态变化，研究可溶性糖和淀粉的动态变化趋势对花芽分化过程的理解具有指导意义。

2）可溶性蛋白与花芽分化

蛋白质作为植物体内的大分子物质是植物生命的基础，不仅是植物细胞及各种植物组织的重要组成成分，也是植物各种生命活动的重要参与者。蛋白质在植物的生长发育各个阶段都起着无可替代的作用，花芽分化是植物生殖生长的重要阶段，其间蛋白质在花芽分化相关基因的调控下作为重要的结构物质参与到花器官形成的过程中。有人对黄瓜花芽分化过程中蛋白质含量的变化进行了研究，发现蛋白质含量水平在花芽分化期间发生了明显的上升，这就意味着在花芽分化期间黄瓜体内的相关基因表达活跃，从而合成了较多的蛋白质（陶月良等，2001）。但也有研究认为，可溶性蛋白在植物刚开始花芽分化时含量较高，随着分化过程的进行则呈现下降趋势，如对苹果梨花芽分化的研究结果就属于这一类，有可能是植物的花芽分化需要消耗大量的蛋白质用于花器官的建成，从而导致可检测到的蛋白质含量出现一定程度的下降（郭金丽和张玉兰，1999；孙旭武等，2004）。通过研究，现普遍认为在花芽分化期植物体内的可溶性蛋白在叶片中主要位于维管组织，在花芽中主要位于生长点，在枝条中主要位于韧皮组织。

3）植物激素与花芽分化

在与植物花芽分化有关的学说中已经提到了激素信号调节学说和激素平衡学说，可见前人对激素在花芽分化中的作用极为重视，是重点研究对象。植物激素包括很多种，但研究比较多的是生长素、赤霉素（GA）、脱落酸和细胞分裂素。很多研究都对这 4 种主要激素在植物花芽分化中的作用进行了划分，普遍认为对于短日照植物而言，生长素和赤霉素对花芽分化起抑制作用，而脱落酸和细胞分裂素起促进作用。

赤霉素是一种二萜类化合物，种类繁多，可达三十多种，一般以 GA_3 的研究最为常见，现多应用于农业生产活动中，用于增产增收、提高生产效益，多种果树研究的应用实践表明，赤霉素对花芽分化具有一定的抑制作用。例如，在对龙眼花芽分化期间的赤霉素含量进行分析时，发现从生理分化到形态分化的过程中赤霉素的含量是下降的（苏明华等，1997），同样在茉莉、长春花（赵晓菊等，2008）、玫瑰（彭桂群和王力华，2006）等植物上的研究也得到了相似的结论。而对植物的开花调控而言，赤霉素可以起到促进作用，如赤霉素处理可使未经低温春化的二年生植物当年开花（石兰蓉，2005）。外源赤霉素作为一种重要的植物生长调节剂，广泛地应用于农业生产活动中。它一般具有如下几个功能：一是可以有效促进植物茎叶的生长；二是可以提高坐果率，增加产量；三是可以打破种子休眠，促进萌发；四是可以调控花芽分化和花期。

生长素对植物花芽分化的作用现在并未形成共识，因为它既可以表现为促进开花又可以表现为抑制开花。表现为促进开花的植物有苹果（李天红等，1996）、烟草（Altamura and Capitani，1992）、石竹（桂仁意等，2003）等，在它们的花芽分化过程中生长素的含量较高。而王玉华等（2002）对大樱桃的花芽分化研究后指出，生长素在叶芽中的含量大大高于在花芽中的含量，因此可以认为生长素在大樱桃的花芽分化过程中是起抑制作用的。

植物的细胞分裂素因能促进体内细胞分裂而得名，它有很多种类，如玉米素、玉米素前体等。现有的很多研究表明在植物的成花过程中细胞分裂素主要起正的调控作用，尤其是在花芽分化刚开始时。这在大樱桃（王玉华等，2002）、苹果梨（李秉真等，2000）等植物的花芽分化研究中得到了证实，细胞分裂素含量水平的显著上升对植物花芽成花是十分有利的。细胞分裂素主要在植物的根部组织形成，它可以被运输到植物枝条的芽中来影响花芽分化。在这期间，叶片起到了非常大的作用，因为这种运输的动力来源主要是叶片产生的蒸腾作用，甚至有研究称叶片在此发挥的作用比作为碳库的作用还大。

脱落酸作为一种倍半萜类物质因能使植物的叶片脱落而得名，其对植物细胞的分裂具有抑制作用，从植物的营养生长方面来讲主要是起阻碍作用，而植物营养生长的减缓甚至停滞反而对植物的花芽分化是有利的。有研究表明，植物的脱落酸含量在花芽生理分化期向形态分化期转变的过程中从升高的趋势转变为下降的趋势，意味着脱落酸的作用主要发生在转化诱导的过程中，这在大豆（李秀菊等，2000）、大樱桃（王玉华等，2002）、杏（邱学思等，2006）等多种植物的花芽分化研究中均得到了证实，而在植物花芽形态分化的过程中脱落酸可能起的作用并不大，因此其含量往往在此过程中不断降低。脱落酸在成花调控过程中具有两面性，虽然它通过对植物营养生长的压制来使生殖生长得到有效的营养供给，达到促花的效果，但是它往往又是植物生长点休眠的促进物质，在这种情况下其又起到了抑花的作用。

4）矿质元素与花芽分化

矿质元素尤其是植物必需的矿质元素对植物的生长发育起着至关重要的作用，主要体现在植物细胞的组成及各种生命活动的调节等方面，某些研究认为，它们还对植物体内的电化学平衡、酶的活化、内源激素的调控及糖类物质的代谢等有着不同程度的影响。对于植物的花芽分化而言，植物体内必需矿质元素的含量变化均会对花芽分化造成一定程度的影响。在这些矿质元素对植物花芽分化的研究中，目前研究比较多的有如下几种：N、P、K、Ca、Mg、Fe、Mn、B、Cu、Zn（Ulger et al.，2004），其中前5种属于大量元素，后5种属于微量元素，它们在植物花芽分化中的功能各不相同，如N元素是叶绿素、蛋白质等不可或缺的组成元素，P元素是许多酶的必需元素，从而对植物的碳氮代谢起着重要的作用，而K元素可以对激素的平衡关系产生影响等，这些元素会在花芽分化进程中的生理代谢及花芽分化基因的表达调控过程中发挥生物合成、信号激活、信号传导等多种作用。

综上所述，国内外对花芽分化过程中生理生化指标的含量变化规律的研究虽然很多，但是在花芽分化过程中，不同生理指标含量的变化各有规律，不同植物差异也比较大，目前还没有也很难形成一个具有普遍指导意义的理论体系，因此关于不同植物花芽生理分化机理的研究还应该针对不同的植物进行不同的分析。

9.2.2　山苍子花发育的生理特征

9.2.2.1　山苍子雌花芽分化过程中碳氮营养含量变化

1）山苍子雌花芽不同分化时期叶片可溶性糖及其组分含量

山苍子雌花芽不同分化时期叶片中可溶性糖及其组分含量如图 9-1 所示，随着分化过程的进行，可溶性糖总量不断升高。从 A 分化期（未分化期）到 F 分化期（花器官分化后期），叶片中可溶性糖含量从 38.28 mg/g 增长到 64.46 mg/g，增长了 0.68 倍。说明可溶性糖含量的升高对山苍子雌花芽所有分化时期起着重要作用。

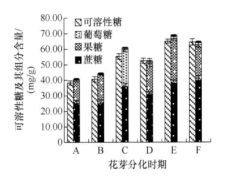

图 9-1　山苍子雌花芽不同分化时期叶片可溶性糖及其组分含量
A. 未分化期；B. 花序原基分化期；C. 苞片原基分化期；D. 花原基分化期；
E. 花器官分化前期；F. 花器官分化后期

从图 9-1 中还可以看出，在雌花芽分化过程中，蔗糖含量在可溶性糖各组分中的占比始终最高，达到 55.00%～61.67%，其次是果糖，为 36.02%～42.28%，葡萄糖含量占比最低，低于 2.78%。说明在山苍子雌花芽分化过程中，可溶性糖的主要组成成分是蔗糖和果糖，尤其是蔗糖，占到了可溶性糖总量的一半以上，因此蔗糖和果糖是对山苍子雌花芽分化有重要作用的主要的可溶性糖。

2）山苍子雌花芽不同分化时期叶片全糖及其组分含量

山苍子雌花芽不同分化期叶片中全糖及其组分含量如图 9-2 所示，随着分化过程的进行，全糖含量先升高后下降趋势，A 分化期（未分化期）含量最低，为 91.50 mg/g，在 C 分化期（苞片原基分化期）达到最高值，为 136.57 mg/g。淀粉含量的变化趋势与全糖类似，最高值出现在 C 分化期（苞片原基分化期），达到 81.30 mg/g，最低值出现在 F 分化期（花器官分化后期），为 37.96 mg/g。由于可溶性糖含量为不断升高的变化趋势，所以全糖含量的变化趋势主要受淀粉含量变化的影响。

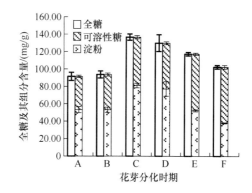

图 9-2　山苍子雌花芽不同分化时期叶片全糖及其组分含量
A. 未分化期；B. 花序原基分化期；C. 苞片原基分化期；D. 花原基分化期；
E. 花器官分化前期；F. 花器官分化后期

从图 9-2 中还可以看出，在雌花芽前 4 个分化期，淀粉含量在全糖中的占比均超过了可溶性糖，均达到 56.00% 以上，而在后两个分化期（花器官分化前期和后期）则有较大幅度的下降，最终降至 37.06%，可溶性糖含量在全糖中的占比与淀粉互补，在前 4 个分化期占比较低，在后两个时期有较大幅度的升高。有研究表明，淀粉需转化成可溶性糖才能被植物利用，因此在雌花芽的花器官分化前期和后期，部分淀粉转化成了可溶性糖，从而促进了可溶性糖含量的升高。

3）山苍子雌花芽不同分化时期叶片可溶性蛋白含量及碳氮比

实验结果表明，在山苍子雌花芽从 A 分化期（未分化期）到 C 分化期（苞片原基分化期），叶片中可溶性蛋白含量呈现下降的变化趋势（图 9-3），从

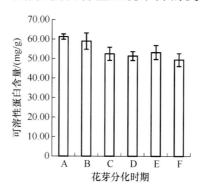

图 9-3　山苍子雌花芽不同分化时期叶片可溶性蛋白含量
A. 未分化期；B. 花序原基分化期；C. 苞片原基分化期；D. 花原基分化期；
E. 花器官分化前期；F. 花器官分化后期

61.32 mg/g 下降到 52.48 mg/g 下降了 14.41%。说明随着花芽分化进程的推进可溶性蛋白对山苍子雌花花芽分化的作用逐渐减小。随着山苍子雌花芽分化进程的推进，碳氮比呈现先升后降的变化趋势（图 9-4），其中在 C 分化期（苞片原基分化期）碳氮比最高，达到 2.61。说明碳氮比的升高对雌花芽花序原基和苞片原基的分化起着重要作用。

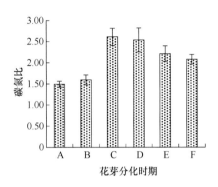

图 9-4　山苍子雌花芽不同分化时期叶片碳氮比

A. 未分化期；B. 花序原基分化期；C. 苞片原基分化期；D. 花原基分化期；
E. 花器官分化前期；F. 花器官分化后期

9.2.2.2　山苍子雄花芽分化过程中碳氮营养含量变化

1）山苍子雄花芽不同分化时期叶片可溶性糖及其组分含量

山苍子雄花花芽不同分化时期叶片中可溶性糖及其组分含量如图 9-5 所示，随着分化过程的进行，可溶性糖总量不断升高。从 A 分化期（未分化期）到 F 分

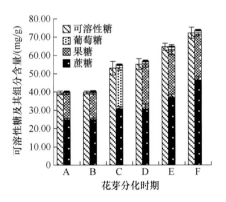

图 9-5　山苍子雄花芽不同分化时期叶片可溶性糖及其组分含量

A. 未分化期；B. 花序原基分化期；C. 苞片原基分化期；D. 花原基分化期；
E. 花器官分化前期；F. 花器官分化后期

化期（花器官分化后期），叶片中可溶性糖含量从 39.51 mg/g 增长到 72.23 mg/g，增长了 0.83 倍。说明可溶性糖含量的升高对山苍子雄花芽所有时期的分化起着重要作用。

从图 9-5 中还可以看出，在雄花芽分化过程中，蔗糖含量在可溶性糖各组分中的占比始终最高，达到 53.82%~63.15%，其次是果糖，为 33.71%~43.75%，葡萄糖含量占比最低，低于 3.14%。说明在山苍子雄花芽分化过程中，可溶性糖的主要组成成分是蔗糖和果糖，尤其是蔗糖，占到了可溶性糖总量的一半以上，因此蔗糖和果糖是对山苍子雄花芽分化有重要作用的主要的可溶性糖。

2）山苍子雄花芽不同分化时期叶片全糖及其组分含量

山苍子雄花芽不同分化时期叶片中全糖及其组分含量如图 9-6 所示，随着分化过程的进行，全糖含量先升高后下降。A 分化期（未分化期）含量较低，为 97.12 mg/g，在 C 分化期（苞片原基分化期）达到最高值，为 149.13 mg/g。淀粉含量的变化趋势与全糖类似，最高值出现在 C 分化期（苞片原基分化期），达到 96.11 mg/g，最低值出现在 F 分化期（花器官分化后期），为 43.16 mg/g。由于可溶性糖含量为不断升高的变化趋势，所以全糖含量的变化趋势主要受淀粉含量变化的影响。

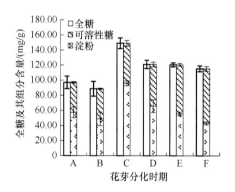

图 9-6　山苍子雄花芽不同分化时期叶片全糖及其组分含量
A. 未分化期；B. 花序原基分化期；C. 苞片原基分化期；D. 花原基分化期；
E. 花器官分化前期；F. 花器官分化后期

从图 9-6 中还可以看出，在雄花芽前 4 个分化期，淀粉含量在全糖中的占比均超过了可溶性糖，均达到 54.40% 以上，而在后两个分化期（花器官分化前期和后期）则有较大幅度的下降，最终降到 37.40%，可溶性糖含量在全糖中的占比与淀粉互补，在前 4 个分化期占比较低，在后两个时期有较大幅度的升高。因为在雄花芽的花器官分化前期和后期，部分淀粉转化成了可溶性糖，从而促进了可溶性糖含量的升高。

3）山苍子雄花芽不同分化时期叶片可溶性蛋白含量及碳氮比

实验结果表明，在山苍子雄花芽从 A 分化期（未分化期）到 C 分化期（苞片原基分化期），叶片中可溶性蛋白含量呈现下降的变化趋势（图 9-7），从 59.34 mg/g下降到 52.49 mg/g，下降了 11.54%。说明随着花芽分化进程的推进可溶性蛋白对山苍子雄花芽分化的作用在逐渐减小。随着山苍子雄花芽分化进程的推进，碳氮比呈现先升后降的变化趋势（图 9-8），其中在 C 分化期（苞片原基分化期）碳氮比最高，达到 2.52。说明碳氮比的升高对雄花芽花序原基和苞片原基的分化起着重要作用。

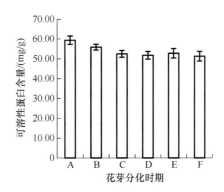

图 9-7　山苍子雄花芽不同分化时期叶片可溶性蛋白含量
A. 未分化期；B. 花序原基分化期；C. 苞片原基分化期；D. 花原基分化期；
E. 花器官分化前期；F. 花器官分化后期

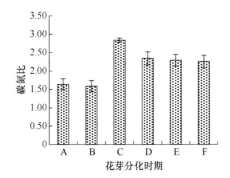

图 9-8　山苍子雄花芽不同分化时期叶片碳氮比
A. 未分化期；B. 花序原基分化期；C. 苞片原基分化期；D. 花原基分化期；
E. 花器官分化前期；F. 花器官分化后期

对以上结果综合分析可知，在花芽分化过程中，山苍子雌、雄花芽间的碳氮营养含量变化基本一致，这可能与雌、雄花芽具有基本一致的形态分化特征有关。

9.2.2.3 山苍子花芽分化过程中大量元素含量变化

在山苍子同一花芽分化时期，每种大量元素（N、P、K、Ca 和 Mg）含量在雌、雄株间的差别均不大，在多数情况下，雄株含量略高于雌株。在山苍子花芽分化不同时期，5 种大量元素之间的变化趋势不尽相同。其中，N、P、K 3 种元素的含量随着花芽分化进程的深入呈现不断下降的趋势（图 9-9～图 9-11），雌株中变化范围分别为 2.06%～3.45%、0.90～1.83 g/kg、4.00～8.05 g/kg，雄株中的变化范围分别为 1.84%～3.93%、1.60～3.06 g/kg、5.80～11.27 g/kg。而 Ca 和 Mg 两种元素的含量随着花芽分化进程的深入呈现不断上升的趋势（图 9-12，图 9-13），雌株中变化范围分别为 3.40～13.30 g/kg、2.69～5.36 g/kg，雄株中的变化范围

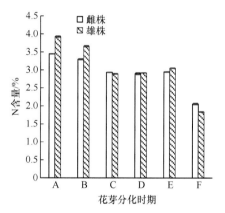

图 9-9 山苍子花芽不同分化时期叶片 N 含量
A. 未分化期；B. 花序原基分化期；C. 苞片原基分化期；D. 花原基分化期；
E. 花器官分化前期；F. 花器官分化后期

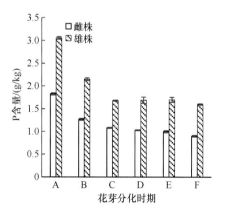

图 9-10 山苍子花芽不同分化时期叶片 P 含量
A. 未分化期；B. 花序原基分化期；C. 苞片原基分化期；D. 花原基分化期；
E. 花器官分化前期；F. 花器官分化后期

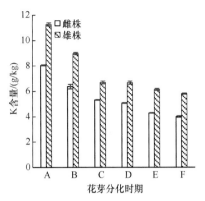

图 9-11　山苍子花芽不同分化时期叶片 K 含量
A. 未分化期；B. 花序原基分化期；C. 苞片原基分化期；D. 花原基分化期；
E. 花器官分化前期；F. 花器官分化后期

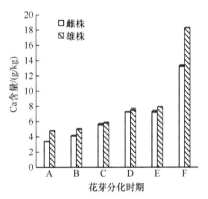

图 9-12　山苍子花芽不同分化时期叶片 Ca 含量
A. 未分化期；B. 花序原基分化期；C. 苞片原基分化期；D. 花原基分化期；
E. 花器官分化前期；F. 花器官分化后期

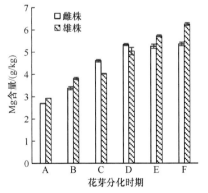

图 9-13　山苍子花芽不同分化时期叶片 Mg 含量
A. 未分化期；B. 花序原基分化期；C. 苞片原基分化期；D. 花原基分化期；
E. 花器官分化前期；F. 花器官分化后期

分别为 4.81～18.30 g/kg、2.9～6.25 g/kg。以上结果说明，Ca 和 Mg 两种大量元素含量的升高对山苍子雌、雄花芽所有时期的分化起着重要作用。

9.2.2.4 山苍子花芽分化过程中微量元素含量变化

在山苍子花芽分化同一时期，每种微量元素（Mn、B、Zn、Fe 和 Cu）含量在雌、雄株间的差别均不大，在多数情况下，雄株含量略高于雌株。在山苍子花芽分化的不同时期，5 种微量元素则各自表现出不同的变化趋势。其中，Mn、B、Zn 3 种元素的含量随着花芽分化过程的进行呈现不断上升的趋势（图 9-14～图 9-16），雌株中变化范围分别为 424.67～589.00 mg/kg、14.83～34.60 mg/kg、21.30～64.60 mg/kg，雄株中的变化范围分别为 314.33～641.67 mg/kg、16.90～33.90 mg/kg、21.97～53.90 mg/kg。而 Fe 和 Cu 两种元素的含量随着花芽分化过程的进行呈现不断下降的趋势（图 9-17，图 9-18），雌株中变化范围分别

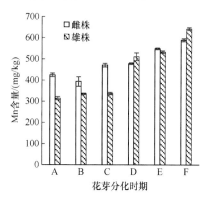

图 9-14 山苍子花芽不同分化时期叶片 Mn 含量

A. 未分化期；B. 花序原基分化期；C. 苞片原基分化期；D. 花原基分化期；
E. 花器官分化前期；F. 花器官分化后期

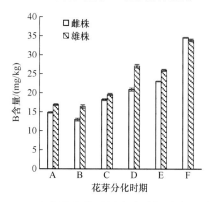

图 9-15 山苍子花芽不同分化时期叶片 B 含量

A. 未分化期；B. 花序原基分化期；C. 苞片原基分化期；D. 花原基分化期；
E. 花器官分化前期；F. 花器官分化后期

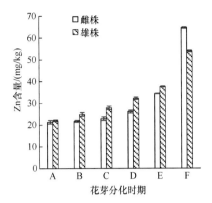

图 9-16　山苍子花芽不同分化时期叶片 Zn 含量

A. 未分化期；B. 花序原基分化期；C. 苞片原基分化期；D. 花原基分化期；
E. 花器官分化前期；F. 花器官分化后期

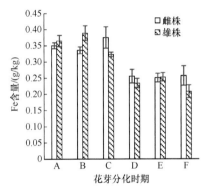

图 9-17　山苍子花芽不同分化时期叶片 Fe 含量

A. 未分化期；B. 花序原基分化期；C. 苞片原基分化期；D. 花原基分化期；
E. 花器官分化前期；F. 花器官分化后期

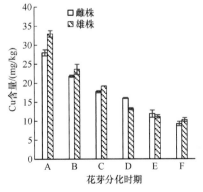

图 9-18　山苍子花芽不同分化时期叶片 Cu 含量

A. 未分化期；B. 花序原基分化期；C. 苞片原基分化期；D. 花原基分化期；
E. 花器官分化前期；F. 花器官分化后期

为 0.26～0.35 g/kg、9.25～27.97 mg/kg，雄株中的变化范围分别为 0.21～0.36 g/kg、10.32～32.97 mg/kg。以上结果说明，Mn、B、Zn 3 种微量元素含量的升高对山苍子雌、雄花芽所有时期的分化起着重要作用。

9.2.2.5　山苍子花芽分化过程中内源激素含量变化

1）山苍子花芽不同分化时期 IAA 含量

如图 9-19 所示，在山苍子同一花芽分化期，雌、雄株之间吲哚乙酸（IAA）含量差别不大。雌、雄株叶片中 IAA 的含量在不同的花芽分化期均呈现先升高后降低的变化趋势。从 A 分化时期（未分化期）到 C 分化时期（苞片原基分化期）IAA 含量不断升高，而从 C 分化时期（苞片原基分化期）到 F 分化时期（花器官分化后期）则呈降低趋势，最大值均出现在 C 分化时期（苞片原基分化期），分别为 59.70 ng/g FW 和 57.40 ng/g FW，分别是其最小值的 1.46 倍和 1.24 倍。以上结果说明，IAA 含量的升高对山苍子雌、雄花芽花序原基及苞片原基的分化起着重要作用。

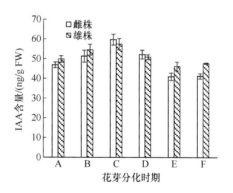

图 9-19　山苍子花芽不同分化时期叶片中 IAA 含量
A. 未分化期；B. 花序原基分化期；C. 苞片原基分化期；D. 花原基分化期；
E. 花器官分化前期；F. 花器官分化后期

2）山苍子花芽不同分化时期 ZR 含量

山苍子同一花芽分化期，雌、雄株之间玉米素核苷（zeatin riboside，ZR）含量差别较小（图 9-20）。在花芽分化过程中，雌、雄株叶片中 ZR 含量均呈现先升高后降低的变化趋势。雌株叶片中 ZR 含量在前 4 个分化时期呈现不断升高趋势，之后开始下降，而雄株叶片中 ZR 含量的峰值出现在 C 分化时期（苞片原基分化期），雌、雄株叶片中 ZR 含量的最大值分别为 10.23 ng/g FW 和 10.06 ng/g FW，分别是其最小值的 1.58 倍和 1.62 倍。以上结果说明，ZR 含量的升高对山苍子雌、雄花芽花序原基及苞片原基的分化起着重要作用。

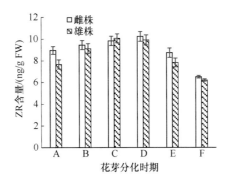

图 9-20　山苍子花芽不同分化时期叶片中 ZR 含量

A. 未分化期；B. 花序原基分化期；C. 苞片原基分化期；D. 花原基分化期；

E. 花器官分化前期；F. 花器官分化后期

3）山苍子花芽不同分化时期赤霉素（GA₃）含量

如图 9-21 所示，山苍子在同一花芽分化期，雌、雄株之间 GA_3 含量差别不大。在不同的花芽分化期，雌、雄株叶片中 GA_3 含量均呈现逐渐升高的变化趋势。雌、雄株叶片中 GA_3 含量最大值均出现在最后两个花芽分化期（花器官分化前期和花器官分化后期），最大值分别为 23.21 ng/g FW 和 21.02 ng/g FW，分别是其最小值的 3.79 倍和 3.47 倍。以上结果说明，GA_3 含量的升高对山苍子雌、雄花芽整个分化过程起着重要作用。

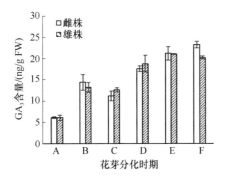

图 9-21　山苍子花芽不同分化时期叶片中 GA₃ 含量

A. 未分化期；B. 花序原基分化期；C. 苞片原基分化期；D. 花原基分化期；

E. 花器官分化前期；F. 花器官分化后期

4）山苍子花芽不同分化时期 ABA 含量

如图 9-22 所示，山苍子在同一花芽分化期，雌、雄株之间脱落酸（ABA）含量差别不大。在不同的花芽分化期，雌、雄株叶片中 ABA 含量均呈现先升高后降低的变化趋势。雌、雄株叶片中 ABA 含量最大值均出现在 C 分化时期（苞片原基分化期），分别为 155.18 ng/g FW 和 129.91 ng/g FW，分别是其最小值的 2.00 倍和 1.70 倍。以上结果说明，ABA 含量的升高对山苍子雌、雄花芽花序原基及苞片原基的分化起重要作用。

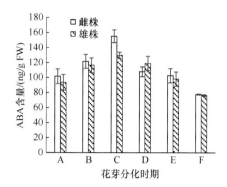

图 9-22　山苍子花芽不同分化时期叶片中 ABA 含量

A. 未分化期；B. 花序原基分化期；C. 苞片原基分化期；D. 花原基分化期；
E. 花器官分化前期；F. 花器官分化后期

5）山苍子花芽不同分化时期内源激素含量与花芽长度的相关性分析

山苍子花芽不同分化时期花芽长度如表 9-3 所示，其与内源激素含量的相关性分析结果显示，山苍子花芽不同分化时期 GA_3 含量与花芽长度呈极显著正相关（表 9-4，表 9-5），而 IAA、ZR、ABA 含量与花芽长度的相关性不显著。

表 9-3　山苍子花芽不同分化时期花芽长度

花芽分化时期	雌花芽平均长度/mm	雄花芽平均长度/mm
A	2.12±0.15	2.38±0.17
B	3.43±0.23	3.69±0.26
C	5.38±0.39	5.45±0.42
D	6.53±0.51	6.76±0.55
E	8.16±0.64	8.33±0.63
F	10.04±0.86	10.17±0.89

表 9-4　山苍子雌株内源激素与花芽长度相关性

	IAA	ZR	GA_3	ABA	花芽长度
IAA	1.00	0.74	−0.56	0.90**	−0.49
ZR		1.00	−0.52	0.72	−0.59
GA_3			1.00	−0.52	0.92**
ABA				1.00	−0.45
花芽长度					1.00

*表示显著相关，**表示极显著相关

表 9-5　山苍子雄株内源激素与花芽长度相关性

	IAA	ZR	GA$_3$	ABA	花芽长度
IAA	1.00	0.75	−0.48	0.81*	−0.54
ZR		1.00	−0.19	0.99**	−0.43
GA$_3$			1.00	−0.20	0.91**
ABA				1.00	−0.43
花芽长度					1.00

*表示显著相关，**表示极显著相关

9.3　山苍子花发育的分子基础

近年来，随着生物分子技术的快速发展和应用，花发育从之前的形态、生理生化等研究逐步转变为成花基因相关研究，而利用分子生物学和遗传学的方法研究花发育则成了一个热点。目前已经通过筛选植物突变体，采用分子生物学技术手段，如图位克隆、同源序列克隆、cDNA 差异条带筛选等方法分离出相关基因。从模式植物拟南芥和金鱼草中分离出的多个与花发育相关的成花基因极大地推动了成花机理深层次的研究。植物的花发育是多种基因参与的复杂的调控过程，由外界因素诱导植物内部调控因子而发生作用。外界因素包括光照、温度等；植物内部调控因子如激素、营养状态等，通过外界因素诱导植物内部与调控因子相关的特定基因的表达，使得植物顶端分生组织从营养生长向生殖生长转化，这些途径也涉及相应的基因调控。

Coen 和 Weigel 等通过对拟南芥和金鱼草的花器官进行相关研究提出了花器官发育的 ABC 模型（Coen et al.，1991；Weigel et al.，1992）。已克隆的基因中：*AP1*、*AP2* 属于 A 类型基因，影响植物最外两轮花器官发育，有资料表明，*AP1* 基因的过表达会导致花器官畸形；*AP3*、*PI* 属于 B 类型基因，调控第二轮和第三轮花器官的生长分化；*AG* 属于 C 类型基因，在第三轮和第四轮花器官发育中表达。进一步的研究表明，ABC 模型无法解释许多花发育现象，如 ABC 突变体并非没有花器官，而是还有类似心皮的结构存在。因此，原来的花发育模型延伸新增了 D 类型功能基因，从而产生了花发育的 ABCD 模型。近年来，许多 D 类型功能基因被克隆，如拟南芥 *AGL11*、*AGL13* 基因，水稻 *OsMADS13* 基因等。随后，进一步更细致地对拟南芥和金鱼草的突变体研究发现，存在一类与花发育特性相关的正调控因子，如 SEPALIATA1、SEPALIATA2 等，与 ABC 类型基因协同调节花器官发育，因此，将这类调控因子归为 E 类型基因，随着 E 类型基因功能的提出，即产生 ABCDE 模型。花发育的调控基因在进化过程中比较保守，已经从各类植物中克隆出大量相关基因，主要集中于以下三大类：花序分生组织特异基因、花分生组织特异基因和花器官特异性基因。花序分生组织特异基因目前已鉴定的有 *TFL1*、*TFL2*、*SOC1* 和 *CLF* 等（Shannon and Meeks-Wagner，1991；Suarez-Lopez et al.，2001；Yoo et al.，2005），它们的功能为继续保持茎端分生组织特征；花分生组织特异基因包括 *LFY*、*AP1*、*CAL* 和 *AP2* 等（Mizukami and Ma，1997；Weigel et al.，1992；Mandel and Yanofsky，1995），控制着花序组织转变为花分生组织。其中 *LFY* 是研究的最早且最为广泛的功能基因，在金鱼草、桉、银杏、白杨、脐橙、猕猴桃、苹果等植物中均克隆到 *LFY* 同源基因。花器官特异性基因在拟南芥中研究较多，如 *AP1* 是花萼和花瓣的特异调控基因；*AG* 具有双重功能，既控制雌、雄蕊的形成，也参与花分生组织的发育形成；*AP3* 与 *AP2* 共同作用决定花瓣的形成，而 *AP3* 与 *AG* 共同作用决定雄蕊的特征等等（Mizukami and Ma，1997；Weigel et al.，1992）。

转录组测序分析技术是分析植物特殊组织或特殊阶段基因表达常用的技术，有助于了解和掌握基因的表达模式、基因功能及基因之间的相互作用，近年来这种技术得到了长足有效的发展。我们通过对山苍子花芽分化不同时期的花芽进行转录组测序及生物信息学分析，分析了山苍子花芽不同分化时期差异表达基因的表达丰度和功能，获得了山苍子花发育过程中主要的调控因子。这些研究也为从分子水平上掌握山苍子花芽分化调控机制及今后的山苍子分子育种等工作奠定了理论基础。

9.3.1 山苍子花芽不同分化时期差异表达基因的功能分析

对差异表达基因（differentially expressed gene，DEG）进行功能分类，使用GO、COG、KEGG、KOG、Pfam、Swiss-Prot、eggNOG 和 NR 等功能注释数据库来注释差异表达基因的功能（表 9-6）。结果表明，在雌花芽不同分化时期差异表达基因中，各个不同时期比较组的差异表达基因有 973～3620 个得到了功能注释，占各自差异表达基因总数的 57%～70%，其中，A 和 F 两时期（F-A/F-F）差异表达基因功能注释的数量最多，C 和 E 两时期（F-C/F-E）差异表达基因功能注释的数量最少。在雄花芽不同分化时期差异表达基因中，各个不同时期比较组的差异表达基因有 179～4498 个得到了功能注释，占各自差异表达基因总数的56%～87%，其中，B 和 F 两时期（M-B/M-F）差异表达基因功能注释的数量最多，C 和 E 两时期（M-C/M-E）差异表达基因功能注释的数量最少。

表 9-6 山苍子花芽不同分化时期差异表达基因功能注释

时期	差异表达基因注释数量	COG	GO	KEGG	KOG	Pfam	Swiss-Prot	eggNOG	NR
F-A/F-B	2844	939	1661	1048	1514	2143	1973	2617	2799
F-A/F-C	2601	975	1549	1050	1448	1990	1776	2390	2567

时期	差异表达基因注释数量	COG	GO	KEGG	KOG	Pfam	Swiss-Prot	eggNOG	NR
F-A/F-E	2998	1055	1792	1154	1573	2296	2140	2777	2968
F-A/F-F	3620	1146	2049	1327	1852	2836	2620	3396	3557
F-B/F-C	1088	385	612	374	600	840	729	1000	1073
F-B/F-E	1506	430	837	490	742	1133	1071	1401	1483
F-B/F-F	2080	566	1084	669	1067	1557	1465	1891	2013
F-C/F-E	973	373	589	376	545	777	695	908	960
F-C/F-F	2422	739	1287	760	1214	1833	1659	2233	2372
F-E/F-F	1773	519	965	576	879	1314	1230	1617	1725
M-A/M-B	955	432	629	514	611	789	710	906	910
M-A/M-C	787	330	499	357	457	639	559	737	777
M-A/M-E	681	256	453	305	360	562	556	644	677
M-A/M-F	3406	1046	1985	1232	1766	2679	2579	3211	3367
M-B/M-C	1083	399	609	428	601	853	735	1010	1025
M-B/M-E	1121	372	672	440	576	880	823	1054	1066
M-B/M-F	4498	1300	2433	1422	2304	3363	3200	4152	4387
M-C/M-E	179	46	111	60	77	148	142	169	175
M-C/M-F	4186	1218	2260	1346	2100	3171	2933	3868	4117
M-E/M-F	2250	658	1280	753	1125	1685	1622	2068	2217

通过 GO 富集分类，在雌花芽不同分化时期的差异表达基因中有 589～2049 个得到了富集，雄花芽不同分化时期的差异表达基因中有 111～2433 个得到了富集（表 9-6）。而这些被 GO 富集的差异表达基因可以被分为 3 类，即生物学过程（biological process）、细胞组成（cellular component）和分子功能（molecular function），其中，富集到生物学过程类别的差异表达基因最多。而在生物学过程的二级功能类别中，又以代谢过程（metabolic process）、细胞过程（cellular process）和单组织过程（single-organism process）等二级功能类别富集的差异表达基因最多。这表明在花芽分化过程中，花芽组织内代谢旺盛，合成了花芽分化所需的生理物质，导致花芽形态发生了很大变化。在细胞组成的二级功能类别中，以细胞（cell）、细胞组分（cell component）、细胞器（organelle）和膜（membrane）等二级功能类别富集的差异表达基因最多。在分子功能的二级功能类别中，以催化活性（catalytic activity）和结合（binding）等二级功能类别富集的差异表达基因最多。这些结果表明，在花芽的分化过程中，细胞中代谢活跃，其间有大量的酶在发挥作用。

通过与 COG 数据库比对分析，山苍子雌花芽分化不同时期差异表达基因得到注释的有 373～1146 个，雄花芽分化不同时期差异表达基因得到注释的有 46～1300 个（表 9-6）。被 COG 注释的差异表达基因在功能上可以分为 25 个类别，其中，一般功能预测（general function prediction）、复制、重组与修复（replication, recombination and repair），转录（transcription）等功能分类的差异表达基因较多。表明在花芽分化的整个过程中，由于细胞数量的急剧增加，DNA 和 RNA 等遗传物质的数量也显著增加。

通过与 KEGG 数据库比对分析，山苍子雌花芽分化不同时期差异表达基因得到功能注释的有 374～1327 个，雄花芽分化不同时期差异表达基因得到功能注释的有 60～1422 个（表 9-6）。在雌、雄花芽分化不同时期差异表达基因各自富集程度最高的 20 个通路中，植物激素信号转导（plant hormone signal transduction），淀粉和蔗糖代谢（starch and sucrose metabolism），光合作用（photosynthesis）等通路中差异表达基因的富集程度都达到了极显著水平（$P<0.01$），尤其是植物激素信号转导与淀粉和蔗糖代谢所富集到的差异表达基因数量。这些数据表明，植物激素和糖类物质在山苍子花芽分化过程中起着重要的作用。

9.3.2 山苍子花芽不同分化时期差异表达基因分析

在上节中发现植物激素信号转导与淀粉和蔗糖代谢两个通路都是 KEGG 富集程度较高的通路，而两者中所富集的基因与山苍子的内源激素及糖类物质可能存在着密切的联系。通过将内源激素在不同花芽分化时期的含量变化与植物激素信号转导通路中显著富集的基因表达量进行相关性分析，在雌株植物激素信号转导通路的差异表达基因中与 IAA、ZR、GA$_3$ 和 ABA 变化规律显著相关的分别有 5 个、9 个、10 个和 7 个，分别占该通路显著富集基因总数的 4.72%、8.49%、9.43% 和 6.60%，而在雄株植物激素信号转导通路的差异表达基因中与 IAA、ZR、GA$_3$ 和 ABA 变化规律显著相关的基因分别有 5 个、6 个、6 个和 5 个，分别占该通路显著富集基因总数的 4.90%、5.88%、5.88% 和 4.90%（表 9-7）。在植物内源激素中与赤霉素相关的基因数量占了较高的比例。通过将糖类物质在不同花芽分化时期的含量变化与淀粉和蔗糖代谢通路中显著富集的基因表达量变化进行相关性分析，在雌株淀粉和蔗糖代谢通路的差异表达基因中与可溶性糖、蔗糖、果糖、葡萄糖、淀粉和全糖变化规律显著相关的基因分别有 8 个、3 个、6 个、8 个、5 个和 7 个，分别占该通路显著富集基因总数的 7.27%、2.73%、5.45%、7.27%、4.55% 和 6.36%，而在雄株淀粉和蔗糖代谢通路的差异表达基因中与可溶性糖、蔗糖、果糖、葡萄糖、淀粉和全糖变化规律显著相关的基因分别有 13 个、21 个、6 个、6 个、7 个和 3 个，分别占该通路显著富集基因总数的 13.00%、21.00%、6.00%、6.00%、7.00% 和 3.00%（表 9-8）。综合雌、雄株的情况来看，在糖类物质中与可溶性糖相关的基因数量占了较高的比例。综上所述，植物激素和糖类物质在山苍子花芽分化过程中起着重要的调控作用，其中可能以赤霉素和可溶性糖的作用较为突出。

表 9-7　与内源激素变化规律显著相关的差异基因数量

植物激素	雌株基因数	占比/%	雄株基因数	占比/%
IAA	5	4.72	5	4.90
ZR	9	8.49	6	5.88
GA₃	10	9.43	6	5.88
ABA	7	6.60	5	4.90

注：占比为与生理性状变化规律显著相关基因数量和该通路显著富集基因数量的百分比，$P<0.05$，下同

表 9-8　与糖类物质变化规律显著相关的差异基因数量

糖类物质	雌株基因数	占比/%	雄株基因数	占比/%
可溶性糖	8	7.27	13	13.00
蔗糖	3	2.73	21	21.00
果糖	6	5.45	6	6.00
葡萄糖	8	7.27	6	6.00
淀粉	5	4.55	7	7.00
全糖	7	6.36	3	3.00

9.3.3　山苍子花芽不同分化时期差异表达基因的 GO 富集分析

通过对山苍子花芽不同分化时期差异表达基因进行趋势分析，可以将差异表达基因按照趋势变化情况分成 20 个聚类，进一步对有明显变化趋势的 15 个聚类进行 GO 富集分析（表 9-9），结果显示，各个趋势分析聚类中共有 47～144 个基因本体类别（GO term）得到了显著的富集（$P<0.05$）。其中生物学过程（biological process）显著富集到 20～76 个 GO term，占显著富集 GO term 数的 38.10%～64.56%，细胞组成（cellular component）显著富集到 4～17 个 GO term，占显著富集 GO term 数的 3.36%～15.46%，分子功能（molecular function）显著富集到 20～52 个 GO term，占显著富集 GO term 数的 27.85%～52.83%。由此可以看出，生物学过程和分子功能富集到的 GO term 占比较高，而细胞组成富集到的 GO term 占比最低，最高仅为 15.46%。

表 9-9　趋势变化明显的差异表达基因 GO 富集分析

趋势聚类号	生物学过程		细胞组成		分子功能		显著富集 GO term 数量
	GO term 数量	占比/%	GO term 数量	占比/%	GO term 数量	占比/%	
1	24	38.10	7	11.11	32	50.79	63
3	21	39.62	4	7.55	28	52.83	53
4	40	48.78	5	6.10	37	45.12	82
5	31	52.54	6	10.17	22	37.29	59
6	76	52.78	17	11.81	51	35.42	144
8	51	64.56	6	7.59	22	27.85	79

续表

趋势聚类号	生物学过程		细胞组成		分子功能		显著富集 GO term 数量
	GO term 数量	占比/%	GO term 数量	占比/%	GO term 数量	占比/%	
9	44	51.76	6	7.06	35	41.18	85
10	42	44.68	11	11.70	41	43.62	94
11	63	52.94	4	3.36	52	43.70	119
12	57	52.78	12	11.11	39	36.11	108
13	42	62.69	5	7.46	20	29.85	67
15	20	42.55	4	8.51	23	48.94	47
16	31	43.06	5	6.94	36	50.00	72
17	43	51.81	9	10.84	31	37.35	83
20	44	45.36	15	15.46	38	39.18	97

注: $P<0.05$

参 考 文 献

程华, 李琳玲, 王少斌, 等. 2013. 板栗八月红花芽分化期相关营养物质含量的变化. 湖北农业科学, 52(22): 5502-5505.

高丽萍, 夏涛, 张玉琼, 等. 2002. 茉莉花发育及开放期间内源激素研究. 茶叶科学, 22(2): 156-159.

桂仁意, 曹福亮, 沈惠娟, 等. 2003. 多胺代谢对石竹试管苗成花中内源激素含量的影响. 南京林业大学学报(自然科学版), 27(4): 30-33.

郭金丽, 张玉兰. 1999. 苹果梨花芽分化期蛋白质、淀粉代谢的研究. 内蒙古农牧学院学报, 20(2): 80-82.

何文广, 汪阳东, 陈益存, 等. 2018. 山鸡椒雌花花芽分化形态特征及碳氮营养变化. 林业科学研究, 31(6): 154-160.

吉艳慧. 2009. 人参花芽分化及生理机制研究. 北京: 中国农业科学院硕士学位论文.

李秉真, 孙庆林, 张建华, 等. 2000. 苹果梨花芽分化期内源激素含量的变化(简报). 植物生理学通讯, 36(1): 27-29.

李天红, 黄卫东, 孟昭清. 1996. 苹果花芽孕育机理的探讨. 植物生理学报, 22(3): 251-257.

李秀菊, 赵喜亭, 职明星. 2000. 大豆品种早 12 花序分化形成期的顶芽内源激素变化. 中国油料作物学报, 22(3): 49-51.

路苹, 郭蕊, 于同泉, 等. 2003. 切花百合鳞茎花芽形态分化期碳水化合物代谢变化. 北京农学院学报, 18(4): 259-261.

彭桂群, 王力华. 2006. 平阴玫瑰花芽分化期叶片内源激素的变化. 植物研究, 26(2): 206-210.

邱学思, 刘国成, 吕德国, 等. 2006. 杏花芽分化期叶片内源激素含量的变化. 安徽农业科学, 34(9): 1798-1800.

石兰蓉. 2005. 观赏凤梨花芽分化形态发育及其生理生化的研究. 海口: 华南热带农业大学硕士学位论文.

苏明华, 刘志成, 庄伊美. 1997. 水涨龙眼结果母枝内源激素含量变化对花芽分化的影响. 热带作物学报, 18(2): 66-71.

孙旭武, 李唯, 王力荣, 等. 2004. 桃花芽分化期蛋白质、氨基酸和碳水化合物含量的变化. 甘肃农业大学学报, 39(3): 295-299.

陶月良, 曾广文, 朱诚. 2001. 黄瓜花原基启动细胞团及其组织化学的研究. 浙江大学学报(农业与生命科学版), 27(2): 18-22.

王玉华, 范崇辉, 沈向, 等. 2002. 大樱桃花芽分化期内源激素含量的变化. 西北农业学报, 11(1): 64-67.

许自龙, 汪阳东, 陈益存, 等. 2017. 山鸡椒雄花花芽发育形态解剖特征观察. 植物科学学报, 35(2): 152-163.

赵晓菊, 史典义, 杨蕾, 等. 2008. 内源激素含量的变化与长春花成花关系的研究. 大庆师范学院学报, 28(5): 118-120.

Altamura M M, Capitani F. 1992. The role of hormones on morphogenesis of thin layer explants from normal and transgenic tobacco plants. Physiologia Plantarum, 84(4): 555-560.

Coen P, Kulin H, Ballantine T, et al. 1991. An aromatase-producing sex-cord tumor resulting in prepubertal gynecomastia. New England Journal of Medicine, 324(5): 317-322.

Janick J, Faust M. 1982. Horticultural Reviews. Palgrave Macmillan UK: John Wiley & Sons Inc: 174-203.

Lang A. 1952. Physiology of flowering. Annual Review of Plant Physiology, 3(1): 265-306.

Mandel M A, Yanofsky M F. 1995. A gene triggering flower formation in *Arabidopsis*. Nature, 377(6549): 522-524.

Mizukami Y, Ma H. 1997. Determination of *Arabidopsis* floral meristem identity by AGAMOUS. The Plant Cell, 9(3): 393.

Shannon S, Meeks-Wagner D R. 1991. A mutation in the *Arabidopsis TFL1* gene affects inflorescence meristem development. The Plant Cell, 3(9): 877-892.

Suarez-Lopez P, Wheatley K, Robson F, et al. 2001. CONSTANS mediates between the circadian clock and the control of flowering in *Arabidopsis*. Nature, 410(6832): 1116-1120.

Ulger S, Sonmez S, Karkacier M, et al. 2004. Determination of endogenous hormones, sugars and mineral nutrition levels during the induction, initiation and differentiation stage and their effects on flower formation in Olive. Plant Growth Regulation, 42(1): 89-95.

Weigel D, Alvarez J, Smyth D R, et al. 1992. LEAFY controls floral meristem identity in *Arabidopsis*. Cell, 69(5): 843-859.

Yoo S K, Chung K S, Kim J, et al. 2005. Constans activates suppressor of overexpression of constans 1 through flowering locus T to promote flowering in *Arabidopsis*. Plant Physiol, 139(2): 770-778.

第 10 章　山苍子性别分化机制

　　山苍子是雌雄异株植物，花器官退化是性别分化过程中的关键步骤，然而其退化机制目前尚未明确。本章将从山苍子花器官退化形态结构特征、养分及水分利用效率性别差异性动态、内源激素变化规律、花器官退化分子机制等方面综合阐述山苍子性别分化机制，这将为系统阐述单性花性别分化及演化的遗传机制奠定理论基础，并为通过利用性别鉴定与调控技术优化山苍子雌、雄株性别比例，并最终提高果实产量奠定理论基础。

10.1　山苍子性别分化的形态特征

　　植物发育进程中，植物组织如叶、花、果等形态变化是植物生长状态直观的体现。为了解山苍子花芽分化及雌、雄蕊生长发育的整个进程，前期利用石蜡切片技术和扫描电镜方法对山苍子雌花和雄花的发育进行了详细的形态解剖研究，并对山苍子物候期进行了观察和鉴定（许自龙，2017），初步了解了山苍子生长发育时间和花芽分化阶段。基于以上结果，收集山苍子雌、雄花芽样本，通过石蜡切片和扫描电镜技术观察山苍子雌、雄退化器官发育的进程，了解退化雄蕊形成的关键阶段，以期进一步分析山苍子雌花中退化雄蕊形成的详细过程，为退化雄蕊发育和形成的分子机理探究奠定基础。

10.1.1　山苍子雌、雄花形态结构

　　山苍子花序是典型的伞形花序，它们位于花序梗上呈伞状排列。雌、雄花序上均覆盖着紧密排列的 4 枚苞片。雌、雄花盛开时，4 枚苞片同时开放，露出被包裹的五朵小花（图 10-1A，D）。

　　在山苍子雄花中（图 10-1A，B），每个雄花序包含 5 朵雄花。单朵雄花由花被、雄蕊、蜜腺和退化雌蕊组织构成。花被 2 轮，每轮 3 枚，共 6 枚，两轮花被交叉相间排列（图 10-1B）。雄蕊 9 枚，每轮 3 枚，共 3 轮，相间交叉排列，单枚雄蕊有 4 个药室，药室包裹黄色球状的花粉粒（图 10-1B，C）。形状不规则的黄色蜜腺分布在内轮雄蕊的基部。退化雌蕊 1 枚，子房较小，无柱头，花柱缩短或缺失，位于花中心位置，周围环绕雄蕊群（图 10-1B，C）。

　　山苍子雌花相比雄花体积小，约为雄花体积的一半（图 10-1A，D）。雌花序

一般包含 5 朵雌花，单朵雌花由花被、退化雄蕊、蜜腺和雌蕊组织构成（图 10-1D，E）。雌花中花被和蜜腺组织形态、分布类似于雄花，但最明显的区别是雄蕊和雌蕊组织，雌花中雄蕊发育异常，形态小，无药室形成和花粉释放（图 10-1E，F）。雌蕊包含柱头、花柱和子房，形成组织结构完整的雌蕊（图 10-1E，F）。

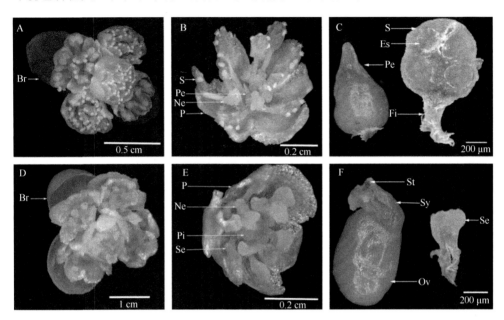

图 10-1　山苍子雌花和雄花结构特征

A、B. 雄花的伞形花序和花器官结构；C. 雄花中的雌蕊和退化雌蕊；D、E. 雌花的伞形花序和花器官结构；F. 雌花中的雌蕊和退化雄蕊。Br，苞片；S，雄蕊；Pe，退化雌蕊；Ne，蜜腺；P，花被；Se，退化雄蕊；Pi，雌蕊；Es，花药室；Fi，花丝；Ov，子房；Sy，花柱；St，柱头

10.1.2　山苍子雌、雄花中退化器官形态结构特征

山苍子雄花序和雌花序发育早期，从叶原基至雌蕊原基形成阶段，两者形态结构相似，均有雄蕊原基和雌蕊原基共存，即存在"两性期"。

在雄花分化进程中，雄蕊原基发育分化形成花粉囊和花粉等组织结构。在雄花中，雌蕊原基逐渐变大，形成子房小、花柱短、无柱头的退化雌蕊，雌蕊原基分化形成子房后，子房内壁出现凸起，即为孢原组织。随着雄花发育，退化雌蕊外部形态和大小都与之前保持一致。

与雌花雌蕊相比，退化雌蕊子房内未形成胚囊组织。相反，在雌花的发育中，雌蕊原基发育分化为柱头、花柱和子房组织结构，子房内壁形成孢原组织，进一步分化形成胚囊组织。而雌花中雄蕊原基发育分化形成花丝和花药组织，相比于雄花雄蕊，雌花中雄蕊花丝较短、花药形态小，即为退化雄蕊，和雄花雄蕊结构相比较，退化雄蕊中无花粉囊和花粉形成。

山苍子雌、雄花芽早期发育均会出现雌蕊原基和雄蕊原基共存的现象，即为"两性期"，随着山苍子雌花发育进程深入，雄蕊退化；雄花发育过程中，雌蕊退化。山苍子雌花中雌蕊发育正常，但雄蕊花药较小，花丝较短，形成退化雄蕊；山苍子雄花中雄蕊发育正常，而雌蕊没有柱头，花柱缩短或缺失，形成退化雌蕊。山苍子雌花中雄蕊原基发育分化，但无花粉囊和花粉等结构形成；山苍子雄花中雌蕊原基分化形成孢原组织，但是无胚囊形成。

10.2 水分及氮素利用效率性别特异性动态

以山苍子雌、雄株为实验材料，通过分析雌株及雄株在生殖生长过程中养分含量 [碳（C）含量、氮（N）含量、碳氮比（C/N）]、$\delta^{13}C$ 值和 $\delta^{15}N$ 值变化情况，探讨山苍子雌、雄植株在生殖生长过程中水分及氮素利用策略的性别特异性动态变化规律，以期为雌雄异株植物资源分配动态变化机制研究提供理论依据。

10.2.1 山苍子雌、雄植株叶片 $\delta^{13}C$ 值和 $\delta^{15}N$ 值比较

性别和发育时期对山苍子雌、雄株叶片 $\delta^{13}C$ 值均有极显著影响，但性别和发育时期无显著性交互作用（表 10-1）。山苍子果实发育过程中，雌株叶片 $\delta^{13}C$ 值在 –30.79‰～–28.19‰，平均值为 –29.38‰；雄株叶片 $\delta^{13}C$ 值在 –29.29‰～ –26.84‰，平均值为 –28.08‰。开花后 105～165 天（果实精油及柠檬醛含量快速积累期到稳定期），雌株叶片 $\delta^{13}C$ 值均显著低于雄株叶片 $\delta^{13}C$ 值；同时，随着时间变化，雌、雄株叶片 $\delta^{13}C$ 值均表现出逐渐下降的趋势，即开花后 105 天最高，开花后 165 天最低，雌、雄株分别较开花后 105 天时低 4.81% 和 5.21%。

表 10-1　性别和发育时期对山苍子叶片碳氮同位素比值，碳、氮含量和碳氮比的影响

变量	df	$\delta^{13}C$		$\delta^{15}N$		N 含量		C 含量		C/N	
		F	P	F	P	F	P	F	P	F	P
性别	1	37.319	<0.001	20.698	<0.001	4.889	0.039	0.146	0.706	8.159	0.010
发育时期	4	5.640	0.003	31.165	<0.001	2.330	0.091	7.561	0.001	2.300	0.094
性别×发育时期	4	0.796	0.542	4.083	0.014	0.623	0.651	4.656	0.006	0.458	0.766

性别和发育时期对山苍子雌、雄株叶片 $\delta^{15}N$ 值均有极显著影响，性别和发育时期有显著交互作用（表 10-1）。山苍子果实发育过程中，雌株叶片 $\delta^{15}N$ 值在 0.52‰～3.96‰，平均值为 1.90‰；雄株叶片 $\delta^{15}N$ 值在 0.99‰～7.38‰，平均值为 2.95‰。开花后 105～150 天（即雌株精油及柠檬醛含量快速积累期），雌株叶片 $\delta^{15}N$ 值均显著低于雄株叶片 $\delta^{15}N$ 值，而开花后 165 天时（即精油及柠檬醛含

量稳定期）雌株叶片 $\delta^{15}N$ 值高于雄株叶片 $\delta^{15}N$ 值。同时随时间变化，雌、雄株叶片 $\delta^{15}N$ 值均表现出双峰趋势，开花后 105 天叶片 $\delta^{15}N$ 值出现第 1 个小高峰，之后下降，雌株叶片 $\delta^{15}N$ 在开花后 120 天时达到最低值（0.52‰），在开花后 135 天时雌、雄株叶片 $\delta^{15}N$ 均出现最高峰（雌、雄株分别为 3.96‰和 7.38‰），之后下降，到开花后 165 天时雄株叶片 $\delta^{15}N$ 达到最低值（0.99‰）。

10.2.2　山苍子雌、雄植株叶片碳含量、氮含量及碳氮比比较

性别对山苍子叶片 C 含量无显著性影响，发育时期对其影响显著，且性别与发育时期有显著性交互作用（表 10-1）。山苍子果实发育过程中，雌株叶片 C 含量在 47.48%～51.09%，平均值为 49.44 %；雄株叶片 C 含量在 45.83%～52.45%，平均值为 49.28 %。开花后 105 天和 120 天，雌株叶片 C 含量高于雄株叶片 C 含量，之后表现出相反的趋势。同时，开花后 135～165 天，雄株叶片 C 含量随时间变化显著升高（$P<0.05$），而雌株叶片 C 含量在不同时期无显著差异（$P>0.05$）。

性别对山苍子叶片 N 含量有显著影响，但发育时期对其无显著影响，且性别与发育时期无显著性交互作用（表10-1）。山苍子果实发育过程中，雌株叶片 N 含量在1.32%～2.09%，平均值为1.71%；雄株叶片 N 含量在1.13%～2.42%，平均值为1.51%。除开花后135天外，雌株叶片 N 含量均显著高于雄株叶片 N 含量（$P<0.05$）。同时，雌、雄株叶片 N 含量随时间变化无显著差异（$P>0.05$）。

性别对山苍子叶片 C/N 影响显著，但发育时期对其无显著影响，且性别与发育时期无显著性交互作用（表 10-1）。山苍子果实发育过程中，雌株叶片 C/N 值在23.50～36.98，平均值为29.15；雄株叶片 C/N 值在21.16～43.91，平均值为33.72。山苍子雌株叶片 C/N 值均低于雄株叶片 C/N 值，同时随着发育时期的推进，雌、雄株叶片 C/N 值均呈下降趋势，雌株下降了 16.61%，雄株下降了 20.48 %。

10.2.3　山苍子雌、雄植株叶片 $\delta^{13}C$ 与氮含量相关性分析

山苍子叶片 $\delta^{13}C$ 与氮含量的相关性分析显示，雌株和雄株的叶片氮含量与 $\delta^{13}C$ 均无显著相关性（$R^2_{雌}=0.000$，$R^2_{雄}=0.186$）。

10.2.4　山苍子雌、雄植株叶片水分利用效率与氮素利用效率相关性分析

山苍子叶片水分利用效率与氮素利用效率的相关性分析显示，雌株和雄株的叶片 $\delta^{13}C$ 和 $\delta^{15}N$ 均无显著相关性（$R^2_{雌}=0.009$，$R^2_{雄}=0.048$）。

关于雌雄异株植物水分利用效率的差异，前人的研究结果不尽相同，在北极柳（*Salix arctica*）中，雌株高于雄株（Sánchez and Retuerto，2017）；栩叶槭（*Acer negundo*）、沙棘（*Hippophae rhamnoides* ssp. *sinensis*）中，雌株低于雄株，而在油蜡树（*Simmondsia chinensis*）、塔序豆腐柴（*Maireana pyramidata*）中雌、雄株相同。本研究结果显示，不同发育时期雌株 $\delta^{13}C$ 值均小于雄株，即雌株水分利用效率低于雄株，说明雌株固定单位碳消耗了更多的水分。雌株种子和果实中包含更多的淀粉与脂肪，因此雌株在资源获取时会选择获取更多的碳（Raven and Griffiths，2015）。CO_2 和 H_2O 通过气孔共享一套传播途径，雌株若获取更多的碳则导致更多的水分丢失，即水分利用效率下降。同时，开花后 135～165 天，即果实精油及柠檬醛含量从快速积累期到稳定期，雌株 $\delta^{13}C$ 值下降，说明了随着果实发育成熟，雌株在生殖中投入了越来越多的碳，从而导致水分不断流失；雄株 $\delta^{13}C$ 值下降可能是随着植株发育，其光合速率逐渐降低的结果。

雌雄异株植物生殖成本的差异不仅受水分利用效率影响，氮素利用效率也起到关键作用，在法国山靛（*Mercurialis annua*）（Harris and Pannell，2008）、野慈姑（*Sagittaria trifolia*）（Wright and Dorken，2014）、苏铁（*Cycas revoluta*）（Krieg et al.，2017）中发现，雌、雄株在氮含量及氮稳定同位素方面有差异。本研究中，开花后 105～150 天，山苍子雌株叶片 $\delta^{15}N$ 值均显著低于雄株叶片 $\delta^{15}N$ 值，这种性别间 $\delta^{15}N$ 值的差异可能受一系列过程及因素的影响，如氮循环速率、植物利用氮素的形式（铵态氮或硝态氮等）、共生菌根类型和数量及植物物候等（郑璐嘉等，2016），由于影响叶片 $\delta^{15}N$ 值潜在机制的复杂性，无法确定山苍子性别间 $\delta^{15}N$ 值差异的确切原因。在雌雄异株植物苏铁中，研究人员发现雌、雄株之间 $\delta^{15}N$ 值的差异受共生菌的影响，雌株叶片 $\delta^{15}N$ 值低于雄株，是由于雌株对氮的获取更多依赖于共生菌。而山苍子中是否存在共生菌还需在后续研究中继续开展。另外，山苍子雄株叶片 $\delta^{15}N$ 值高于雌株，也可能由于雄株叶片能利用更多的氮素，植株光合效率更高，能同化更多的有机化合物。结合氮含量的数据，山苍子雄株开花后 135～165 天叶片 $\delta^{15}N$ 值显著下降，可能与此阶段叶片中氮含量下降有关。

山苍子雌、雄株叶片氮含量和碳含量均存在差异，雌株叶片氮含量均高于雄株叶片氮含量（除开花后 135 天），而从果实精油快速积累期到稳定期（开花后 135～165 天），雌株叶片碳含量低于雄株叶片碳含量。雌、雄植株在生殖中扮演不同的角色，一般来说，雄株会产生更多更大的花，花粉中富含氮素，因此雄株会分配更多的氮素到花中；雌株除开花外，还要产生果实和种子，其中富含淀粉和脂肪，因此雌株会分配更多的碳到果实及种子中。山苍子雄花较雌花大（许自龙，2017），且雄株开花时间早、花期长（李红盛，2018），因此雄株除花外的其他器官会分配更多的氮素到花中，这解释了雄株叶片氮含量低于雌株叶片氮含量的现象；同时随着发育的推进，雄株叶片氮含量轻微下降，而雌株叶片氮含量轻微上升，可能是因为在开花后 135～165 天，是雄株混合芽中花原基出现的时期，而雌株混合芽中花原基一般较雄株晚出现 2 周左右（许自龙，2017），因此在这段时期雄株叶片氮素转移至花芽中，造成了此阶段叶片氮含量下降。雌株在果实快速发育期，即精油快速积累期到稳定期（开花后 135～165 天），叶片会分配更多的碳到果实中，因此这段时期叶片中碳含量低于雄株。然而，本研究只分析了叶片中元素含量的变化，植株整体水平的养分分配规律还需进一步研究。

植物体中碳代谢与氮代谢相互依赖，氮代谢可为碳代谢提供酶和光合色素，碳代谢可为氮代谢提供碳源和能量，同时 2 个过程又因需要共同的三磷酸腺苷、还原力和碳骨架，存在着竞争关系。C/N 值大小表示植物吸收单位养分含量所获取、同化 C 的能力，可反映植物体对养分元素的利用率（赵艳艳等，2016）。本研究中，山苍子雌株 C/N 值在不同发育时期均小于雄株，说明雄株的碳氮代谢强于雌株；随着发育时期推进，雌、雄株 C/N 值均呈下降趋势，这可能是果实发育及花芽形成造成了雌、雄株碳氮代谢均减弱。

植物叶片氮含量与 $\delta^{13}C$ 值呈正相关（展小云等，2012；高暝等，2013）。叶片光合能力与氮浓度呈显著正相关，高浓度的氮会提高光合速率，从而降低胞间 CO_2 浓度，$\delta^{13}C$ 值上升，即氮含量一般与 $\delta^{13}C$ 值呈正相关。然而本研究中雌、雄植株，叶片 $\delta^{13}C$ 与氮含量均无显著相关性，说明在调节胞间 CO_2 过程中，存在的其他影响因子比氮含量扮演了更重要的角色，如叶片气孔导度较高，也会导致胞间 CO_2 浓度下降（Sánchez and Retuerto，2017）。山苍子中是否气孔导度升高导致胞间 CO_2 浓度下降，从而降低 $\delta^{13}C$ 值，还需要在将来的实验中继续验证。此外，环境因子（纬度、年均温、光照、水分可利用性）对植物 $\delta^{13}C$ 值的影响也不可忽视。

综上所述，山苍子雌、雄植株在养分含量、水分及氮素利用策略方面存在差异，且在开花后 105～165 天表现出动态变化规律。山苍子雌株 $\delta^{13}C$ 值低于雄株，即水分利用效率低于雄株，且雌株从果实精油及柠檬醛含量快速积累期到稳定期，水分利用效率不断下降，说明其为生殖提供了更多的碳，从而导致水分不断流失；雌株 $\delta^{15}N$ 值显著低于雄株，且随着果实发育成熟，雌、雄株叶片 $\delta^{15}N$ 值均表现出双峰变化趋势；雄株叶片氮含量在开花后 105～165 天均低于雌株，即雄株叶片分配更多的氮素至花芽以保证花粉形成，而从果实精油快速积累期到稳定期（开花后 135～165 天），雌株叶片碳含量低于雄株叶片碳含量，这为果实及种子的形成提供了更多的碳元素；雌株 C/N 值在不同发育时期均小于雄株，说明雄株的碳氮代谢强于雌株，随着发育时期推进，雌、雄株 C/N 值均呈下降的趋势；雌、雄植株叶片 $\delta^{13}C$ 与氮含量及 $\delta^{13}C$ 值与 $\delta^{15}N$ 值均无显著相关性（高暝等，2019）。

10.3 激素水平性别特异性规律

植物激素在植物生长发育、性别分化进程中一直发挥着极为重要的功能，也是影响开花植物性别分化的关键因素之一。目前已有许多研究表明：赤霉素（GA）、乙烯（ETH）、生长素（IAA）等植物激素均影响性别的分化和形成。

根据形态解剖观察结果，选取山苍子雌花中退化雄蕊发育的三个关键阶段，检测 GA、IAA 和 SA 等内源激素水平变化，分析激素差异与退化雄蕊发育的相关性，进而明确激素是否影响山苍子雌花中退化雄蕊的形成，筛选出哪些激素可能影响退化雄蕊形成，为深入研究激素合成通路是否影响山苍子退化雄蕊形成提供更多的参考基础和证据支持。

10.3.1 山苍子花退化过程中 1-氨基环丙烷羧酸、茉莉酸甲酯和水杨酸甲酯的变化规律

山苍子雌、雄花中均能检测到 1-氨基环丙烷羧酸（ACC）、茉莉酸甲酯（MeJA）和水杨酸甲酯（MeSA）的含量，性别、发育阶段及其交互作用分析表明，性别和发育时期对 MeSA 无显著影响，对 ACC 和 MeJA 有极显著影响，且性别与发育时期对 ACC、MeJA 和 MeSA 有显著性交互作用（表 10-2）。

表 10-2　性别和发育时期对 ACC、MeJA 和 MeSA 水平的影响

变量	df	ACC		MeJA		MeSA	
		F	P	F	P	F	P
性别	1	789.842	<0.001**	69.965	<0.001**	0.000	1.000
发育时期	2	821.939	<0.001**	278.406	<0.001**	1.870	0.196
性别×发育时期	2	434.773	<0.001**	108.336	<0.001**	4.043	0.045*

**表示 $P<0.01$ 水平极显著差异，*表示 $P<0.05$ 水平显著差异

山苍子雌、雄花中均能检测到 ACC、MeJA 和 MeSA 内源激素。对于 ACC 而言，雄花和雌花退化发育中含量均表现为先升高后降低的趋势，均在 M2/F2 时期最高，而且雄花中 M2 时期的 ACC 含量（86.54 ng/g）显著高于雌花中的 F2 时期含量（42.65 ng/g）。在雌、雄花退化发育中，MeJA 含量呈现不同的表达模式，雄花中呈现先下降后上升的趋势，在 M2 时期含量最低（1.27 ng/g），雌花中则呈现一直下降的趋势，在 F3 时期含量最低（0.42 ng/g）。MeSA 含量在雌花和雄花中无显著性差异，含量均为 0.08 ng/g 左右。依据形态观测结果，F1 时期至 F2 时期是雌花中退化雄蕊形成的关键阶段。在雌花中 F1 时期至 F2 时期，ACC 和 MeJA 表达趋势与雄花前两个时期（M1 和 M2 时期）表达趋势一致，因此，ACC 和 MeJA 参与了山苍子雌、雄花发育的其他过程和代谢，且不影响雌花中退化雄蕊的形成（图 10-2）。

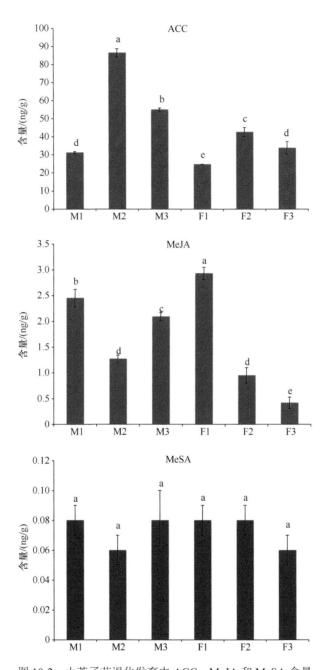

图 10-2　山苍子花退化发育中 ACC、MeJA 和 MeSA 含量

M1、F1 分别为雄花、雌花中雌、雄蕊原基出现阶段；M2、F2 分别为雄花、雌花中雌蕊、雄蕊退化形成阶段；
M3、F3 分别为雄花、雌花中退化发育形成后阶段；不同小写字母代表差异显著（$P<0.05$）；下同

10.3.2 山苍子花退化过程中吲哚乙酸、茉莉酸、水杨酸、赤霉素和反式玉米素核苷检测

山苍子雌、雄花中均能检测到吲哚乙酸（IAA）、茉莉酸（JA）、水杨酸（SA）、赤霉素 3/4（GA_3/GA_4）和反式玉米素核苷（TZR）内源激素，但是未检测到赤霉素 1/7（GA_1/GA_7）内源激素。对性别、发育阶段及其交互作用分析表明：除 GA_4 在性别、发育阶段差异非极显著以外，性别和发育时期对 IAA、JA、SA、GA_3 和 TZR 有极显著影响，且性别与发育时期有显著性交互作用（表 10-3）。

表 10-3　性别及发育时期对 IAA、JA、SA、GA_3/GA_4 和 TZR 水平的影响

变量	df	IAA		GA_3		GA_4		SA		JA		TZR	
		F	P	F	P	F	P	F	P	F	P	F	P
性别	1	789.842	<0.001**	369.154	<0.001**	0.129	0.726	1648.239	<0.001**	268.115	<0.001**	16189.455	<0.001**
发育时期	2	821.939	<0.001**	99.716	<0.001**	6.710	0.011*	571.928	<0.001**	96.711	<0.001**	3412.455	<0.001**
性别×发育时期	2	434.773	<0.001**	57.515	<0.001**	25.677	<0.001**	420.770	<0.001**	170.049	<0.001**	4135.727	<0.001**

**表示 $P<0.01$ 水平差异显著，*表示 $P<0.05$ 水平差异显著

IAA 含量在雄花发育过程中呈下降趋势，雄花中 M1 时期含量最高（3.67 ng/g），而雌花中 F2 时期检测含量（1.94 ng/g）高于 F1 和 F3 时期。对于 TZR 而言，在雄花的 M2 时期含量最低（0.33 ng/g），在雌花中，TZR 含量一直升高，在 F3 时期含量最高（1.19 ng/g）。JA 的含量在雄花和雌花中表现出相反的变化趋势，雄花中先降低后上升，在 M2 时期达到最低水平（0.33 ng/g），而雌花中先上升后下降，在 F2 时期含量达到最高（1.67 ng/g）。对于 GA 而言，GA_3 和 GA_4 含量在雄花中呈相似的先上升后下降趋势，均在 M2 时期达到最高水平，而 GA_3 和 GA_4 含量在雌花中表现出不同的变化趋势，GA_3 水平一直下降，在 F1 时期，GA_3 含量最高（3.59 ng/g），GA_4 含量先下降后上升，在 F2 时期，GA_4 含量最低（0.06 ng/g）。

对于 SA，雄花中 SA 含量一直下降，在 M1 时期最高（4.20 ng/g），雌花中 F1 时期到 F2 时期，SA 含量显著增加并达到峰值（11.05 ng/g），然后从 F2 时期到 F3 时期 SA 含量显著下降。综上所述，激素 IAA、JA、SA、GA_3 和 TZR 在雌花退化雄蕊发育关键阶段（F1 时期到 F2 时期）中均存在显著性差异表达，说明可能参与退化雄蕊的形成（图 10-3）。

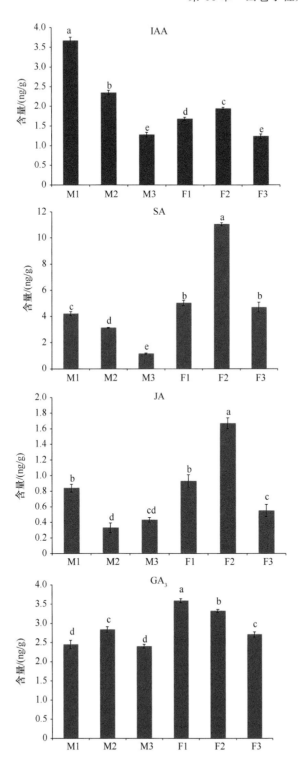

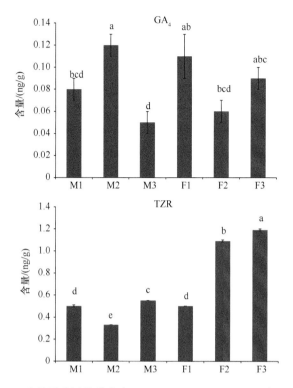

图 10-3　山苍子花退化发育中 IAA、JA、SA、GA₃/GA₄ 和 TZR 含量

进一步对以上 6 种激素水平进行比较，结果表明：山苍子激素整体水平由高到低依次为 SA、GA₃、IAA、JA、TZR 和 GA₄。在雌、雄花各三个时期中，GA₄ 含量极低，近似为 0。SA 含量最高，尤其是在雌花退化前期（F2 时期），达到最高（11.05 ng/g），是 F1 时期或者 F2 时期检测量的 2 倍左右，显著性差异明显。本研究结果表明，以上这 6 种激素中，SA 与山苍子退化雄蕊形成相关性最高（图 10-4）。

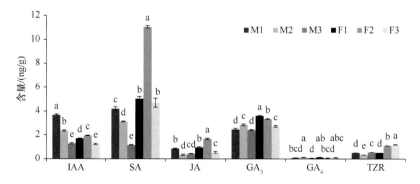

图 10-4　山苍子花退化发育中 IAA、JA、SA、GA₃/GA₄ 和 TZR 含量比较

10.4 山苍子雌花中退化雄蕊发育过程中基因表达规律及相关基因挖掘

为了进一步研究山苍子雌花中退化雄蕊发育的激素水平变化、相关基因调控网络和退化雄蕊性状三者之间的关系,基于解剖形态结构鉴定,以雄花为参考,选择雌、雄花中退化雄蕊形成的三个关键阶段,针对这三个发育时期的花芽样本进行转录组测序,了解雄蕊退化发育差异基因表达模式,结合激素数据分析结果,筛选影响退化雄蕊形成的关键候选基因。

10.4.1 转录组测序组装结果分析

对已构建的 M1-M3 和 F1-F3 文库进行测序,各时期文库均含有三次生物学重复,共得到 133.82 Gb 的原始碱基数据。通过过滤去除重复冗余和质量不合格等序列后,获得 127.10 Gb 的转录组有效碱基数据,有效片段占 94.98%,其中 Q20 大于 97%,Q30 大于 92%,GC 含量超过 46%(表 10-4)。

表 10-4　转录组数据组装质量评估

样本	原始片段 /bp	原始碱基 /Gb	有效片段/bp	有效碱基 /Gb	比对率/%	Q20 比例/%	Q30 比例/%	GC 含量/%
LC_M1_1	39 180 882	5.88	38 011 512	5.51	97.02	97.27	92.96	46.42
LC_M1_2	60 330 556	9.05	58 993 060	8.63	97.78	98.04	94.52	46.74
LC_M1_3	54 439 902	8.17	53 088 386	7.81	97.52	98.42	95.74	47.08
LC_M2_1	49 546 420	7.43	48 523 808	7.16	97.94	98.71	96.40	46.65
LC_M2_2	57 270 748	8.59	55 881 648	8.15	97.57	97.82	94.03	46.60
LC_M2_3	54 351 942	8.15	53 023 670	7.74	97.56	97.90	94.23	46.55
LC_M3_1	51 546 652	7.73	50 305 114	7.35	97.59	97.99	94.40	46.84
LC_M3_2	46 919 256	7.04	45 730 622	6.67	97.47	97.83	94.04	46.75
LC_M3_3	50 884 620	7.63	49 587 066	7.24	97.45	97.90	94.18	46.89
LC_F1_1	44 648 754	6.70	43 499 864	6.34	97.43	97.72	93.86	46.77
LC_F1_2	43 456 966	6.52	42 269 526	6.15	97.27	97.67	93.73	46.73
LC_F1_3	46 280 162	6.94	45 127 618	6.59	97.51	97.88	94.15	46.81
LC_F2_1	48 102 374	7.22	46 878 012	6.84	97.45	97.90	94.20	46.50
LC_F2_2	43 959 482	6.59	42 675 424	6.20	97.08	97.58	93.55	46.68
LC_F2_3	54 601 944	8.21	53 058 238	7.76	97.17	97.93	94.19	51.05
LC_F3_1	40 516 372	6.08	39 669 852	5.85	97.91	98.64	96.27	47.07
LC_F3_2	55 506 094	8.33	54 142 214	7.91	97.54	97.94	94.26	47.02
LC_F3_3	50 405 390	7.56	49 227 978	7.20	97.66	98.00	94.42	47.17

对所有山苍子花芽样本混合组装，将所有样本最后进行归一化得到转录本（Unigene），处理后得到 Unigene 共 103 921 个，GC 含量 42.3%，平均长度 428 bp，N50 值为 1412 bp（表 10-5）。以上测序组装结果表明样品池的覆盖度及饱和度符合要求，可以用于下一步实验分析。

表 10-5　Unigene 质量组装数据

目录	整体数量/个	GC 含量/%	最小长度/bp	平均长度/bp	最大长度/bp	总组装碱基数/个	N50/bp
转录本	209 267	42.01	201	564	33 543	200 656 300	1614
基因	103 921	42.30	201	428	33 543	83 413 559	1412

在不考虑比较组间的差异的情况下，将基因在所有样本中的表达情况进行了整体统计。无论是通过盒形图、主成分分析，还是皮尔逊相关系数（Pearson correlation coefficient）统计，均发现 F2 时期中的第 3 次生物学重复之间相关性很弱，因此排除此项相关基因表达数据分析及后续的差异基因分析。

10.4.2　基因功能的注释和分类

因为不同物种之间，相似功能基因在序列上（核酸序列或蛋白质序列）具有高度的保守性，所以选取了 6 种权威的数据库，分别是非冗余蛋白库（Non-Redundant Protein Sequence Database，NR）、基因本体数据库（Gene Ontology，GO）、京都基因与基因组百科（Kyoto Encyclopedia of Genes and Genomes，KEGG）（http://www.genome.jp/kegg/）、Pfam 数据库（http://infernal.janelia.org/）、Swiss-Prot（http://www.uniprot.org/）和基因组直系同源蛋白簇及其功能注释数据库（Evolutionary Genealogy of Genes：Non-supervised Orthologous Groups，eggNOG），其注释率分别为 38.23%、34.38%、18.26%、31.33%、28.87%和 39.68%（表 10-6）。随后利用 GO、KEGG、eggNOG 和 NR 库等数据库整体比对和功能注释，分别获得各数据库相对应的注释信息，并统计各数据库的注释情况。

表 10-6　Unigene 注释结果统计

数据库	Unigene 数目/个	注释率/%
GO	35 725	34.38
KEGG	18 976	18.26
Pfam	32 563	31.33
Swiss-Prot	29 999	28.87
eggNOG	41 231	39.68
NR	39 728	38.23

10.4.3　差异表达基因的鉴定与富集分析

为了鉴定参与雌花发育中退化雄蕊形成的差异表达基因（different expression gene，DEG），基于统计学方法（| log$_2$（fold change）|>1 且 FDR 值<0.01）筛选了雌花和雄花发育中的差异表达基因。数字表达谱分析结果表明，雄花中雌蕊退化发育过程中有 16 635 个 DEG，而在雌花中雄蕊退化发育过程中筛选出 10 524 个 DEG。

进一步分析山苍子雌、雄花中退化器官各个发育阶段的差异基因，在雄花中雌蕊退化发育的两个阶段（LC_M1_vs_LC_M2，LC_M2_vs_LC_M3）和雌花中雄蕊退化发育的两个阶段（LC_F1_vs_LC_F2，LC_F2_vs_LC_F3）分别筛选了 15 248 个 DEG 和 7928 个 DEG。结果表明：对比雌花（LC_F1_vs_LC_F2，LC_F2_vs_LC_F3）和雄花（LC_M1_vs_LC_M2，LC_M2_vs_LC_M3）的两个发育阶段，雄花中上调 DEG 数目和下调 DEG 数目比雌花多，而且在雌花和雄花具体的发育阶段（LC_M1_vs_LC_F1，LC_M2_vs_LC_F2，LC_M3_vs_LC_F3），上调 DEG 数目和下调 DEG 数目表现为明显的先上升后下降的趋势，在第二个发育阶段 DEG 数目达到顶峰，其结果表明：雌、雄花中退化器官发育过程中第二个发育阶段可能是关键的退化发育阶段，该结果与形态学解剖结果相似。

进一步对雄花中 15 248 个 DEG 和雌花中 7928 个 DEG 进行 GO 功能富集分析，数据分析显示了生物学途径过程中与雄花和雌花相关性最高的前 20 个 GO 富集途径。在雄花中，次级代谢物和生物合成、萜类化合物合成等代谢过程显著富集。相比之下，在雌花中，激素响应富集性更高，该结果表明，植物激素与雌花发育有关，可能参与调控雌花中退化雄蕊形成。

此外，利用 KEGG 富集途径分析了雄花中的 15 248 个 DEG，结果注释了 5224 个 DEG，并展示与雄花中 DEG 相关性最高的前 10 个 KEGG 富集途径（Q 值<0.01）（表 10-7）。对雌花中的 7928 个 DEG 进行了 KEGG 富集途径分析，共发现 2815 个 DEG 被注释，被注释的 DEG 相关性最高的 7 个 KEGG 富集途径如表 10-7 所示（Q 值<0.01）。根据 KEGG 富集途径分析结果发现：山苍子雌花和雄花发育过程中植物激素信号转导（ko04075）途径显著性富集，而且在雌花中激素响应的相关性更高。KEGG 结果同样表明植物激素影响山苍子雌花发育，可能参与退化雄蕊的生长和发育。

为了进一步分析与雌花中退化雄蕊发育相关的差异基因，针对雌花和雄花的特定发育阶段进行比较，在时期 1 至时期 2（FM12），雌花中该发育阶段含有特有 DEG 1160 个［FM12（F1160）］，而雄花中特有 DEG 8618 个［FM12（M8616）］。在时期 2 至时期 3（FM23），雌花中该发育阶段特有 DEG 4485 个［FM23（F4485），

表 10-7　山苍子雌、雄发育三个阶段和具体发育阶段差异基因的
KEGG 富集途径分析（Q 值<0.01）

样本	途径名称	途径	Q 值
MM （15 248）	ko01100	代谢通路	0.000 000
	ko00500	淀粉和蔗糖代谢	0.000 000
	ko01110	次生代谢物生物合成	0.000000
	ko00940	苯丙素生物合成	0.000 000
	ko04712	植物的昼夜节律	0.000 001
	ko00941	类黄酮生物合成	0.000 002
	ko04075	植物激素信号转导	0.000 066
	ko00860	卟啉和叶绿素的代谢	0.000 820
	ko00942	花青素生物合成	0.006 066
	ko00945	二苯乙烯类、二芳基庚烷类和姜辣素生物合成	0.006 066
FF （7928）	ko04075	植物激素信号转导	0.000 000
	ko00940	苯丙素生物合成	0.000 003
	ko00941	类黄酮生物合成	0.000 005
	ko03010	核糖体形成	0.000 666
	ko03440	同源重组	0.008 624
	ko00902	单萜生物合成	0.008 624
	ko00073	角质、亚硫酸盐和蜡生物合成	0.009 764
FM12 （F1160）	ko04075	植物激素信号转导	0.000 000
	ko00941	类黄酮生物合成	0.000 004
	ko00514	其他类型的 O-聚糖生物合成	0.000 086
FM12 （M8616）	ko01100	代谢通路	0.000 000
	ko00500	淀粉和蔗糖代谢	0.000 082
	ko00941	类黄酮生物合成	0.000 669
	ko00940	苯丙素生物合成	0.000 669
	ko01110	次生代谢物生物合成	0.001 530
	ko00195	光合作用	0.005 490
	ko00860	卟啉和叶绿素的代谢	0.008 780
FM23 （F4485）	ko03010	核糖体	0.000 000
	ko03440	同源重组	0.005 823
FM23 （M9886）	ko00500	淀粉和蔗糖代谢	0.000 000
	ko01100	代谢通路	0.000 000
	ko00195	光合作用	0.000 779
	ko04712	植物的昼夜节律	0.001 618
	ko00051	果糖和甘露糖代谢	0.004 187
	ko00910	氮代谢	0.005 636
	ko01212	脂肪酸代谢	0.005 636
	ko00030	磷酸戊糖代谢途径	0.009 996

雄花中特有 DEG 9886 个 [FM23（M9886）]。在 FM12 中，KEGG 途径富集分析（Q 值<0.01）发现在雌花特有 DEG 中，植物激素信号转导（ko04075）途径相关性最高，而雄花特有 DEG 分析结果没有发现和植物激素信号转导（ko04075）有关，这表明植物激素可能与雌花中雄蕊退化发育有关。在 FM23 中，对雌花中特有的 4485 个 DEG 和雄花中特有的 9886 个 DEG 进行了相似的 KEGG 途径富集分析（Q 值<0.01）。此外，对雄花和雌花发育的两个对应发育时期 1 和 2（LC_M1_vs_LC_F1 和 LC_M2_vs_LC_F2）进行了 GO 与 KEGG 途径的富集分析，在发育时期 1（LC_M1_vs_LC_F1），GO 富集分析发现相关基因在水杨酸，乙烯和其他激素及植物激素信号转导，以及苯丙烷类生物合成途径中出现显著性富集。同样，在发育时期 2（LC_M2_vs_LC_F2），20 个相关性最高的 GO 和 KEGG 富集途径分析结果也发现，差异基因在植物激素和苯丙烷的生物合成途径中显著富集。这些结果表明：植物激素在山苍子花发育过程中发挥着极为重要的功能。

10.4.4　山苍子退化雄蕊发育候选基因筛选

KEGG 途径富集分析发现，与植物激素信号转导途径有关的有 459 个 DEG，其中包括与生长素（IAA）相关的 89 个 DEG、与赤霉素（GA）相关的 52 个 DEG、与脱落酸（ABA）相关的 45 个 DEG、与油菜素内酯（BR）相关的 146 个 DEG、与细胞分裂素（CTK）相关的 26 个 DEG、与茉莉酸（JA）相关的 24 个 DEG、与乙烯（ETH）相关的 56 个 DEG 和与水杨酸（SA）相关的 21 个 DEG。这459 个 DEG 通过 GO 富集途径分析发现，花药发育（GO：0048653）、雄蕊发育（GO：0048466）和雄蕊发育（GO：0048443）等，共包括 15 个 DEG 与雄蕊发育有关。

此外，该 15 个 DEG 在雌、雄花中的三个发育阶段表现出不同的表达模式，并被分类为 ABA、SA、ETH 和 BR 途径，其中 SA 途径相关的候选基因是 TGAL4 和 LG2。基因 TGAL4 和 LG2 在雄花发育中表现出不同的表达模式，依次分别在 LC_M3 和 LC_M1 时期表达量最高，但在雌花发育中的表达水平都相对较低。通过激素检测分析和转录组基因表达分析及文献查阅表明：SA 信号转导途径中的 TGAL4（LcTGA10）和 LG2（LcTGA9）可能是调控山苍子雌花中退化雄蕊发育的关键候选基因。

10.4.5　山苍子水杨酸合成信号转导途径基因筛选

为了揭示水杨酸参与山苍子雄蕊退化的调控机制，分析了山苍子 SA 的合成和信号转导途径。植物 SA 合成涉及两条途径，一条是由苯丙氨酸解氨酶（PAL）和分支酸变位酶（CM）催化，另一条是由异分支酸合成酶（ICS）和 GH3 酰基腺苷酸家族酶［（GH3）/BAHD］酰基转移酶家族蛋白（EPS1）催化。在拟南芥中，存在 3 个同源基因编码 PAL（1～4）、3 个同源基因编码 CM（1～3）和 2 个同源基因编码 ICS1/2（Huang et al.，2009）。通过本地 Blast 数据库检索，在山苍子中，1 个同源基因编码 ICS，虽然雌、雄花表达模式不同，但是差异性不显著；2 个同源基因编码 CM1/2，且 CM1 表达量高于 CM2；4 个同源基因编码 PAL，*PAL*（3）基因整体表达水平最高；17 个同源基因编码 GH3。其中 *GH3* 同源基因数目最多，*GH3.6*（2～4）、*GH3.1*（3）、*GH3.1*（1）和 *GH3.17* 表达量较低，*GH3.9*、*GH3.5*（1/4）和 *GH3.3*（1/3）表达量相对较高（图 10-5）。

拟南芥水杨酸信号途径中，病程相关基因非表达子 1(nonexpressor of pathogenesis-related gene1，NPR1)、转录因子（TGA）和病程相关蛋白（pathogenesis related protin，PR 蛋白）等三种信号因子相关基因，在山苍子中，通过检索发现有 5 个 *NPR*、11 个 *TGA* 和 6 个 *PR*。其中 *NPR1*（1/2）、*NPR2* 和 *NPR5*（2）在雌、

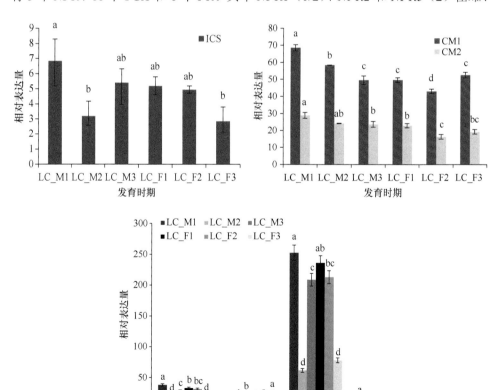

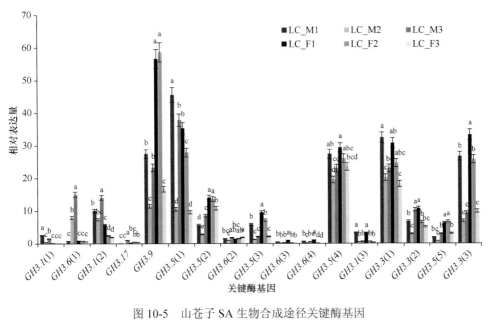

图 10-5　山苍子 SA 生物合成途径关键酶基因

不同小写字母代表差异显著（P<0.05）

雄花中整体表达量高于 *NPR5*（1）；在 *TGAs* 整体表达水平中，*TGA2.2*（1）最高，*TGAL7*（2）最低，*LG2*、*TGAL4*（1/2）和 *TGAL7*（1）在雌花中表达量低，而在雄花中表达量高，差异性显著；*PRs* 中，*PR-1*（2）表达水平最高，*PR-1*（4）基因在雌、雄花中差异性最显著，雌花中明显高于雄花。结合激素检测结果和基因表达分析表明：*TGAL4*（*LcTGA10*）和 *LG2*（*LcTGA9*）可能是调控山苍子雌花中雄蕊退化发育的关键候选基因（图 10-6）。

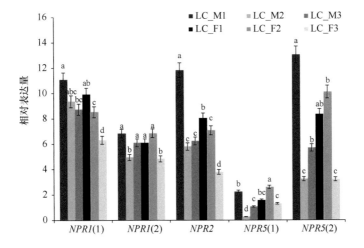

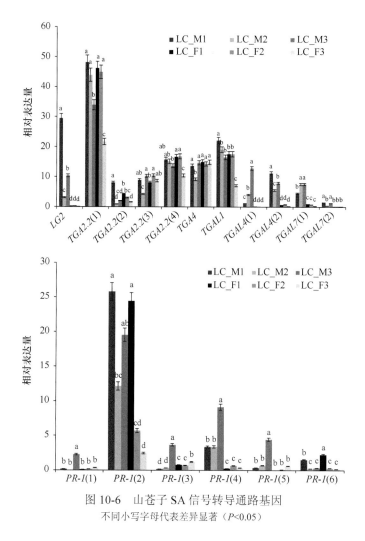

图 10-6 山苍子 SA 信号转导通路基因
不同小写字母代表差异显著（$P<0.05$）

10.4.6 山苍子 SA 途径中 *LcTGA9* 和 *LcTGA10* 表达模式

为了深入研究 *LcTGA9* 和 *LcTGA10* 在性器官中的功能，了解其在山苍子性器官中的时空表达模式，对山苍子的性器官进行实时定量 PCR（RT-PCR），包括雌蕊、雄蕊和退化雄蕊。基因 *LcTGA9* 在雌花雌蕊和退化雄蕊中表达量高，两者差异不显著，在退化雌蕊中表达量最低。而基因 *LcTGA10* 在所有检查组织中均有表达，在退化雄蕊中检测到最高的表达（图 10-7）。同时，山苍子雌花中 *LcTGA10* 的 mRNA 原位杂交结果表明：相比于对照，*LcTGA10* 转录本在雌花的原基早期分化（图 10-8A）和退化雄蕊的形成过程中（图 10-8B，C）发生探针杂交和结合，经染色后颜色略深。说明 *LcTGA10* 基因在退化雄蕊中表达。这些数据表明：基

因 *LcTGA9* 表达量在雌花雌蕊和退化雄蕊器官相似且差异不显著，可能不会影响雄蕊的发育，而基因 *LcTGA10* 在退化雄蕊中表达量高，可能在雌花的退化雄蕊发育中起关键作用，促进退化雄蕊的形成。

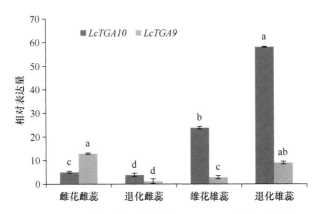

图 10-7　山苍子性器官中基因 *LcTGA10* 的实时定量

不同小写字母代表差异显著

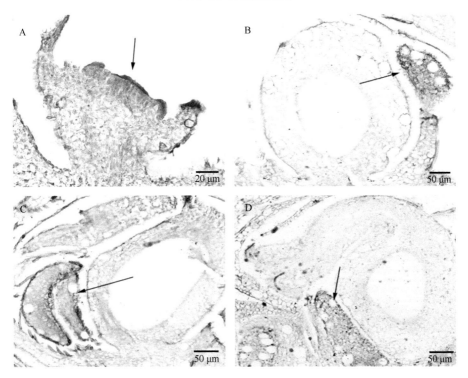

图 10-8　山苍子雌花中 *LcTGA10* 基因的 mRNA 原位杂交

A. 雌花中雌雄原基（箭头）发育时期；B、C. 雌花中退化雄蕊（箭头）发育形成时期；
D. 雌花中退化雄蕊（箭头）为对照（正义探针）

10.5　樟科植物的性别差异基因筛选

目前，研究发现被子植物谱系中两性花经过超 100 次进化后形成单性花，两性花向单性花进化的路径是相似的，但性器官败育发生时期存在很大差异，说明不同单性花物种系统中，性别决定基因直接或者间接影响性器官发育的不同时期导致性器官败育，形成单性花（Diggle et al.，2011）。从葫芦科中鉴定的性别决定基因来看（Martin et al.，2009；Boualem et al.，2015），该家族中性别决定基因具有保守性。鉴于这些方面，有必要研究其他雌雄异株植物的性别决定系统，以帮助了解更多的性别调节机制，并为性别进化提供更多证据。

樟科植物系统中既有两性花，也有单性花。为了了解樟科的性别系统进化关系，鉴定相关的性别决定基因。在山苍子激素检测和基因表达综合分析筛选候选基因 *LcTGA9* 和 *LcTGA10* 的基础上，通过收集樟科 16 个属的 23 种物种的混合组织样本和花苞组织样本进行转录组测序（表 10-8，表 10-9），进一步分析 *TGA9* 和 *TGA10* 同源基因的差异表达，确定樟科性别系统进化关系以及 *TGA9* 和 *TGA10* 同源基因是否为性别决定相关的基因。

表 10-8　樟科混合转录组采样信息

科	属	种	雄性/雌性	混合组织
樟科	木姜子属	红叶木姜子	雌花	a、b、c、d、e
		红叶木姜子	雄花	a、b、c、d、e
		秦岭木姜子	雌花	a、b、c、d、e、f
		秦岭木姜子	雄花	a、b、d、e、f
		山苍子	雌花	a、b、c、d、e、f
		山苍子	雄花	a、b、c、d、e、f
	山胡椒属	黑壳楠	雌花	a、b、c、d、e
		黑壳楠	雄花	a、b、c、d、e
	月桂属	月桂	雌花	a、b、c、d、e、f
		月桂	雄花	a、b、c、d、e、f
	檫木属	檫木	雌花	a、b、c、d
		檫木	雄花	a、b、c、d
	樟属	锡兰肉桂	两性花	a、b、c、d、e、f
		细毛樟	两性花	a、b、c、d、e、f
		阴香	两性花	a、b、c、d、e、f
	楠属	紫楠	两性花	a、b、c、d
		湘楠	两性花	a、b、c、d
		乌心楠	两性花	a、b、c、d、e、f
	赛楠属	赛楠	两性花	a、b、c、d、e、f
	莲桂属	莲桂	两性花	c、d、e、f
	油丹属	油丹	两性花	a、b、c、d、e、f
	润楠属	柳叶润楠	两性花	a、b、c、d、e、f
	鳄梨属	鳄梨	两性花	a、b、c、d、e、f

续表

科	属	种	雄性/雌性	混合组织
樟科	琼楠属	琼楠	两性花	c、d、e、f
		厚叶琼楠	两性花	c、d、e、f
	厚壳桂属	短序厚壳桂	两性花	a、b、c、d、e、f
	檬果樟属	檬果樟	两性花	a、b、c、d、f
	无根藤属	无根藤	两性花	a、c、d、e
蜡梅科	蜡梅属	蜡梅	两性花	a、b、c、d、e、f

注：a、b、c、d、e 和 f 分别表示花苞、花朵、叶、茎、芽和树皮

表 10-9　樟科花苞转录组采样信息

科	属	种	雄性/雌性	样本数量
樟科	润楠属	柳叶润楠	两性花	三份
	鳄梨属	鳄梨	两性花	三份
	楠属	紫楠	两性花	三份
		湘楠	两性花	三份
		乌心楠	两性花	三份
	琼楠属	琼楠	两性花	两份
	檬果樟属	檬果樟	两性花	单份
	樟属	锡兰肉桂	两性花	三份
		细毛樟	两性花	三份
		阴香	两性花	三份
	檫木属	檫木	雌花	三份
			雄花	三份
	木姜子属	红叶木姜子	雌花	三份
			雄花	三份
		秦岭木姜子	雌花	三份
			雄花	三份
		山苍子	雄花	三份
			雌花	三份
		毛叶木姜子	雄花	三份
			雌花	三份
		清香木姜子	雄花	三份
			雌花	三份
	月桂属	月桂	雌花	两份
			雄花	三份
	山胡椒属	黑壳楠	雌花	三份
			雄花	三份
	厚壳桂属	短序厚壳桂	两性花	两份
	无根藤属	无根藤	两性花	单份

10.5.1 樟科物种花的结构特征

樟科物种的花分为两性花和单性花，两性花结构主要包括花被片、雌蕊、雄蕊和蜜腺；雄花结构包括花被片、退化雌蕊、雄蕊和蜜腺；雌花结构包括花被片、雌蕊、退化雄蕊和蜜腺。樟科物种的花结构特征可以为研究被子植物的性别分化提供重要的参考。

山苍子是雌雄异株异花，雄花和雌花均为伞形花序，通常有 5 朵花。雄花有 6 枚花被片，两轮，宽卵形；9 枚雄蕊，三轮排列，内轮雄蕊基部有蜜腺，花丝在中部以下有毛，而退化雌蕊无毛。雌花结构和雄花类似，区别是雌花有单个雌蕊和 9 枚退化雄蕊。

10.5.2 *TGA9* 和 *TGA10* 同源基因表达分析

樟目（Laurales）的最近共同祖先是一种辐射对称的两性花树种。现存的樟科物种包括两性花（雌雄异株）和单性花（雌雄同株）的物种。为鉴定樟科参与性别分化的相关基因，对樟科 10 个属的 17 种植物（包括 4 属 8 种单性花物种和 6 属 9 种两性花物种）的花苞进行 Illumina 测序并获得转录组数据。通过对花苞转录组的差异表达基因 KEGG 富集分析，苯丙烷合成、苯丙氨酸代谢、脂肪酸代谢和激素信号转导途径的差异基因在单性花物种均显著富集。苯丙烷、苯丙氨酸是 SA 合成的重要原料，脂肪酸是 JA/MeJA 生物合成的原料前体（Yuan et al.，2015）。在激素信号转导的相关基因中，水杨酸途径中的 TGA 转录因子成员 *TGA9* 和 *TGA10* 同源基因在樟科不同性别花苞的表达水平具有差异性。

樟科 *TGA9* 同源基因在单性雄花物种中均有表达，表达量最高约为 6；单性雌花中大部分物种中 *TGA9* 同源基因表达量低，近似为 0，其中 *StzTGA9* 最高，约为 2；在两性花物种中，除了 *BinTGA9* 表达为 0，其余物种均有表达，最高表达量在 10 左右（图 10-9）。

在樟科各属雄花中，*TGA10* 同源基因在 8 个物种中均有表达，*LtsTGA10* 表达量最高，约为 12；*LeuTGA10* 表达量最低，数值在 4 左右。樟科各属雌花中，*TGA10* 同源基因在 8 个物种中的表达量均很低，甚至为 0。在樟科各属 9 个两性花物种中，*TGA10* 同源基因 *PraTGA10* 表达量最低，近似为 0，而 *CzeTGA10* 和 *CtoTGA10* 表达量相对较高，约为 4（图 10-10）。

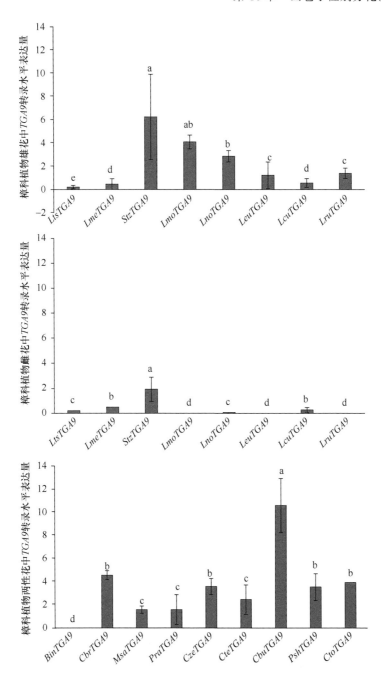

图 10-9　樟科中雄花、雌花和两性花中 *TGA9* 的转录水平

Lts，秦岭木姜子；Lme，黑壳楠；Stz，檫木；Lmo，毛叶木姜子；Lno，月桂；Leu，清香木姜子；Lcu，山苍子；Lru，红叶木姜子；Bin，厚叶琼楠；Cbr，檬果樟；Msa，鳄梨；Pra，赛楠；Cze，细毛樟；Cte，阴香；Cbu，紫楠；Psh，湘楠；Cto，无根藤；不同小写字母代表差异显著（*P*<0.05）

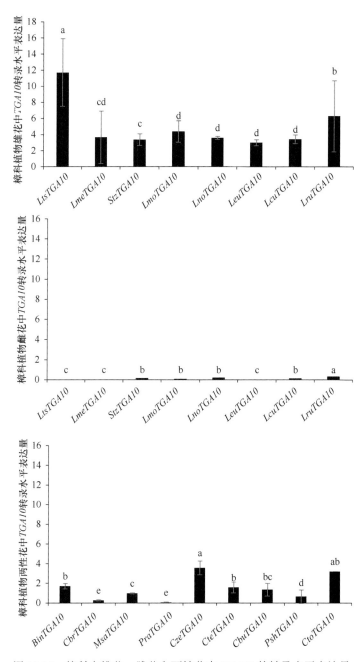

图 10-10　樟科中雄花、雌花和两性花中 *TGA10* 的转录水平表达量

Lts，秦岭木姜子；Lme，黑壳楠；Stz，檫木；Lmo，毛叶木姜子；Lno，月桂；Leu，清香木姜子；Lcu，山苍子；Lru，红叶木姜子；Bin，厚叶琼楠；Cbr，檬果樟；Msa，鳄梨；Pra，赛楠；Cze，细毛樟；Cte，阴香；Cbu，紫楠；Psh，湘楠；Cto，无根藤；不同小写字母代表差异显著（*P*<0.05）

10.6　*LcTGA10* 基因抑制雄蕊的发育形成

据已有报道，基本（区域）亮氨酸拉链（basic leucine zipper，bZIP）是真核生物中进化的保守转录因子，其存在于基本的 DNA 结合区域和相邻的被称为"亮氨酸拉链"的功能区域，从而实现 bZIP 二聚化。TGA（TGACG motif-binding factor）转录因子家族隶属于 bZIP 转录因子家族，其主要激活或者抑制下游靶基因的转录，进而参与调控植物抗病反应和花器官发育。模式植物拟南芥中研究较为全面，其基因组共分离到 10 个 TGA 转录因子，其中 *AtTGA9*、*AtTGA10* 和 *AtPAN* 在花器官发育中具有重要的调控作用。

TGA 转录因子是 SA 信号转导途径中下游关键的信号响应因子之一。TGA 转录因子受 SA 诱导，一方面，快速积累免疫信号，促使细胞程序性死亡，诱导植物免疫系统产生获得性抗性，参与植物的抗病反应。另一方面，SA 的积累诱导TGA 转录因子影响植物花器官的发育，如萼片和雄蕊。而且已有研究发现，调控抗病机制与影响花器官发育的信号途径可能是一致的。植物激素 SA 的表达水平在山苍子雌、雄花中存在显著性差异。植物激素信号转导途径是差异基因显著富集的途径之一，而且 SA 信号转导途径中的差异候选基因 *LcTGA9* 和 *LcTGA10* 与雄蕊发育相关。所以，*LcTGA9* 和 *LcTGA10* 基因可能与山苍子雌花中雄蕊退化的形成有关，因此有必要进一步了解 *LcTGA9* 和 *LcTGA10* 的功能。

10.6.1　山苍子 *LcTGA9* 和 *LcTGA10* 基因同源比较分析和预测

山苍子转录组数据查询显示，*LcTGA9* 和 *LcTGA10* 的全长 cDNA 序列分别为 1547 bp 和 1629 bp。ORF Finder 检索分析显示，*LcTGA9* 和 *LcTGA10* 分别包含一个完整开放阅读框，长度分别为 1489 bp 和 1362 bp。

以山苍子花芽 cDNA 为模板，PCR 扩增长度约为 1400 bp 的 DNA 片段，泳道 2 条带比泳道 3 条带略大，符合预期（图 10-11）。将 *LcTGA9* 和 *LcTGA10* 的 PCR 产物凝胶回收，分别将其连接于克隆载体（pEASY-Blunt3），转入大肠杆菌 Trans-T1 感受态细胞中，删选阳性单克隆菌落测序。通过核酸序列比对后发现，除了少数基因突变外，测序结果与 *LcTGA9* 和 *LcTGA10* 的转录组序列保持一致。

根据转录组数据查询 LcTGA9 蛋白和 LcTGA10 蛋白序列显示：*LcTGA9* 基因序列编码 486 个氨基酸残基，分子量为 54.20 kDa，*LcTGA10* 基因序列编码 454 个氨基酸残基，分子量为 50.21 kDa，两者的蛋白质序列相似度约为 65%。通过 SMART 在线网站的域结构分析模块对 LcTGA9 蛋白和 LcTGA10 蛋白序列进行分析，鉴定出 LcTGA9 蛋白和 LcTGA10 蛋白属于碱性亮氨酸拉链（bZIP）域的转

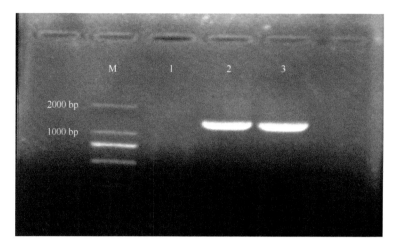

图 10-11　*LcTGA9* 和 *LcTGA10* 的 cDNA 序列凝胶电泳图

M，DL 2000 DNA Marker；泳道 2，*LcTGA9* cDNA 序列；泳道 3，*LcTGA10* cDNA 序列

录因子。同时，通过 NCBI 数据库查询鉴定了基因 *LcTGA9* 和 *LcTGA10* 中含有特有的 TGACG DNA 结合基序。在拟南芥中，TGACG（TGA）基序结合蛋白在 bZIP 转录因子超家族的系统树中形成一个独特的亚群，基于它们的同源 TGACG DNA 结合基序分类属于 TGA bZIP 转录因子。因此，LcTGA9 蛋白和 LcTGA10 蛋白也属于 TGA bZIP 转录因子。

　　为了进一步了解山苍子中 *LcTGA9*、*LcTGA10* 和模式植物拟南芥中所有 *TGA* 基因同源物之间的进化关系，使用了邻接法（neighbor joining）对其蛋白质序列进行了系统发育树构建和分析。*LcTGA9*、*LcTGA10* 与 *AtTGA10*（*AT5G06839*）的蛋白质序列分布于同一个分支中，其中 LcTGA9 蛋白和 LcTGA10 蛋白序列相似度较高。据已有报道，拟南芥中 TGA bZIP 转录因子参与 SA 信号转导过程，参与多种生物学调控过程（Seyfferth and Tsuda，2014）。*AtTGA9* 和 *AtTGA10* 基因在雄蕊早期发育分化的调控中起着重要作用。这些结果表明：*LcTGA9* 和 *LcTGA10* 在山苍子退化雄蕊的发育形成中发挥重要作用。

10.6.2　山苍子 *LcTGA10* 亚细胞定位

　　将含有 *LcTGA10* 基因的绿色荧光蛋白（green fluorescent protein，GFP）载体，利用聚乙二醇（PEG）介导将 *LcTGA10*-GFP 和 GFP 空载原生质体，在激光共聚焦显微镜下观察 *LcTGA10*-GFP 和 GFP 的亚细胞定位状态（图 10-12）。结果表明，GFP 空载中的 GFP 信号在细胞核、细胞膜和细胞质中均有表达，而 *LcTGA10*-GFP 只在细胞核中出现 GFP 信号，说明 *LcTGA10* 定位于细胞核。

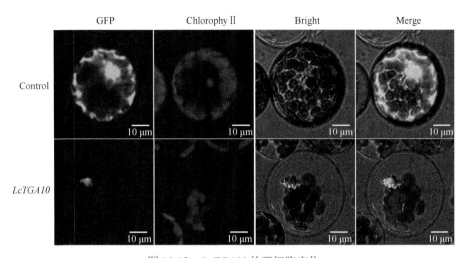

图 10-12　*LcTGA10* 的亚细胞定位

Control 代表转化 GFP 空载的对照原生质体；*LcTGA10* 代表转化 *LcTGA10*-GFP 融合蛋白的原生质体
Chlorophy Ⅱ，叶绿体Ⅱ；Bright，明场；Merge，叠加

10.6.3　拟南芥 *tga9* 和 *tga10* 突变体鉴定和表型观测

首先提取 9 株拟南芥 *tga9* 突变体和 16 株 *tga10* 突变体 DNA，PCR 跑胶结果如图 10-13 所示：*tga9* 突变体 LP/RP 胶图（图 10-13A）中泳道 6 和 WT 泳道有条

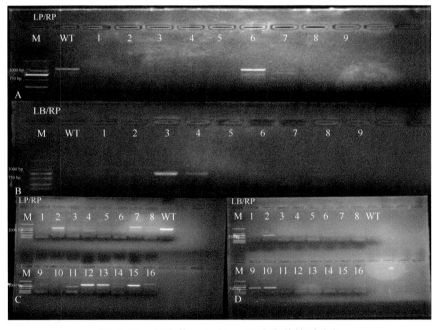

图 10-13　拟南芥 *tga9* 和 *tga10* 突变体株系鉴定

A、B. *tga9* 突变体纯合鉴定；C、D. *tga10* 突变体纯合鉴定；M，DL2000 DNA Marker；WT，野生型

带且大小相似，略大于 1000 bp，其余 1～5 泳道和 7～9 泳道无条带，LB/RP 胶图（图 10-13B）中泳道 3 和泳道 4 有条带，约为 750 bp，其余泳道无条带，说明株系 3 和株系 4 为纯合体株系。*tga10* 突变体 LP/RP 胶图中泳道 2、泳道 7、泳道 12、泳道 13、泳道 15 和 WT 有条带且大小相似，LB/RP 胶图中泳道 2、泳道 9 和泳道 10 有条带且大小约 750 bp，说明 *tga10* 突变体株系 9 号、10 号为纯合体株系，2 号为杂合体株系。通过观测突变体表型表明：纯合突变体 *tga9* 和 *tga10* 各株系形态、株系高度、花部表型以及果夹大小均和野生型类似（图 10-14）。

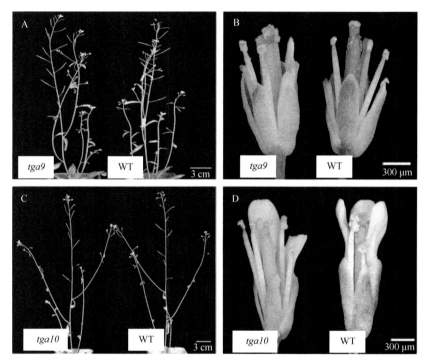

图 10-14　拟南芥 *tga9* 和 *tga10* 突变体表型观察
A. *tga9* 突变体和 WT 株系；B. *tga9* 突变体和 WT 花部表型（去除花瓣）；C. *tga10* 突变体和 WT 株系；
D. *tga10* 突变体和 WT 花部表型（去除部分花瓣）

10.6.4　*LcTGA9* 和 *LcTGA10* 过表达拟南芥鉴定和表型

分别构建 *LcTGA9* 和 *LcTGA10* 基因的组成型 CaMV35S 启动子过表达载体，通过农杆菌浸染野生型拟南芥叶序，将浸染后的种子播撒在含有潮霉素的培养基上进行萌发生长，温室培养至 7 天左右，如图 10-15 所示，如果小苗可长出 4 片真叶而且根系发达较长，则为过表达拟南芥株系（红色箭头所示）。进一步鉴定获得的过表达 *LcTGA9* 和 *LcTGA10* 基因的拟南芥株系，对所获得的株系提取 DNA，通过 PCR 扩增 *LcTGA9*（图 10-16）和 *LcTGA10* 基因目的条带（图 10-17），*LcTGA9* 和 *LcTGA10* 的编码序列（CDS）大小约 1400 bp，野生型拟南芥在图 10-16 的泳道 10 和图 10-17 的泳道 14 无条带，除了图 10-16 中泳道 2 无条带，其余均符合预期，进一步测序验证，测序结果与凝胶电泳结果保持一致，说明目的基因转入野生型拟南芥株系中。

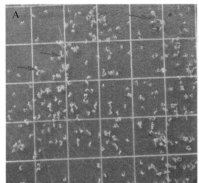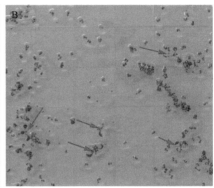

图 10-15 *35S∷LcTGA9* 和 *35S∷LcTGA10* 过表达拟南芥植株潮霉素筛选

A. *35S∷LcTGA9* 植株筛选；B. *35S∷LcTGA10* 植株筛选；红色箭头表示过表达拟南芥株系

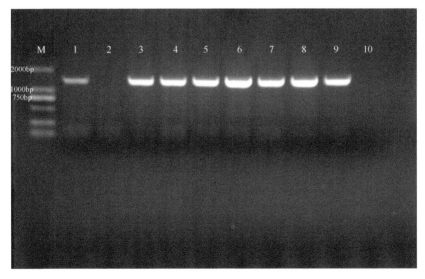

图 10-16 *35S∷LcTGA9* 过表达拟南芥植株鉴定

M，DL2000 DNA Marker；泳道 1～9 分别代表 *35S∷LcTGA9* 过表达植株；泳道 10 代表野生型拟南芥（WT）

通过检测获得 *35S∷LcTGA9* 的 3 个转基因株系和 *35S∷LcTGA10* 的 6 个转基因株系。通过 RT-qPCR 分析了这些株系中 *LcTGA9* 和 *LcTGA10* 基因的表达水平（图 10-18）。与野生型（WT）相比，这些株系均具有更高的 *LcTGA9* 和 *LcTGA10*

表达水平，其中 *35S∷LcTGA9* 株系中的 Line 2 和 *35S∷LcTGA10* 株系中的 Line 3
表达量分别最高。

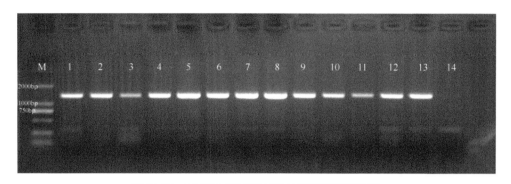

图 10-17 *35S∷LcTGA10* 过表达拟南芥植株鉴定

M，DL2000 DNA Marker；泳道 1～13 分别代表 *35S∷LcTGA10* 过表达植株；泳道 14 代表野生型拟南芥（WT）

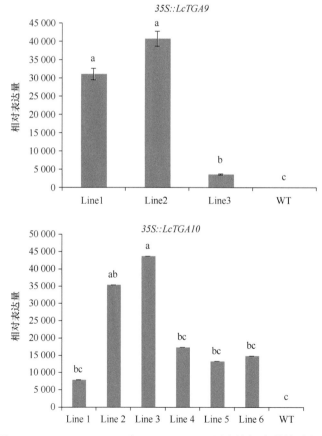

图 10-18 *35S∷LcTGA10* 和 *35S∷LcTGA9* 过表达拟南芥株系定量

WT 表示野生型拟南芥；不同小写字母代表差异显著（*P*<0.05）

由图 10-19 可知：对于 *LcTGA9* 转基因株系，其各株系生长高度比野生型（WT）略低，其产生的果荚大小和数量均与野生型拟南芥类似，这说明 *35S∷LcTGA9* 过表达株系具有可育子代，株系无明显表型性状，*35S∷LcTGA9* 过表达可能影响其他的代谢过程，对花器官发育无显著性影响，因而和性别分化形成无关。

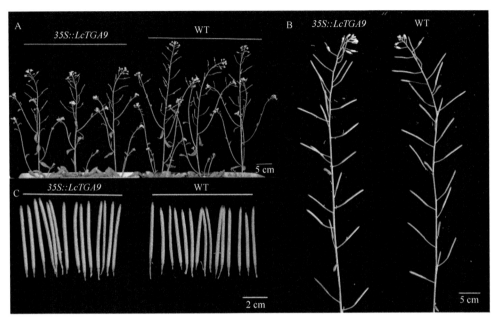

图 10-19　*35S∷LcTGA9* 过表达株系表型观测

在 *35S∷LcTGA10* 过表达植株中，选择表达量最高的株系（Line 3）继续后续种植获得 T3 代株系，结果显示：相比于野生型，T3 代株系生长高度略低，果荚长度小，结实种子极少（图 10-20A，B，C）。在这些过表达株系中，获得的种子很少，平均育性仅为 3.75%，野生型株系的平均受精率达到 93.25%。与野生型株系相比，转基因品系花序和萼片较小，雄蕊数量减少，长度较短，不能完全延伸到雌蕊柱头（图 10-21A，B，D，E），有花药产生。花粉管生长萌发检测表明，过表达株系花粉育性极低（图 10-21F，G）。联苯胺-过氧化氢检测过表达株系雌蕊和野生型雌蕊的柱头出现大量气泡，说明其雌蕊具有可授性（图 10-21H，I）。进一步通过拟南芥杂交实验显示：过表达株系的花粉授予野生型株系雌蕊的柱头时，则果荚短小，极少种子；反之，野生型株系自交时，则果荚正常，产生可育种子（图 10-21C）。

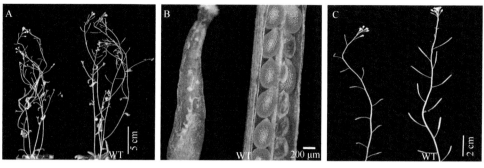

图 10-20 *35S∷LcTGA10* 过表达株系高度和果荚表型观测

A. *35S∷LcTGA10* 株系和野生型（WT）生长高度；B. 果荚解剖结构；C. 果荚形态比较观察

图 10-21 *35S∷LcTGA10* 过表达株系花部表型及育性检测

A. 花序表型比较；B. 花表型比较；C. 拟南芥花粉杂交；D. 过表达株系雄蕊数量；E. 雄蕊长度比较；F. 过表达株系花粉管萌发；G. 野生型株系花粉管萌发；H. 过表达株系柱头可授性检测；I. 野生型株系柱头可授性检测。（WT，野生型拟南芥；CP，以 WT 为母本，过表达株系花粉为父本授粉；SP，以 WT 为母本，WT 花粉为父本授粉）

10.6.5　拟南芥 SA 信号转导关键基因定量结果分析

为了进一步研究 SA 信号通路介导的 *LcTGA10* 基因表达的调控，本研究在拟南芥中定量验证了 SA 下游信号关键基因 *AtNPR1*、*AtTGA9* 和 *AtTGA10* 的表达模式。对于 WT、WT（sa）、tga9 和 tga10 实验株系，*AtNPR1*、*AtTGA9* 和 *AtTGA10* 的相对表达量在 WT（sa）组最高，*AtTGA9* 和 *AtTGA10* 的相对表达量分别在 tga9 和 tga10 株系中最低。在 WT（sa）株系中，*AtNPR1*、*AtTGA9* 和 *AtTGA10* 相对于 WT 对照组表达均上调，说明施加 SA 激素可以诱导并促进下游信号基因 *AtNPR1*、*AtTGA9* 和 *AtTGA10* 的表达。在 tga9 株系中，*AtTGA10* 相对表达量和 WT 株系类似；在 tga10 株系中，*AtTGA9* 相对表达量比 WT 对照组稍高（图 10-22）。

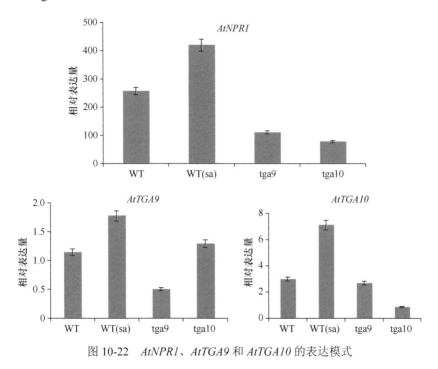

图 10-22　*AtNPR1*、*AtTGA9* 和 *AtTGA10* 的表达模式

10.7　山苍子性别鉴定的分子标记

本节介绍利用相关序列扩增多态性（sequence-related amplified polymorphism，SRAP）和序列特征性扩增区域（sequence characterized amplified region，SCAR）的手段鉴定山苍子性别的研究进展，首先使用 SRAP 进行初步扩增，以得到 SRAP 差异条带，对差异条带进行测序，序列信息用作 SCAR 设计引物的参考，得到特异的 SCAR 分子标记。

10.7.1　山苍子性别相关的 SRAP 标记

山苍子富含多酚多糖，特别是叶和果实中含量很高，提取 DNA 困难，称为执拗植物。本实验使用改进的艾德莱快速 DNA 提取试剂盒，对花蕾 DNA 进行提取，解决了山苍子 DNA 提取浓度低、容易褐化的难题。使用正交实验设计对影响 PCR 反应的主要因素：DNA 模板、引物、dNTP 和镁离子等进行优化，构建了山苍子 SRAP 的反应体系，在 20 ul 体系内，含有 50 ng/ul DNA 模板 2.8 ul，10 mmol 前后端引物各 10 ul，2.5 mmol dNTP 2 ul，缓冲液（含 Mg^{2+}）2 ul，exTaq 0.1 ul，水 10.5 ul。在 PCR 条件的优化方面，对原文献中的退火温度进行优化，选择温度梯度 PCR 从 35～40℃分别进行实验，最终选择 37℃作为前 5 个循环的退火温度。在构建完成山苍子的 SRAP 反应体系之后，对 144 对引物进行筛选，一共扩增出了 1251 条雄株条带，1256 条雌株条带，其中只有 17 条雄株条带和 22 条雌株条带是特异的，最终选出了 11 条清晰稳定的雌雄差异条带，分别来自 11 对引物组合（表 10-10，表 10-11，图 10-23）。

表 10-10 11 条雌雄差异条带及其引物

名称	前端引物	后端引物	名称	前端引物	后端引物
A	ME2	EM11	H	ME2	EM11
B	ME1	EM11	J	ME1	EM15
D	ME1	EM11	KL	ME2	EM7
E	ME1	EM14	M	ME3	EM13
F	ME2	EM14	Y	ME2	EM14
G	ME2	EM14			

表 10-11 差异条带的引物序列

SRAP 前端引物	
ME1	5'-TGAGTCCAAACCGGATA-3'
ME2	5'-TGAGTCCAAACCGGAGC-3'
ME3	5'-TGAGTCCAAACCGGAAT-3'
SRAP 后端引物	
EM7	5'-GACTGCGTACGAATTATG-3'
EM11	5'-GACTGCGTACGAATTTCG-3'
EM13	5'-GACTGCGTACGAATTGGT-3'
EM14	5'-GACTGCGTACGAATTCAG-3'
EM15	5'-GACTGCGTACGAATTCTG-3'

10.7.2 山苍子性别相关的 SCAR 标记

为了将可重复性差的 SRAP 条带转化为稳定性好的 SCAR（sequence characterized amplified region）条带，根据 11 条 SRAP 条带序列设计 28 对 SCAR 引物，对山苍子雌、雄基因组进行扩增，并在不同植株中进行验证。电泳及之后的测序结果显示，除条带 D 以外的其他条带转化而来的 SCAR 都没有出现雌雄间差异。进一步对由 SRAP 的条带 D 转化而来的 SCAR 条带 FD 重新验证。验证结果如图 10-24 所示。

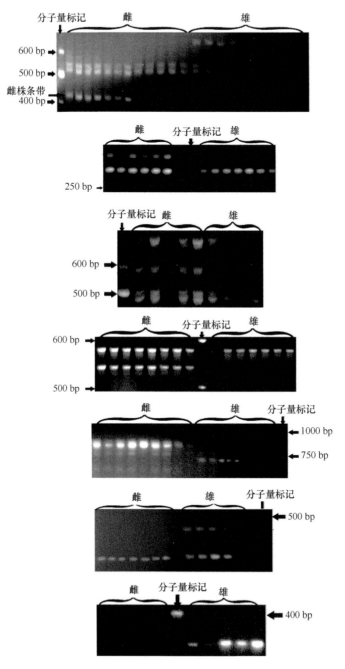

图 10-23　特异电泳条带

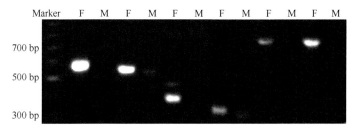

图 10-24　重新设计引物验证 FD 电泳结果

F 代表雌株，M 代表雄株，Marker 代表分子量标记，从右往左的 6 条
条带分别代表引物对 1～6 在雌雄株间的扩增

对 2 株雌株和 2 株雄株，在 6 个不同时期内 L 所代表的 DNA 序列的表达量进行分析，结果如图 10-25 所示。

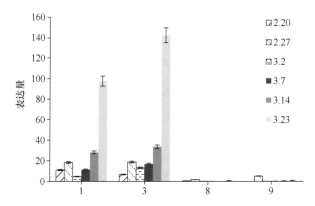

图 10-25　L 所代表的 DNA 序列在雌、雄株中的表达量

2.20、2.27、3.2、3.7、3.14、3.23 分别代表 2 月 20 日、2 月 27 日、3 月 2 日、3 月 7 日、3 月 14 日和
3 月 23 日。横坐标 1、3 代表山苍子雄株，8、9 代表山苍子雌株

从 2 月 20 日到 3 月 23 日是山苍子花蕾从未开花到开花，再到凋落的过程，在这个过程中，图 10-25 中 1 和 3 所代表的雄株，表达量有明显上升的趋势，而且表达量远远大于雌株，8 和 9 代表的雌株表达量很小而且几乎没有变化，所以 L 所代表的 DNA 序列在雌、雄株生长发育的过程中，表达量在雌雄间有明显差异。

综上所述，在山苍子 SRAP 的基础上，对得到的雌雄间稳定差异序列进行测序，根据测序结果设计 SCAR 引物，设计的 28 对 SCAR 引物分别来自 11 条 SRAP 条带，然后对山苍子雌雄基因组进行扩增，以得到特异性 SCAR 引物，用得到的特异性 SCAR 引物扩增得到了雌株特异 FD 条带，并在不同植株中进行验证，能够稳定地显示出山苍子雌雄差异。

参 考 文 献

高暝, 陈益存, 吴立文, 等. 2019. 山苍子水分及氮素利用效率性别特异性动态. 林业科学, 55(4): 62-68.

高暝, 黄秦军, 丁昌俊, 等. 2013. 美洲黑杨及其杂种 F_1 不同生长势无性系叶片 $\delta^{13}C$ 和氮素利用效率. 林业科学, 49(8): 51-57.

李红盛. 2018. 山苍子生长与经济性状遗传变异及稳定性分析. 长沙: 中南林业科技大学硕士学位论文.

许自龙. 2017. 山苍子花发育形态学观察研究. 长沙: 中南林业科技大学硕士学位论文.

展小云, 于贵瑞, 盛文萍, 等. 2012. 中国东部南北样带森林优势植物叶片的水分利用效率和氮素利用效率. 应用生态学报, 23(3): 587-594.

赵艳艳, 徐隆华, 姚步青, 等. 2016. 模拟增温对高寒草甸植物叶片碳氮及其同位素 $\delta^{13}C$ 和 $\delta^{15}N$ 含量的影响. 西北植物学报, 36(4): 777-783.

郑璐嘉, 黄志群, 何宗明, 等. 2016. 不同林龄杉木人工林细根氮稳定同位素组成及其对氮循环的指示. 生态学报, 36(8): 2185-2191.

Boualem A, Troadec C, Camps C, et al. 2015. A cucurbit androecy gene reveals how unisexual flowers develop and dioecy emerges. Science, 350(6261): 688-691.

Diggle P K, Di S V, Gschwend A R, et al. 2011. Multiple developmental processes underlie sex differentiation in angiosperms. Trends in Genetics, 27(9): 368-376.

Harris M S, Pannell J R. 2008. Roots, shoots and reproduction: sexual dimorphism in size and costs of reproductive allocation in an annual herb. Proceedings of the Royal Society B: Biological Sciences, 275: 2595-2602.

Huang J L, Gu M, Lai Z B, et al. 2009. Functional analysis of the *Arabidopsis PAL* gene family in plant growth, development, and response to environmental stress. Plant Physiology, 153: 1526-1538.

Krieg C, Watkins J E, Chambers S, et al. 2017. Sex-specific differences in functional traits and resource acquisition in five cycad species. AoB Plant, (2): 2.

Martin A, Troadec C, Boualem A, et al, 2009. A transposon-induced epigenetic change leads to sex determination in melon. Nature, 461(7267): 1135-1138.

Martin M. 2011. Cut adapt removes adapter sequences from high-throughput sequencing reads. EMBnet Journal, 17: 10-12.

Raven J A, Griffiths H. 2015. Photosynthesis in reproductive structures: costs and benefits. Journal of Experimental Botany, 66 (7): 1699-1705.

Sánchez V J, Pannell J R. 2011. Sexual dimorphism in resource acquisition and deployment: both size and timing matter. Annals of Botany, 107 (1): 119-126.

Sánchez V J, Retuerto R. 2017. Sexual dimorphism in water and nitrogen use strategies in *Honckenya peploides*: timing matters. Journal of Plant Ecology, 10 (4): 702-712.

Seyfferth C, Tsuda K. 2014. Salicylic acid signal transduction: the initiation of biosynthesis, perception and transcriptional reprogramming. Fronters in Plant Science, 5: 1-10.

Wright V L, Dorken M E. 2014. Sexual dimorphism in leaf nitrogen content but not photosynthetic rates in *Sagittaria latifolia* (Alismataceae). Botany, 92: 109-112.

Xu Z L, Wang Y D, Chen Y C, et al. 2020. A model of hormonal regulation of stamen abortion during pre-meiosis of *Litsea cubeba*. Genes, 11(1): 48.

Yuan A, Troadec C, Camps C, et al. 2015. A cucurbit androecy gene reveals how unisexual flowers develop and dioecy emerges. Science, 350(6261): 688-691.

第 11 章　山苍子精油合成分子机制

山苍子全株含精油，精油的主要成分是柠檬醛，可以合成紫罗兰酮和甲基紫罗兰酮等，用于配置各种香精香料；柠檬醛还可用于合成维生素制剂，广泛用于化工及食品行业（黄光文和卢向阳，2005）。我国是世界上最大的山苍子精油生产国和出口国，精油年产量可达 2 万多吨，年出口量可达 0.35 万吨，其产品享誉海外（钟东洋和钟文静，2008）。不同的山苍子组织精油含量不同，其中，雄花含油率 1.6%～1.7%，雌花约 1%，树干为 0.5%～2.3%，果皮为 3%～4%，而树根的出油率仅为 0.1%左右，可见果皮是山苍子精油产出的重要部位（黄光文和卢向阳，2005；钟东洋和钟文静，2008）。

11.1　山苍子果实发育过程

在植物的生命周期中，生殖阶段对植物生命周期的循环和繁衍具有重要的作用。大部分的果实由子房发育而来，除少数假果如草莓和苹果（其果实由花的其他部分发育而来，如花托、苞片、萼片或花瓣等）（Weberling，1989；Pabón-Mora et al.，2014）。心皮是变态的叶，雌蕊由心皮卷合而成，并分化为子房、花柱、柱头，花盛开后花器官发生明显变化，萼片、花瓣及雄蕊、雌蕊上的柱头和花柱都枯萎脱落，只有子房继续发育为果实，子房由子房壁和其中的胚珠组成，授粉后的胚珠发育成种子，子房壁的细胞授粉后发育为果皮，随后果皮逐渐分化为外果皮、中果皮和内果皮（Pabonmora and Litt，2011）。

山苍子的花期为每年的 3 月，果实成熟于 8 月。始花期，其子房组织非常微小，直径约 1 mm；3 月中旬为盛花期，此时柱头已经伸出，可见大量蜜蜂在采集花粉；直到子房上的柱头变黑枯萎，花器官开始脱落，表示授粉完成，进入幼果的发育阶段；盛花期后 30 天，山苍子果实周围的花器官已经完全脱落，幼果可见；盛花期后 45 天，果实变大，并且果皮上出现白点；盛花期后 60 天，果实继续膨大，果皮上白点增多；之后果实的体积变化不明显（直径 5～6 mm），果皮颜色逐渐加深；到盛花期后 135 天，果实完全成熟；到盛花期后 150 天，大部分安徽家系的果实已经基本完成落果，果皮组织软化。

通过对山苍子果实生长发育规律的研究，发现山苍子果实在盛花期后 45～60 天迅速增长和膨大。通过对山苍子果实发育过程进行观察，进一步确定了研究果皮发育规律的取样时期。

本研究将山苍子果皮发育过程划分为 12 个阶段（图 11-1）。由于前三个阶段子房组织非常小，并且内部为浆状物质，难以分离子房壁，所以前三个阶段使用子房组织代替果皮发育早期。第一阶段（P1）为未受精的子房组织，此时花苞还没有张开，柱头未伸展出来，子房处于未授粉的时期；第二阶段（P2）为受精过程中的子房组织，此时花苞已经完全张开，柱头已经伸展出来，子房处于受精过程中；第三阶段（P3）为受精完成的子房组织，此时花的柱头已经枯萎变黑，认为子房已经完成授粉（幼果形成时期）；第四阶段（P4）为盛花期后 30 天，授粉的子房有些膨大，可以将果仁和果皮分离，分离其果皮组织；第五阶段（P5）为盛花期后 45 天，分离果皮组织；第六阶段（P6）为盛花期后 60 天，果皮上有白点，分离其果皮组织；第七阶段（P7）为盛花期后 75 天，此时果皮上白点增多，内果皮出现钙化现象，内果皮开始变硬并变为淡黄色，果仁依然为透明浆状物质，剥取果皮组织；第八阶段（P8）为盛花期后 90 天，内果皮变黄变硬，剥取果皮组织；第九阶段（P9）为盛花期后 105 天，内果皮出现褐化，剥取果皮组织；第十阶段（P10）为盛花期后 120 天，内果皮颜色加深，剥取果皮组织；第十一阶段（P11）为盛花期后 135 天，剥取果皮组织；第十二阶段（P12）为盛花期后 150 天，果实大部分掉落，内果皮变黑，外果皮变软，剥取果皮组织。

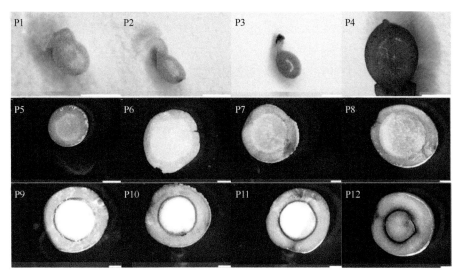

图 11-1 山苍子果皮发育不同阶段的剖面图

11.2 山苍子果皮发育过程中精油含量变化

由于 α-柠檬醛（香叶醛）和 β-柠檬醛（橙花醛）是山苍子精油中最主要的化合物，因此我们分析了柠檬醛在不同阶段（60～165 DAF，DAF 表示开花后天数）

的浓度。为了探讨山苍子果实发育过程中的精油合成情况,我们还分析了山苍子精油含量的积累动态过程。结果表明,75 DAF 和 90 DAF 分别是柠檬醛和精油含量迅速增加的发育阶段,而 105 DAF 后,柠檬醛合成速率渐趋平缓。之后,135 DAF 是柠檬醛浓度稳定且精油含量达到最高的阶段。

11.3　山苍子精油生物合成通路

植物萜类化合物的生物合成一般分为 4 个阶段:经甲羟戊酸(MVA)途径和甲基-D-赤藓糖醇-4-磷酸(MEP)途径合成萜类通用前体异戊烯基焦磷酸(isopentenyl pyrophosphate,IPP)和其双键异构体二甲基烯丙基焦磷酸(dimethylallyl pyrophosphate,DMAPP);直接前体物质牻牛儿基焦磷酸(GPP)、法尼基焦磷酸(FPP)和牻牛儿牻牛儿基焦磷酸(GGPP)的生成;萜类合酶催化 GPP、FPP 和 GGPP 合成单萜(C10)、倍半萜(C15)和二萜(C20)骨架;萜类骨架的修饰(梁宗锁等,2017;时敏等,2018;Chen et al.,2011)。

MVA 途径以 2 个乙酰乙酰辅酶 A 为底物,在乙酰乙酰辅酶 A 硫解酶(acetoacetyl-CoA thiolase,AACT)、羟甲基戊二酰 CoA 合酶(hydroxymethylglutaryl- CoA synthase,HMGS)、羟甲基戊二酰 CoA 还原酶(hydroxymethylglutaryl-CoA- reductase,HMGR)、甲羟戊酸激酶(mevalonate kinase,MK)、磷酸甲羟戊酸激酶(phosphomevalonate kinase,PMK)和甲羟戊酸焦磷酸脱羧酶(mevalonate pyrophosphate decarboxylase,MPD)的连续催化下生成 IPP(付建玉,2017)。

MEP 途径以丙酮酸和甘油醛-3-磷酸为底物,在 1-脱氧-D-木酮糖 5-磷酸合酶(1-deoxy-D-xylulose 5-phosphate synthase,DXS)、1-脱氧-D-木酮糖 5-磷酸盐还原异构酶(1-deoxy-D-xylulose 5-phosphate reductoisomerase,DXR)、4-二磷酸胞苷- 2-C-甲基-D-赤藓醇合酶(4-diphosphocytidyl-2-C-methyl-D-erythritol synthase,MCT)、4-二磷酸胞苷-2-C-甲基赤藓糖激酶(4-diphosphocytidyl-2-C-methyl-D-erythritol kinase,CMK)、2-甲基赤藓糖-2,4-环二磷酸合酶(2-C-methyl-D-erythritol-2,4-cyclodiphosphate synthase,MCS)、1-羟基-2-甲基-2-(E)-丁烯基-4-二磷酸合酶(1-hydroxy-2-methyl-2-(E)-butenyl-4- diphosphate synthase,HDS)和 1-羟基-2-甲基-2-(E)-丁烯基-4-磷酸还原酶(hydroxy-2-methyl-2-(E)-butenyl-4-diphosphate reductase,HDR)的催化下,最终生成 IPP 和 DMAPP(付建玉,2017)。

IPP 在其异构酶的作用下可以和 DMAPP 相互转化。随后,IPP 和 DMAPP 在异戊烯基转移酶(isopentenyl transferase,IPS)的催化下通过头尾连接的形式形成萜类化合物的直接前体。牻牛儿基焦磷酸合酶催化 IPP 和 DMAPP 生成牻牛儿基焦磷酸(GPP),为单萜化合物的直接前体;法尼基焦磷酸合酶催化 IPP 和

DMAPP 生成法尼基焦磷酸（FPP），为倍半萜化合物提供直接前体；牻牛儿牻牛儿基焦磷酸合酶催化 IPP 和 DMAPP 生成牻牛儿牻牛儿基焦磷酸（GGPP），为二萜化合物的直接前体（时敏等，2018；Tholl，2015）。随后 GPP、FPP 和 GGPP 在萜类合酶（terpene synthase，TPS）的催化下生成单萜（C10）、倍半萜（C15）和二萜（C20）。最后，经过环化、羟基化、氧化和还原反应，生成结构和功能多样的萜类化合物（Karunanithi and Zerbe，2019）。

11.3.1　MVA 和 MEP 途径基因的全基因组鉴定

将山苍子核酸序列和蛋白质序列建立本地 Blast 数据库。利用已报道的拟南芥萜类生物合成途径相关基因的核苷酸和蛋白质序列（TAIR，https://www.arabidopsis.org）在山苍子基因组进行本地 BLASTN 和 BLASTP 分析（期望值<10^{-10}）。同时根据目的基因的 Pfam 结构域，利用 HMMer 3.1b1 程序对基因组数据进行筛选，去除结构域不完整的基因，最终确定目的基因。

根据本地 BLAST 和 HMM 模型在山苍子基因组中鉴定了 MVA 途径基因，包括 ACOT，HMGS，HMGR，MK，PMK，MDC，IPK，IDI（表 11-1）。

表 11-1　MVA 途径基因鉴定结果

基因名称	序列号	染色体	位置信息/bp	
LcuACOT1	Lcu09G_24714	chr9	2 069 127	2 073 604
LcuACOT2	Lcu02G_05442	chr2	41 396 894	41 413 662
LcuACOT3	Lcu05G_15083	chr5	4 479 468	4 492 250
LcuACOT4	Lcu02G_08380	chr2	131 913 520	131 954 240
LcuACOT5	Lcu02G_06135	chr2	71 439 781	71 448 547
LcuHMGS1	Lcu04G_13736	chr4	118 469 388	118 483 092
LcuHMGS2	Lcu04G_13740	chr4	118 547 277	118 560 713
LcuHMGS3	LcuSca_825_30713	original_scaffold_825	144 560	166 471
LcuHMGR1	Lcu06G_18549	chr6	5 326 605	5 330 169
LcuHMGR2	Lcu05G_16369	chr5	71 378 386	71 384 152
LcuHMGR3	Lcu01G_00900	chr1	22 194 058	22 198 675
LcuHMGR4	Lcu02G_05150	chr2	34 900 363	34 902 881
LcuMK	Lcu10G_26874	chr10	16 687 416	16 756 757
LcuPMK	Lcu06G_19985	chr6	47 334 184	47 390 209
LcuMDC	Lcu09G_25815	chr9	50 001 850	50 035 868
LcuIPK	Lcu02G_04856	chr2	28 260 214	28 269 758
LcuIDI1	Lcu01G_02924	chr1	141 427 630	141 437 108
LcuIDI2	Lcu03G_09069	chr3	11 845 349	11 848 751

根据本地 BLAST 和 HMM 模型在山苍子基因组中鉴定了 MEP 途径基因，包括 *DXS*，*DXR*，*CMS*，*CMK*，*MDS*，*HDS*，*HDR*，*IDI*（表 11-2）。

表 11-2　MEP 途径基因鉴定结果

基因名称	序列号	染色体	位置信息/bp	
LcuDXS1	Lcu02G_04141	chr2	12 154 261	12 164 848
LcuDXS2	Lcu05G_16300	chr5	69 845 914	69 852 000
LcuDXS3	Lcu02G_05093	chr2	33 701 721	33 707 473
LcuDXS6	Lcu10G_26975	chr10	19 224 681	19 234 182
LcuDXS4	Lcu02G_07720	chr2	111 352 008	111 358 661
LcuDXS5	Lcu02G_07689	chr2	110 723 981	110 729 652
LcuDXR	Lcu10G_26609	chr10	10 522 481	10 535 622
LcuCMS	Lcu06G_19267	chr6	22 613 741	22 622 361
LcuCMK	Lcu04G_12392	chr4	83 833 594	83 851 549
LcuMDS	Lcu08G_23992	chr8	66 919 019	66 922 068
LcuHDS1	Lcu05G_15270	chr5	10 760 140	10 767 812
LcuHDS2	Lcu09G_25263	chr9	14 657 581	14 669 683
LcuHDR1	Lcu07G_22077	chr7	73 145 773	73 151 880
LcuHDR2	Lcu01G_02774	chr1	137 482 841	137 491 508
LcuIDI1	Lcu01G_02924	chr1	141 427 630	141 437 108
LcuIDI2	Lcu03G_09069	chr3	11 845 349	11 848 751

11.3.2　山苍子 *IPS* 基因家族鉴定和进化分析

在山苍子基因组中共鉴定到 *IPS* 基因家族成员 13 条（表 11-3）。对其蛋白质序列进行系统发育关系分析发现，山苍子 *IPS* 基因家族可分为 4 类（图 11-2）。亚家族 A 包括山苍子 5 个牻牛儿牻牛儿基焦磷酸合成酶（GGPPS）成员，可将 IPP 和 DMAPP 催化形成 GGPP，参与植物二萜的生物合成。*LcuGPPS.SSU1* 和 *LcuGPPS.SSU2* 与其他植物牻牛儿基焦磷酸合成酶小亚基（geranyl diphosphate synthase small subunit，GPPS.SSU）聚为亚家族 B，主要作为调控单元与牻牛儿基焦磷酸合成酶大亚基（geranyl diphosphate synthase large subunit，GPPS.LSU）或 GGPPS 结合，催化 IPP 和 DMAPP 形成 GPP，参与植物单萜的生物合成。亚家族 C 包括山苍子 *LcuGPPS1* 和 *LcuGPPS2*，同样催化 IPP 和 DMAPP 形成 GPP，参与植物单萜的生物合成。*LcuFPPS1*～4 属于亚家族 D，催化 IPP 和 DMAPP 形成 FPP，参与植物倍半萜的生物合成。

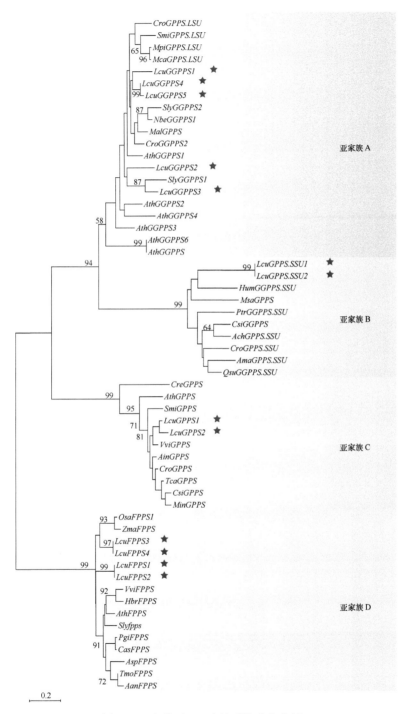

图 11-2　山苍子 *IPS* 家族系统进化分析

★ 表示山苍子 *IPS*

表 11-3 *IPS* 基因家族鉴定

基因名称	序列号	染色体
LcuFPPS4	Lcu02G_08540	chr2
LcuFPPS3	Lcu05G_15962	chr5
LcuGGPPS5	Lcu03G_08982	chr3
LcuGGPPS2	Lcu07G_22093	chr7
LcuGGPPS1	Lcu01G_02791	chr1
LcuGPPS.SSU1	Lcu07G_21090	chr7
LcuFPPS1	Lcu07G_20846	chr7
LcuFPPS2	LcuSca_529_30502	original_scaffold_529
LcuGGPPS4	Lcu01G_00503	chr5
LcuGPPS.SSU2	Lcu07G_21089	chr7
LcuGPPS2	Lcu05G_18046	chr5
LcuGGPPS3	Lcu05G_15744	chr5
LcuGPPS1	Lcu02G_06670	chr2

11.3.3 山苍子 *TPS* 基因家族鉴定和进化分析

以 TPS 的 HMM 模型 PF01397（代表 TPS 的 N 端结构域）和 PF03936（代表 TPS 的 C 端结构域）为模型比对序列（期望值<10^{-10}），筛选序列长度大于 200 个氨基酸的序列（Chaw et al.，2019），并对 52 条序列的萜类合酶典型结构域 RR(X)$_8$W、DDXXD、DXDD、NSE/DTE 和质体转运肽进行分析，最终鉴定到 52 条全长 *TPS*（表 11-4）。

为进一步探究山苍子 TPS 的系统进化地位，将其与牛樟、鹅掌楸、玉米、卷柏、水稻、无油樟、小立碗藓、拟南芥、葡萄和已报道的裸子植物的 TPS 蛋白质序列共同构建系统发育树（图 11-3）。如图 11-3 所示，山苍子 TPS 可分为 7 个亚家族，其中 TPS-a 包括 17 个成员，负责倍半萜化合物（C15）的合成；TPS-b 包括 24 个成员，负责单萜化合物（C10）的合成；TPS-g 包括 3 个成员，负责单萜化合物（C10）的合成；TPS-e/f 和 TPS-c 分别包含 6 个和 1 个成员，负责二萜化合物（C20）的合成。TPS-b 家族是山苍子中成员最多的亚家族，可能导致了山苍子丰富的单萜化合物的合成。

值得注意的是，木兰类和樟科在 TPS-a、TPS-b、TPS-g、TPS-e/f 和 TPS-c 亚家族中都形成了独立的分支。可以推测，在木兰类和樟科 *TPS* 基因发生复制后可能发生了 *TPS* 基因功能的分化，形成了 *TPS* 的多样性。

表 11-4 山苍子 *TPS* 基因家族鉴定

基因名称	染色体	基因 ID	位置信息/bp		*TPS* 亚家族
LcuTPS1	chr10	Lcu10G_27191	29 594 190	29 599 753	a
LcuTPS2	chr7	Lcu07G_21431	55 814 140	55 815 345	a
LcuTPS3	chr10	Lcu10G_27196	29 950 277	30 023 251	a
LcuTPS4	chr5	Lcu05G_16176	92 305 422	92 311 143	a
LcuTPS5	chr6	Lcu06G_19740	58 030 457	58 032 925	a
LcuTPS6	chr8	Lcu08G_22893	13 084 729	13 165 824	a
LcuTPS7	chr2	Lcu02G_05478	43 059 325	43 114 741	a
LcuTPS8	chr2	Lcu02G_05475	42 944 020	42 954 101	a
LcuTPS9	chr12	Lcu12G_30313	55 225 393	55 242 571	a
LcuTPS10	chr12	Lcu12G_30299	54 103 832	54 116 000	a
LcuTPS11	chr12	Lcu12G_30314	55 309 993	55 322 295	a
LcuTPS12	chr12	Lcu12G_30311	54 916 041	54 934 378	a
LcuTPS13	chr12	Lcu12G_30304	54 586 315	54 598 100	a
LcuTPS14	chr12	Lcu12G_30302	54 493 504	54 504 137	a
LcuTPS15	chr3	Lcu03G_10509	104 113 204	104 126 620	a
LcuTPS16	chr3	Lcu03G_10508	103 992 948	104 005 176	a
LcuTPS17	chr3	Lcu03G_10510	104 248 511	104 258 782	a
LcuTPS18	chr10	Lcu10G_27166	28 375 414	28 381 880	b
LcuTPS19	chr1	Lcu01G_01644	97 327 451	97 333 890	b
LcuTPS20	chr5	Lcu05G_16198	93 255 883	93 263 573	b
LcuTPS21	chr10	Lcu10G_27165	27 932 117	27 957 394	b
LcuTPS22	chr10	Lcu10G_27179	29 054 891	29 065 574	b
LcuTPS23	chr10	Lcu10G_27180	29 189 134	29 200 186	b
LcuTPS24	chr5	Lcu05G_15827	77 836 695	77 844 710	b
LcuTPS25	chr5	Lcu05G_15831	78 229 912	78 238 959	b
LcuTPS26	chr9	Lcu09G_26017	74 917 827	74 925 005	b
LcuTPS27	chr4	Lcu04G_12302	79 259 609	79 301 171	b
LcuTPS28	chr4	Lcu04G_12301	79 172 739	79 182 657	b
LcuTPS29	chr8	Lcu08G_23239	13 951 083	14 007 350	b
LcuTPS30	chr8	Lcu08G_22878	12 499 961	12 531 035	b
LcuTPS31	chr8	Lcu08G_23225	14 070 387	14 085 092	b
LcuTPS32	chr8	Lcu08G_22883	12 720 305	12 763 094	b
LcuTPS33	chr8	Lcu08G_23235	14 557 157	14 576 053	b
LcuTPS34	chr8	Lcu08G_23231	14 292 293	14 302 532	b
LcuTPS35	chr2	Lcu02G_05491	43 577 938	43 588 445	b
LcuTPS36	chr8	Lcu08G_24568	48 859 347	48 864 171	b
LcuTPS37	chr8	Lcu08G_23238	13 864 474	13 874 916	b
LcuTPS38	chr8	Lcu08G_23234	14 501 045	14 518 425	b
LcuTPS39	chr8	Lcu08G_22877	12 299 243	12 390 069	b
LcuTPS40	chr2	Lcu02G_05131	34 417 384	34 430 169	b
LcuTPS41	chr2	Lcu02G_05130	34 356 572	34 364 506	b

续表

基因名称	染色体	基因 ID	位置信息/bp		TPS 亚家族
LcuTPS42	chr10	Lcu10G_27145	25 836 682	25 845 705	g
LcuTPS43	chr8	Lcu08G_22874	12 171 265	12 174 498	g
LcuTPS44	chr8	Lcu08G_22876	12 284 215	12 287 390	g
LcuTPS45	chr4	Lcu04G_13529	113 871 875	113 877 064	x
LcuTPS46	chr9	Lcu09G_25125	11 841 577	11 849 830	e/f
LcuTPS47	chr9	Lcu09G_25124	11 809 246	11 817 100	e/f
LcuTPS48	chr8	Lcu08G_22664	3 878 818	3 889 846	e/f
LcuTPS49	chr8	Lcu08G_22671	4 164 494	4 173 904	e/f
LcuTPS50	chr8	Lcu08G_22670	4 056 701	4 070 191	e/f
LcuTPS51	chr1	Lcu01G_02299	145 986 185	145 996 961	c
LcuTPS52	chr8	Lcu08G_22935	42 926 151	42 957 493	e/f

注：x 表示未分类

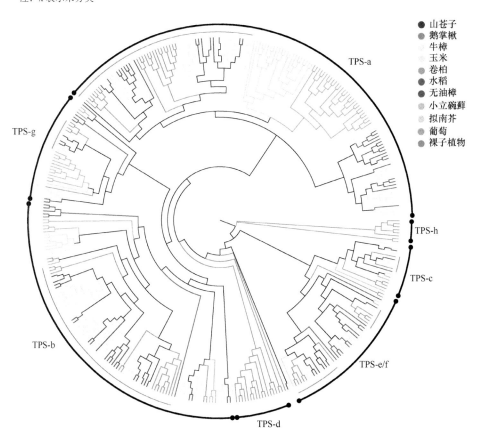

图 11-3 山苍子 TPS（蛋白质序列>200 个氨基酸）的系统发育分析
使用 RAxML 以最大似然方法构建，自展值为 1000 次重复。TPS-a、TPS-b、TPS-g、
TPS-d、TPS-e/f、TPS-c 和 TPS-h 亚家族通过弧形标注

11.3.4 山苍子萜类合成途径

为进一步解析基因参与山苍子萜类合成途径的情况，调取了山苍子不同组织和果实不同发育时期转录组中各萜类合成途径基因的表达量信息并绘制热图(图11-4)。

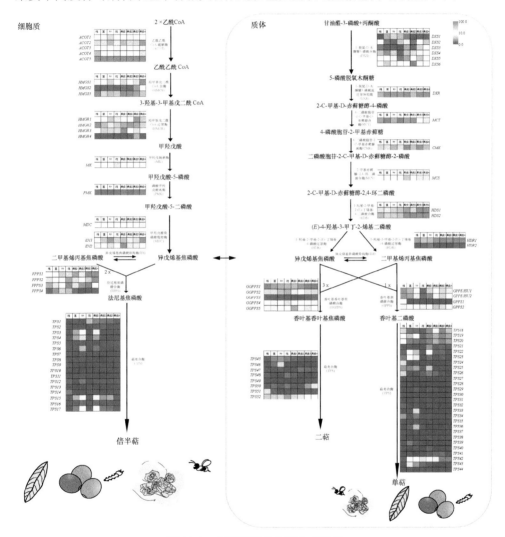

图 11-4 山苍子萜类生物合成途径

萜类生物合成相关基因的组织特异性表达水平如热图所示。途径中间体以黑色显示，酶以灰色显示。
果实 1（60 DAF）；果实 2（90 DAF）；果实 3（120 DAF）；果实 4（150 DAF）

11.3.5 萜类合成途径基因的染色体分布和基因簇分析

在山苍子基因组染色体注释文件中检索萜类生物合成途径基因在染色体上的

位置信息，利用 MapGene2Chromosome V2（http://mg2c.iask.in/mg2c_v2.0/）绘制
萜类合成途径基因在染色体上的分布图（Yang et al.，2008；Jiang et al.，2013）。

　　山苍子基因组共 12 对染色体，根据萜类合成途径基因的位置信息，绘制其染
色体分布图（图 11-5）。由图可知，山苍子萜类合成基因在染色体上呈不均匀分布，
11 号染色体上没有萜类合成相关基因分布。

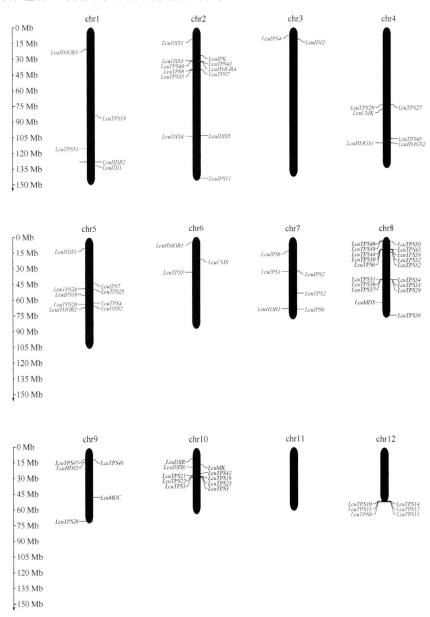

图 11-5　山苍子萜类生物合成途径基因在染色体上的分布及基因复制情况

经过基因簇检测和分类，在全基因组鉴定了 8 个萜类合成基因簇。1 号基因簇（324 675 bp，34 327 387～34 652 061）由 11 个基因组成，定位于 2 号染色体，其中包括 *LcuTPS40*、*LcuTPS41* 和一个细胞色素 *P45082C4* 基因，可能参与单萜的合成和修饰。2 号基因簇（520 753 bp，79 096 077～79 616 829）由 6 个基因组成，定位于 4 号染色体，其中包括 *LcuTPS27*、*LcuTPS28*、细胞色素 *P45094A1* 基因和 UDP-葡萄糖醛酸-差向异构酶基因，可能参与单萜的合成和修饰。3 号基因簇（189 901 bp，113 842 990～114 032 890）由 10 个基因组成，同样定位于 4 号染色体，其中包括 *LcuTPS45* 和一个赤霉素 20 氧化酶基因（*gibberellin 20 oxidase 2*，*GA20ox*），可能参与二萜的合成。4 号基因簇（1 184 176 bp，52 159 841～53 344 016）由 15 个基因组成，定位于 5 号染色体，其中包括 *LcuTPS24* 和 *LcuTPS25*，可能参与单萜的合成和修饰。5 号基因簇（733 007 bp，12 100 677～12 833 683）由 15 个基因组成，定位于 8 号染色体，其中包括 *LcuTPS30*、*LcuTPS32*、*LcuTPS39*、*LcuTPS43* 和 *LcuTPS44*，可能参与单萜和二萜的合成。6 号基因簇（804 543 bp，43 112 482～43 917 024）由 17 个基因组成，同样定位于 8 号染色体，其中包括 *LcuTPS29*、*LcuTPS31*、*LcuTPS33*、*LcuTPS34*、*LcuTPS37* 和 *LcuTPS38*，可能参与单萜的合成。7 号基因簇（507 518 bp，74 798 629～75 306 146）由 8 个基因组成，定位于 9 号染色体，其中包括 *LcuTPS26* 和两个纤维素合酶基因，可能参与单萜和纤维素的合成。8 号基因簇（927 215 bp，54 395 080～55 322 295）由 14 个基因组成，定位于 12 号染色体，其中包括 *LcuTPS9*、*LcuTPS11*、*LcuTPS12*、*LcuTPS13*、*LcuTPS14* 和两个 ABC 转运蛋白基因，可能参与倍半萜的合成和转运。

11.4　山苍子精油生物合成相关酶和基因

11.4.1　羟甲基戊二酰 CoA 合酶

MVA 途径与 MEP 途径相对独立又可进行代谢交流，共同为萜类合成提供通用前体。然而，相对于定位于质体直接为单萜合成提供前体的 MEP 途径，MVA 途径对山苍子单萜合成的贡献尚未得到解析。羟甲基戊二酰辅酶 A 合酶（3-hydroxy-3-methylglutaryl-CoA synthase，HMGS）是 MVA 途径的关键限速酶，*LcuHMGS1* 在山苍子果实特异性高表达，可能在果实精油单萜合成过程中发挥重要作用（Wu et al.，2020）。

11.4.1.1　*LcuHMGS1* 的克隆及序列分析

LcuHMGS1 的 cDNA 序列全长为 1425 bp（MN102704），ORF Finder 分析显示其包含一个完整的长度为 1425 bp 的开放阅读框，编码含有 474 个氨基酸残基

的蛋白质（图 11-6），分子质量为 67.10 kDa，等电点为 5.47，包含典型的 HMGS 结构域。LcuHMGS1 蛋白的二级结构由 α 螺旋、延伸链、β 转角和无规则卷曲 4 种结构元件组成。其中氨基酸数目最多的是 α 螺旋，占比 45.36%，其次是无规则卷曲，占比 36.50%。LcuHMGS1 含有 30 个磷酸化位点。

```
        10        20        30        40        50        60        70        80        90       100
ATGGGGTCGCAGCAGAAGGATGTCGGGATTCTCGCCGTGGATATCTACTTTCCTCGCACATGCGTCGATCAGGAAGCCCTGGAAGCTCATGATGGTGCAAGTAA
 M  G  S  Q  Q  K  D  V  G  I  L  A  V  D  I  Y  F  P  R  T  C  V  D  Q  E  A  L  E  A  H  D  G  A  S  K

       115       125       135       145       155       165       175       185       195       205
GGCAAATACACTATTGGGCTTGGGCAGGATTGCATGGCTTTCTGTACAGAGTTGGAAGATGTTATTTCGATGAGCTTGACAGTTGTTACTTCCCTTCTCAAGAAA
 G  K  Y  T  I  G  L  G  Q  D  C  M  A  F  C  T  E  L  E  D  V  I  S  M  S  L  T  V  V  T  S  L  L  K  K

       220       230       240       250       260       270       280       290       300       310
TATGGGGTTGATCCAAGACTTATTGGTCGCCTTGAAGTAGGAAGCGAGACTGTCATCGACAAGAGCAAATCCATAAAGACTTGGCTGATGCAAATCTTTGAGGAG
 Y  G  V  D  P  R  L  I  G  R  L  E  V  G  S  E  T  V  I  D  K  S  K  S  I  K  T  W  L  M  Q  I  F  E  E

       325       335       345       355       365       375       385       395       405       415
CATGGGAATACTGACATTGAAGGAGTTGACTCAACAAATGCATGCTACGGTGGAACTGCAGCATTATTCAACTGTGTGAATTGGGTGGAGAGTAGCTCTTGGGAT
 H  G  N  T  D  I  E  G  V  D  S  T  N  A  C  Y  G  G  T  A  A  L  F  N  C  V  N  W  V  E  S  S  S  W  D

       430       440       450       460       470       480       490       500       510       520
GGACGCTATGGTCTTGTTGTCTGCACTGACAGTGCGGTCTATGCGGAAGGACCAGCCCGTCCGACTGGTGGTGCAGCTGCCATTGCAATGTTGATTGGACCAAAT
 G  R  Y  G  L  V  V  C  T  D  S  A  V  Y  A  E  G  P  A  R  P  T  G  G  A  A  A  I  A  M  L  I  G  P  N

       535       545       555       565       575       585       595       605       615       625
GCTCCTATAGCATTTGAAAGCAAGTTTAGAGGGACTCACATGGCTCATGTCTATGACTTTTATAAGCCCAATCTTGCGAGTGAATACCCGGTTGTTGATGGCAAG
 A  P  I  A  F  E  S  K  F  R  G  T  H  M  A  H  V  Y  D  F  Y  K  P  N  L  A  S  E  Y  P  V  V  D  G  K

       640       650       660       670       680       690       700       710       720       730
CTTTCACAAACTTGCTATCTCATGGCACTCGATTCTTGTTACAGACGTTTTTGTAGCAAGTTTGAGAAATTGGAGGGAAAACAGTTTTCCATTTCTGATACGGAT
 L  S  Q  T  C  Y  L  M  A  L  D  S  C  Y  R  R  F  C  S  K  F  E  K  L  E  G  K  Q  F  S  I  S  D  T  D

       745       755       765       775       785       795       805       815       825       835
TATTTTGCATTCCATTCTCCATACAATAAGCTTGTTCAGAAAAGCTTTGCTCGGCTGTACTTCAATGACTTTCTGAGGAATGCCAGCTCTGTTGGGAAGGATGCT
 Y  F  A  F  H  S  P  Y  N  K  L  V  Q  K  S  F  A  R  L  Y  F  N  D  F  L  R  N  A  S  S  V  G  K  D  A

       850       860       870       880       890       900       910       920       930       940
ATGGAAAAATTAGAGCCATTTTCATCTTTGTCTGGCGATGAAAGTTATCAGAATCGTGATCTTGAAAAGGTATCTCAGCTGGTTGCAAAAAGCCTTTATGATACA
 M  E  K  L  E  P  F  S  S  L  S  G  D  E  S  Y  Q  N  R  D  L  E  K  V  S  Q  L  V  A  K  S  L  Y  D  T

       955       965       975       985       995      1005      1015      1025      1035      1045
AAAGTACAACCATCAACTTTGTTACCAAAACAAGTTGGCAACATGTACACTGCATCTCTTTATGCTGCATTTGTATCCATTCTCGATGGCAAGCCTAGCACTCTG
 K  V  Q  P  S  T  L  L  P  K  Q  V  G  N  M  Y  T  A  S  L  Y  A  A  F  V  S  I  L  D  G  K  P  S  T  L

      1060      1070      1080      1090      1100      1110      1120      1130      1140      1150
AGAGGTAAACGGGTAGTTATGTTCTCATATGGCAGTGGTCTATCTTCCACAATGTTCTCATTCAGACTCCGGGATGGTCAACATCCCTTCAGCTTATCAAACATT
 R  G  K  R  V  V  M  F  S  Y  G  S  G  L  S  S  T  M  F  S  F  R  L  R  D  G  Q  H  P  F  S  L  S  N  I

      1165      1175      1185      1195      1205      1215      1225      1235      1245      1255
ACTTGTGTGCTGAATGTTTCTGAAAAGCTGGATTCTAGACATGTATTTTCACCTGAGAAATTTGTTGAAACAATGAAGCTGATGGAGCATCGTTATGGGGCCAAG
 T  C  V  L  N  V  S  E  K  L  D  S  R  H  V  F  S  P  E  K  F  V  E  T  M  K  L  M  E  H  R  Y  G  A  K

      1270      1280      1290      1300      1310      1320      1330      1340      1350      1360
GATTTTGTAACCTGCTCAGACAAGAGCTTACTAGCTCCAGGCACATTCTATCTTACTAAGGTTGACTCTATGTACAGGCGATATTATGCCCAAAAGGTTGAAGAT
 D  F  V  T  C  S  D  K  S  L  L  A  P  G  T  F  Y  L  T  K  V  D  S  M  Y  R  R  Y  Y  A  Q  K  V  E  D

      1375      1385      1395      1405      1415      1425
ACGGATAAGTGCAGCACTGCTTTCAGCCATGAGAATGGTTCGCTGCTCAATGGCCACTGA
 T  D  K  C  S  T  A  F  S  H  E  N  G  S  L  L  N  G  H  *
```

图 11-6 *LcuHMGS1* 的 CDS 和蛋白质序列

克隆 *LcuHMGS1* 的全基因组 DNA 序列发现，*LcuHMGS1* 包含 12 个外显子和 11 个内含子（图 11-7A），同样克隆获得 *LcuHMGS1* 启动子序列（−1988 至 1 bp）。

对 LcuHMGS1 的蛋白质序列与拟南芥（*Arabidopsis thaliana*）、烟草（*Nicotiana benthamiana*）、巴西橡胶树（*Hevea brasiliensis*）、杜仲（*Eucommia ulmoides*）、喜树（*Camptotheca acuminate*）、芥菜（*Brassica juncea*）、三七（*Panax notoginseng*）、水仙（*Narcissus tazetta*）和水稻（*Oryza sativa*）的同源蛋白质进行多序列比对发现，LcuHMGS1 与 HMGS 同源蛋白质相似性达 85% 以上，这表明 LcuHMGS1 属于 HMGS 家族成员（图 11-7B）。

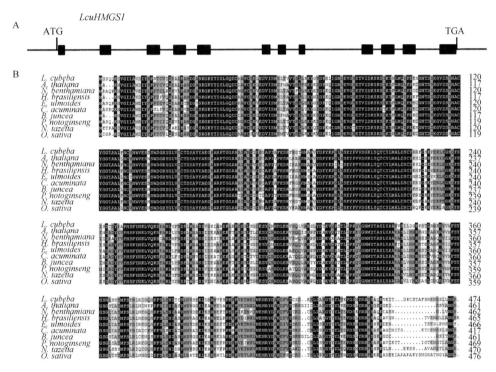

图 11-7　*LcuHMGS1* 序列分析
A. *LcuHMGS1* 的基因结构；B. LcuHMGS1 及其同源蛋白质的序列比对

11.4.1.2　*LcuHMGS1* 在山苍子不同组织中的表达模式

为比较分析 *LcuHMGS1* 在山苍子不同组织不同时期的表达模式，解析其发挥作用的关键组织，选取 4 月、5 月、6 月、7 月和 8 月对山苍子根、茎、叶、果实进行取样，利用实时定量 PCR 分析其表达模式（图 11-8）。在 4 月和 5 月时，*LcuHMGS1* 在果实中的表达量显著高于根、茎、叶。*LcuHMGS1* 在茎、叶中的表达量在 6 月显著增加至与果实相近的水平。在 7 月时，*LcuHMGS1* 在茎、叶中的表达量高于果实。在 8 月时，*LcuHMGS1* 在叶片中的表达量显著高于根、茎和果实（图 11-8）。对 *LcuHMGS1* 在根、茎、叶和果实中不同时期的表达水平进行比较发现，*LcuHMGS* 在果实发育早期表达量最高，随果实发育至后期逐渐下降，而在茎、叶发育过程中，*LcuHMGS1* 在后期表达量呈显著上升趋势（图 11-8）。

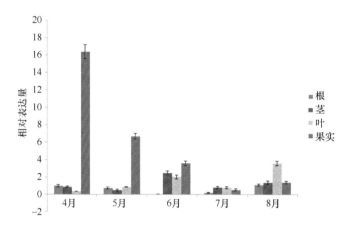

图 11-8 *LcuHMGS1* 在不同组织和不同时期的表达
图中数据为平均值，误差线为三个生物重复的标准差

以上结果表明，*LcuHMGS1* 在果实发育的早期和中期特异性高表达，在茎、叶发育中后期高表达。山苍子 *LcuHMGS1* 在果实中的表达高峰出现在山苍子果实精油合成高峰期前期（Gao et al.，2016），可能参与为萜类化合物的合成提供前体。

为分析山苍子 *LcuHMGS1* 启动子的表达特性，将其启动子序列（−1988 至 1 bp）与 GUS 融合构建表达载体 pLcuHMGS∷GUS 转基因烟草（*N.benthamiana*）。经过染色分析发现，*LcuHMGS1* 启动子在烟草叶片腺毛、花瓣、花药和柱头中高表达，但在主根中表达较弱，与山苍子 *LcuHMGS1* 表达模式相似（图 11-9A～D）。

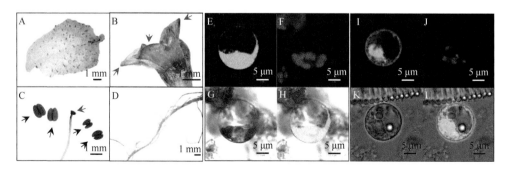

图 11-9 *LcuHMGS1* 表达模式分析和亚细胞定位
A～D. GUS 组织化学分析，标尺长度为 1 mm；E～H. LcuHMGS1-eGFP 的亚细胞定位；I～L. eGFP 空载的
亚细胞定位；E，I. eGFP；F，J. 叶绿体；G，K. 明场；H，L. 叠加，标尺长度为 5 μm

　　将 *LcuHMGS1* 基因 CDS 区的终止密码子去除，并通过 *Sal*I 酶切位点将其分别与 eGFP 表达载体连接。利用 PEG 介导的转化方法将 LcuHMGS1-eGFP 重组载体和 eGFP 空载转入烟草叶肉细胞原生质体，在激光共聚焦显微镜下观察 LcuHMGS1-eGFP 和 GFP 的亚细胞定位情况（图 11-9E~L）。结果显示，eGFP 空载中的 GFP 在原生质体细胞的细胞膜、细胞质及细胞核中均有，而 LcuHMGS1-eGFP 在细胞质中表达绿色荧光信号，表明 LcuHMGS1 定位于细胞质。

11.4.1.3　过表达 *LcuHMGS1* 弥补拟南芥 *hmgs* 突变体表型缺陷

　　LcuHMGS1 与 AthHMGS（At4g11820）的氨基酸序列同源性为 74.37%。通过对拟南芥缺失突变体 *hmgs1-1* 的过表达互补实验可以得知 *HMGS* 基因家族功能的保守性。与野生型拟南芥相比，拟南芥突变体 *hmgs1-1* 表现出严重的矮化表型，叶片较小（图 11-10）。此外，*hmgs1-1* 也表现出开花延迟的特性，其开花时间比对照植株显著延迟 5 天左右。过表达 *LcuHMGS1* 恢复了 *hmgs1-1* 的表型缺陷（图 11-10）。结果表明，LcuHMGS1 具有与 AthHMGS 相似的功能，参与对植物生长发育的调控。

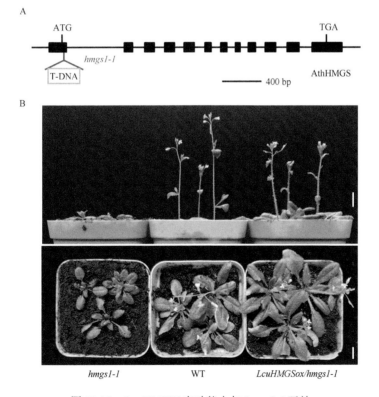

图 11-10　*LcuHMGS1* 在功能上与 *hmgs1-1* 互补

hmgs1-1、野生型和 *LcuHMGS1* 过表达的互补植株（*LcuHMGSox/hmgs1-1*）的表型。标尺长度为 1 cm

11.4.1.4　过表达 *LcuHMGS1* 提高烟草萜类产量

构建植物过表达载体 pCambia1300S-LcuHMGS1 转入 GV3101 农杆菌感受态，菌液 PCR 验证后通过叶盘法转化烟草。收获 T1 代种子，消毒后播种于含有 20 mg/L 潮霉素 B 的 MS 培养基上，筛选 T3 代阳性转基因株系。经抗性筛选和 PCR 验证后得到 6 株过表达 *LcuHMGS1* 转基因烟草（*LcuHMGS1ox1~6*）。实时定量 PCR 结果显示 6 个转基因株系中的 *LcuHMGS1* 的表达量均显著高于野生型，其中 *LcuHMGS1ox2* 和 *LcuHMGS1ox6* 株系的表达量最高，因此选取这两个株系进行下一步实验。

为研究 *LcuHMGS1ox2* 和 *LcuHMGS1ox6* 中过表达 *LcuHMGS1* 对 MVA 和 MEP 途径相关基因表达水平的影响，对 *LcuHMGS1ox2* 和 *LcuHMGS1ox6* 株系叶片进行了实时定量 PCR 分析。结果表明，过表达 *LcuHMGS1* 对 *NbeHMGS* 的表达水平没有显著影响，*LcuHMGS1ox2* 和 *LcuHMGS1ox6* 株系中 *LcuHMGS1* 的表达水平分别是 *NbeHMGS* 的 14 和 12 倍（图 11-11A~C）。与野生型相比，*LcuHMGS1ox* 株系

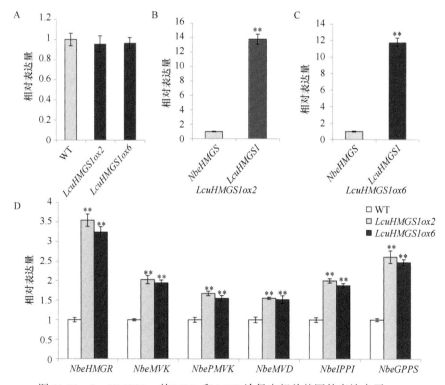

图 11-11　*LcuHMGS1ox* 的 MVA 和 MEP 途径中相关基因的表达水平

A. 野生型（WT）和 *LcuHMGS1ox* 烟草中 *NbeHMGS* 的相对转录水平；B. *LcuHMGS1ox2* 植物中 *NbeHMGS* 和 *LcuHMGS1* 的相对表达水平；C. *LcuHMGS1ox6* 中 *NbeHMGS* 和 *LcuHMGS1* 的相对表达水平；D. 野生型（WT）和 *LcuHMGS1ox* 株系的 MVA 和 MEP 途径中相关基因的相对表达水平；误差线为三个生物学重复的标准差，星号表示基于 *t* 检验的统计学显著差异（**，*P*<0.01）

NbeHMGR 表达量增加了 3.4 倍,*NbeMVK* 和 *NbeIPPI* 表达量分别增加了 2 倍,*NbePMVK* 和 *NbeMVD* 表达量分别增加了 1.5 倍,*NbeGPPS* 表达量增加了 2.5 倍(图 11-11D)。以上结果表明,*LcuHMGS1* 的过表达可以有效促进 MVA 途径基因的表达,同时可通过代谢交流提高 MEP 途径下游基因的表达,从而提高烟草萜类的产量。

为进一步研究 *LcuHMGS1* 的过表达是否有助于萜类产量的提高,采用 GC-MS 分析了 *LcuHMGS1ox2* 植物挥发性萜类化合物的成分与产量。检测发现,野生型烟草中只含有少量的桉叶油醇(eucalyptol)和 β-环柠檬醛(β-cyclocitral),未检测到倍半萜化合物。与对照相比,过表达 *LcuHMGS1* 能够显著提高 α-蒎烯(α-pinene)、右旋柠檬烯(*D*-limonene)、桉叶油醇、β-环柠檬醛和香叶醛(geranial)的产量,其中右旋柠檬烯,α-蒎烯和香叶醛为对照中未检出的成分。*LcuHMGS1ox2* 株系中的桉叶油醇含量相对于对照增加了约 2 倍,β-环柠檬醛含量增加了约 3 倍(图 11-12)。这一结果表明,*LcuHMGS1* 的过表达可以有效地提高烟草单萜的产量。除单萜外,我们发现 *LcuHMGS1ox* 株系中含有丰富的倍半萜化合物,如石竹烯(caryophyllene)、β-榄香烯(β-elemene)、香橙烯(aromandendrene)、古巴烯(copaene)(图 11-12)。这些结果表明,*LcuHMGS1* 的过表达可以显著提高单萜和倍半萜的产量。

11.4.1.5　过表达 *LcuHMGS1* 促进烟草二萜合成及生物量的提高

过表达 *LcuHMGS1* 的烟草株系在萜类产量增加的同时,生物量也有显著增加。通过比较 *LcuHMGS1ox2* 和 *LcuHMGS1ox6* 1 月龄烟草苗的高度、茎粗、鲜重和 2 月龄烟草的株高(盛花期)与野生型烟草的差异(图 11-13)。结果表明,1 月龄 *LcuHMGS1ox* 植株的株高约为对照的 2.1 倍,茎粗约为对照的 1.4 倍,鲜重约为对照的 4.1 倍。此外,*LcuHMGS1ox* 植物的叶片明显大于野生型(图 11-13A~

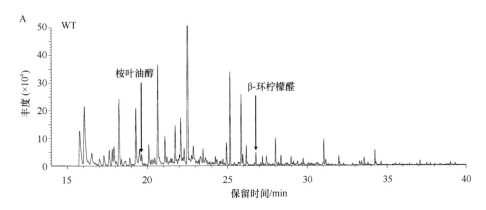

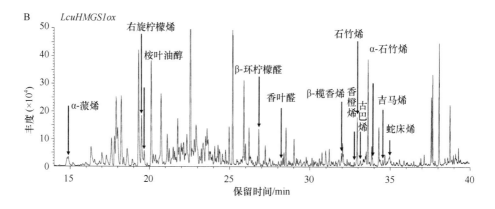

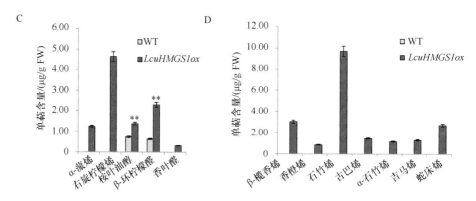

图 11-12　野生型和 *LcuHMGS1ox* 烟草中单萜和倍半萜的产量

A. 野生型中单萜和倍半萜的丰度；B. *LcuHMGS1ox* 中单萜和倍半萜的丰度，X 轴表示保留时间，Y 轴表示丰度；C. 野生型和 *LcuHMGS1ox* 单萜成分及含量；D. 野生型和 *LcuHMGS1ox* 中倍半萜成分和含量，实验进行 12 个生物学重复，误差线为生物学重复与平均值的标准差；星号表示根据 t 检验得出的与野生型的统计学差异（**，$P<0.01$）

D）。同样，2 月龄 *LcuHMGS1ox* 烟草植株的株高约为对照的 1.3 倍，叶面积显著增大（图 11-13F～H）。值得注意的是，*LcuHMGS1ox* 烟草植株开花相对于野生型提前一周左右。综上所述，*LcuHMGS1ox* 烟草株系生长速度快、生物量大。

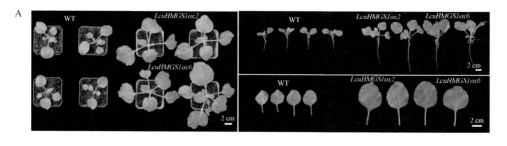

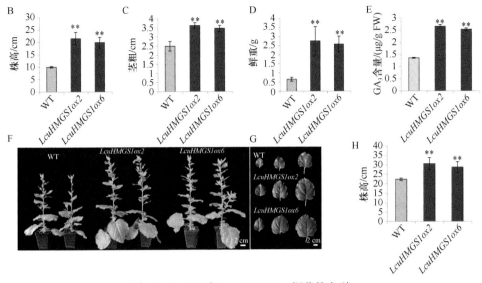

图 11-13　WT 和 *LcuHMGS1ox* 烟草的表型

A. 1 月龄野生型和 *LcuHMGS1ox* 烟草幼苗的表型比较，标尺长度为 2 cm；B. 1 月龄烟草的株高；C. 1 月龄烟草幼苗的茎粗；D. 1 月龄烟草幼苗的鲜重；E. 野生型和 *LcuHMGS1ox* 烟草叶片的 GA₃ 含量（*n*=12）；F. 2 月龄野生型和 *LcuHMGS1ox* 烟草的表型，标尺长度为 2 cm；G. 2 月龄野生型和 *LcuHMGS1ox* 烟草的叶片，标尺长度为 2 cm；H. 2 月龄野生型和 *LcuHMGS1ox* 烟草的株高；误差线代表 30 个生物学重复与平均值的标准差；星号表示根据 *t* 检验得出的与 WT 的统计学差异（**，*P*<0.01）

同时，检测 *LcuHMGSox* 株系和野生型叶片中的 GA₃ 含量发现，*LcuHMGSox* 株系的 GA₃ 含量明显高于野生型（图 11-13E）。GA₃ 作为一种二萜化合物，可调控植物的生长发育过程（Yin et al.，2017），其含量的增加表明，*LcuHMGS1* 的过表达通过代谢交流促进了质体中二萜及其衍生物的合成，进而提高了烟草的生长速度和生物量。

11.4.1.6　*LcuHMGS1* 基因促进单萜、倍半萜和二萜化合物合成

单萜类化合物作为植物中精油和防御性油性树脂的主要成分，除了参与植物传粉、化感作用、防御等过程，也在食品、化妆品和医药领域创造了巨大的经济价值。单萜化合物的重要意义及其经济价值促使人们解析单萜生物合成途径，明确关键基因功能和调控机制以改良植物的单萜产量和成分。

MVA 和 MEP 途径为下游产物，包括初级代谢产物植物甾醇、植物激素、叶绿素、类胡萝卜素及次级代谢产物柠檬烯、柠檬醛、芳樟醇等单萜和倍半萜化合物提供前体。目前，作为 MVA 途径的关键限速基因 *HMGS* 已在一些植物中被克隆，系统发育分析表明，植物 *HMGS* 基因可能起源于共同的祖先基因，根据植物进化关系聚集在不同的分支中（Liu et al.，2019）。Meng 等（2017）研究表明，银杏 *GbHMGS1* 在叶片特异性高表达，并且可被低温、茉莉酸甲酯、乙烯和脱落酸诱导，参与银杏

倍半萜生物合成。通过研究 *LcuHMGS1* 基因在果实发育过程中的表达模式发现，其在果实发育过程中的表达水平除果实发育后期外均高于同时期的其他组织。在果实发育过程中，由于细胞的快速分裂和扩张，需要多种代谢物的协同作用。研究表明，植物甾醇可以促进细胞分裂，并调节相关转录因子促进纤维素的合成，从而导致细胞伸长（Ibañes et al.，2009；Xie et al.，2011）。同时，*LcuHMGS1* 基因高表达可以通过促进赤霉素等激素的合成调控果实的生长发育（Serrani et al.，2017）。Liao 等（2020）发现，过表达 *BjHMGS1* 可以促进拟南芥根部伸长。*LcuHMGS1* 在调控植物特异萜类化合物中同样发挥重要功能。山苍子果实精油中的单萜化合物在果实发育过程中有两个合成高峰，与果实发育过程中 *LcuHMGS1* 基因的表达趋势一致。果实发育中后期，*LcuHMGS1* 在山苍子茎、叶中的表达水平增加，说明了其在植物营养器官生长中的重要作用。此结果得到了过表达 *LcuHMGS1* 烟草的表型支持，如生长速度加快和生物量增加。*LcuHMGS1* 对赤霉素的调控作用对植物营养器官的发育起重要作用，可以将其应用于作物育种中以有效地提高作物生物量。

在植物中过表达 MVA 或 MEP 途径的关键基因，通过提高萜类合成前体的供应提高萜类化合物的产量，是利用基因工程提高植物萜类化合物合成的重要策略。Liao 等（2020）发现 *BjHMGS1* 在番茄中的过表达能有效地增加三萜和植物甾醇的含量。Estevez 等（2001）在拟南芥中过表达 *DXS* 基因导致 GGPP 衍生物水平增加，如叶绿素、类胡萝卜素、维生素 E 和脱落酸。然而，该策略在提高物种非主要萜类化合物成分中的作用十分有限。Yin 等（2017）在烟草中共表达 MEP 途径关键基因 *DXS* 和不同物种单萜合成酶基因无法显著提高烟草单萜化合物产量。其原因可能为野生型烟草叶片含有极其微量的单萜类化合物，MEP 途径的代谢流主要为二萜及其衍生物提供底物。本研究中，*LcuHMGS1* 的过表达显著增加了 IPP 和 DMAPP 产量进而提高了倍半萜产量，同时通过代谢交流为单萜和二萜类化合物提供了底物，可能为解决此问题提供了新的方法，即利用 MVA 和 MEP 途径的代谢交流，在不影响植物主要萜类化合物合成的情况下，利用额外增加的底物合成次要萜类化合物。

MVA 和 MEP 途径可通过代谢交流跨亚细胞区室为萜类化合物的合成提供底物（Opitz et al.，2014；Karunanithi and Zerbe，2019）。植物中形成的两条 IPP/DMAPP 途径使植物进化出区室化的萜类代谢途径以更好地控制 MEP 衍生的单萜类和二萜类化合物及 MVA 途径衍生的倍半萜类、甾醇类、油菜甾醇类与三萜类化合物的合成。MVA 和 MEP 途径可以通过 IPP/DMAPP、GPP 等化合物进行代谢交流（Henry et al.，2018）。然而，研究表明 MVA 和 MEP 通路之间的代谢交流有限，或主要从质体中的 MEP 途径到细胞质中的 MVA 途径。拟南芥中全基因组共表达研究发现，MVA 和 MEP 途径基因之间的相互作用很小。Wang 等（2012）发现芥菜 *BjHMGS1* 基因在拟南芥中的过表达对 MEP 途径中的基因表达水平或最终产物（如叶绿素和类胡萝卜素）的合成没有显著影响。Mendoza 等（2015）使用 MVA 途径抑制剂处理穗状薰衣草,发现这种处理对 MEP 途径中叶绿素、类胡萝卜素和单萜的合成没有显著影响。随后,通过外源 MVA 的补充,单萜类化合物的产量降低。以上研究发现,代谢通量主要从质体中的 MEP 途径到细胞质中的 MVA 途径。然而,本研究中,在烟草中过表达 LcuHMGS1 后,不仅显著增加了单萜和倍半萜的种类和产量,也提高了二萜类激素 GA₃ 的含量。通过检测 MVA 和 MEP 途径下游基因的表达水平发现,IDI 和 GPPS 的表达水平都显著增加。LcuHMGS1 的过表达显著增加了 IPP 和 DMAPP 产量进而提高了倍半萜产量,同时通过代谢交流为单萜和二萜类化合物提供了底物。因此,MEP 和 MVA 的代谢交流机制仍需要进一步研究,并且其跨膜运输的载体或替代转移机制目前尚不清楚。研究进一步表明,通过 MVA 和 MEP 途径进行的萜类化合物生物合成不仅通过 IPP 和 DMAPP 进行,还可能涉及相应的异戊烯基和二甲基烯丙基单磷酸和 DMAP(Henry et al.,2018)。

11.4.2　香叶基焦磷酸合酶小亚基 *LcuGPPS.SSU1*

　　山苍子 *LcuGPPS.SSU1* 在山苍子花和果实特异性高表达,可以与 GGPPS 互作,作为调控单元调控单萜的生物合成。作为单萜和二萜生物合成的分支点,已有研究表明 *GPPS.SSU* 可以作为"修饰剂"或"加速器",调控单萜直接前体 GPP 的合成,以增强单萜的产生。

11.4.2.1　*LcuGPPS.SSU1* 的组织特异性表达模式

　　山苍子 *LcuGPPS.SSU1* 在花、叶和果实中表达较高,在果实 60 DAF 和 120 DAF 时表达量高于其他组织(图 11-14)。山苍子 *LcuGPPS.SSU1* 在果实 60 DAF 和 120 DAF 的表达高峰与山苍子果实精油合成高峰期一致(Gao et al.,2016)。*LcuGPPS.SSU1-GFP* 只在叶绿体中表达绿色荧光信号,表明 *LcuGPPS.SSU1* 定位于叶绿体,与单萜生物合成途径中的定位一致(图 11-15)。

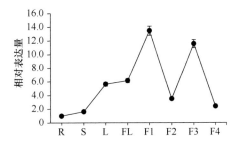

图 11-14　*LcuGPPS.SSU1* 在不同组织和果实不同发育时期的表达

R、S、L、FL、F1、F2、F3、F4 分别表示根、茎、叶、花、果实 1(60 DAF)、
果实 2(90 DAF)、果实 3(120 DAF)和果实 4(150 DAF)

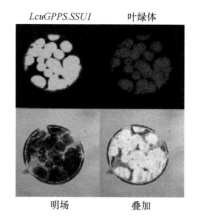

图 11-15　*LcuGPPS.SSU1* 的亚细胞定位

通过 PCR 扩增获得 *LcuGPPS.SSU1* 基因的 1593 bp 的启动子片段（MN551097），并与 GUS 报告基因融合构建 pLcuGPPS.SSU1-GUS 载体转化烟草，以研究其表达模式。在 20 天的烟草幼苗中未观察到 GUS 信号的表达，可能与此时烟草的次生代谢水平较低有关。在 2 月龄烟草的叶片中发现 GUS 信号在叶片腺毛特异性表达（图 11-16）。烟草叶片腺毛为萜类合成和贮存的部位，该结果表明，*LcuGPPS.SSU1* 的启动子在萜类合成部位特异性表达。

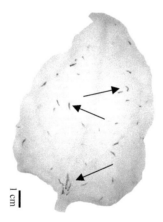

图 11-16　*LcuGPPS.SSU1* 启动子的 GUS 组织化学分析

对 *LcuGPPS.SSU1* 启动子序列分析发现，其包括如 G-box、ABRE、TGACG motif、Myb、Myc 和 TCA 元件等顺式作用元件，参与植物对光、ABA 和 MeJA 等信号的响应。

11.4.2.2　过表达 *LcuGPPS.SSU1* 提高山苍子叶片单萜产量

作为一种缺乏遗传转化体系的多年生木本植物，高效的瞬时转化系统为检测

山苍子 *LcuGPPS.SSU1* 的功能提供了一种方法。为研究 *LcuGPPS.SSU1* 的过表达是否有助于提高单萜产量，在山苍子叶片中对 *LcuGPPS.SSU1* 进行瞬时过表达。首先将 *LcuGPPS.SSU1* 过表达载体转入农杆菌 LBA4404，挑取农杆菌阳性单菌落于 200 ml 的 LB 液体培养基并培养至 OD600 在 0.8 左右，随后收集菌体配制侵染液。利用无针注射器将悬浮液注射进烟草叶片，48 h 后通过 GC-MS 分析了单萜的含量。结果表明，野生型山苍子叶片中含有大量的单萜化合物，主要为桉叶油醇、柠檬烯、香叶醇。瞬时表达 *LcuGPPS.SSU1* 后，*LcuGPPS.SSU1* 叶片中的单萜类化合物与对照相比产量显著增加（图 11-17）。

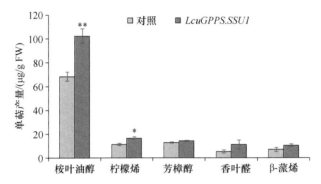

图 11-17　*LcuGPPS.SSU1* 在山苍子叶片中的瞬时过表达

误差线表示三个生物学重复的标准差。星号表示与对照的显著性差异（*，$P < 0.05$；**，$P < 0.01$）

已有研究表明，MEP 下游产物的产量通过反馈调节来控制 MEP 途径的关键基因如 *DXS* 的表达（Pokhilko et al.，2015）。检测 *LcuGPPS.SSU1* 过表达对 MVA 和 MEP 途径关键基因表达量的影响发现，与空白对照相比，*LcuGPPS.SSU1* 过表达的山苍子叶片中 *LcuDXR*、*LcuDXS6* 和 *LcuHMGS1* 的表达水平分别显著提高了 4.2 倍、8.3 倍和 2.6 倍。可以推测，过表达 *LcuGPPS.SSU1* 通过反馈机制调控上游基因，从而促进单萜的合成。

构建植物表达载体 pCambia1300S-LcuGPPS.SSU1，将空载和测序正确的重组载体分别转入 GV3101 农杆菌感受态，叶盘法侵染烟草叶片。经抗性筛选和 *LcuGPPS.SSU1* 的 PCR 验证，获得 10 株过表达 *LcuGPPS.SSU1* 转基因烟草株系，命名为 G1～G10，检测其 *LcuGPPS.SSU1* 的表达量（图 11-18）。结果显示，10 个转基因株系中 *LcuGPPS.SSU1* 的表达量均显著高于野生型，其中 G1、G3、G8 这三个株系的表达量较高，因此选取这三个株系进行下一步实验。

对 G1、G3 和 G8 株系进行后续 qRT-PCR 分析和 GC-MS 检测（图 11-18）。结果表明，G3 和 G8 株系叶片的单萜产量分别比对照增加了 3.1 倍和 2.7 倍，G1 的单萜总产量增加了 3.7 倍（图 11-18）。G1 株系的柠檬烯和桉叶油醇的含量与对照相比分别提高了 8.5 倍和 6.8 倍，值得注意的是，对照中未检测到的成分（如芳樟醇、樟脑、β-香茅烯、萜品醇和 β-侧柏烯）在 G1 株系中也有较高的含量（图 11-18）。因此，*LcuGPPS.SSU1* 的过表达提高了烟草中单萜化合物的产量和种类。进一步分析MEP途径关键基因 *DXS* 和 *DXR* 及MVA途径关键基因 *HMGS* 与 *HMGR* 的表达量发现（图 11-18D），伴随 G1 株系单萜化合物产量的增加，*NbeHMGS* 的表达量提高了 78.8 倍，*NbeHMGR* 的表达量提高 27.7 倍，*NbeIDI* 的表达量增加 10.1 倍，*NbeDXR* 的表达量提高 170.4 倍，特别是 *NbeDXS*，表达量提高约 500 倍之多。由此可见，*LcuGPPS.SSU1* 的过表达通过反馈调节机制刺激了 MEP 和 MVA 通路的代谢通量，并促进了多种单萜化合物的生产。

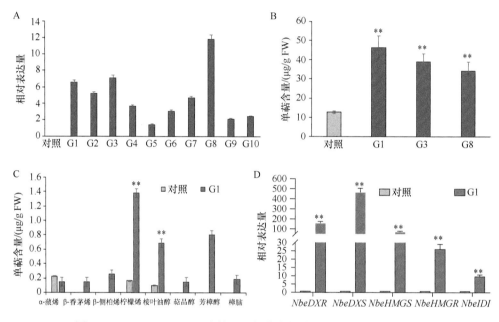

图 11-18 *LcuGPPS.SSU1* 在转基因烟草中的过表达增加了单萜的产量

A. *LcuGPPS.SSU1* 在 10 个转基因株系中的表达水平；B. *LcuGPPS.SSU1* 转基因烟草的单萜含量；C. *LcuGPPS.SSU1* 转基因烟草株系 G1 的叶片单萜成分和含量；D. G1 株系中 MVA 和 MEP 途径关键基因的表达水平；误差线表示三个生物学重复的标准差，星号表示相对于对照组的显著性差异（**，$P<0.01$）。

MEP 途径为植物激素（如赤霉素、脱落酸和细胞分裂素）的生物合成提供前体，在植物生长发育中发挥了关键作用。与对照相比，*LcuGPPS.SSU1ox* 表现出株高增加、叶面积增加的表型。

11.4.2.3 *LcuGPPS.SSU1* 对植物单萜合成的调控及其反馈调节机制

单萜作为一种次生代谢产物，其生物合成和代谢具有明显的组织特异性，常与组织发育阶段有关（Kim et al.，2014；Xue et al.，2019）。对薄荷（Burke and Croteau，1999）和啤酒花（Wang and Dixon，2009）的 *GPPS.SSU* 研究表明，作为催化单萜直接前体 GPP 合成的关键基因，*GPPS.SSU* 在负责单萜生产的组织中特异性表达，表达模式与单萜释放量呈相关性。*LcuGPPS.SSU1* 的表达在果实发育 60 DAF 和 120 DAF 时达到高峰，*LcuGPPS.SSU1* 下游的单萜合酶也表现出相同的表达模式。与单萜合成关键基因表达模式相对应的是，山苍子精油主要的合成部位为果实，合成高峰期为 60 DAF 和 120 DAF（Gao et al.，2016）。此外，*GPPS.SSU* 在部分物种中表现出广泛的表达，参与玫瑰花、茎和叶中单萜及单萜吲哚生物碱的生物合成（Rai et al.，2013）。事实上，*GPPS.SSU* 的高表达组织与植物中主要代谢物的类型和位置有关。如参与合成单萜和二萜的 MEP 途径及其下游基因在光合组织中表现出较高的表达，在根中则表现出弱表达（Jadaun et al.，2016）。尽管薄荷、留兰香、金鱼草和啤酒花的 *GPPS.SSU* 已得到基因和蛋白质水平上的鉴定，但 *GPPS.SSU* 的启动子活性仍需进一步研究以解析其表达特性。*LcuGPPS.SSU1* 的启动子在 2 月龄烟草叶片的毛状体中特异性表达，但在 20 天烟草中没有检测到表达。由于大量萜类化合物在烟草成熟叶片毛状体中分泌和储存，说明 *LcuGPPS.SSU1* 在植物单萜合成前体的形成中发挥关键作用。

众所周知，植物萜类生物合成的关键调控因子是环境因子如光（Kawoosa et al.，2010）和植物激素如茉莉酸甲酯（曹佩，2017）。单萜在质体中进行生物合成，由光合作用为其提供前体、ATP 和 NAPDH。因此，在黑暗条件下单萜产量急剧下降。光不仅可以影响单萜生物合成的前体和辅因子，还可以通过调控启动子区的光响应元件调节 *LcuGPPS.SSU1* 的表达水平。MeJA 处理能够诱导萜类生物合成途径基因的表达，经 MeJA 处理后，*LcuGPPS.SSU1* 的表达水平和单萜产量迅速增加。Raia 等（2013）发现 MeJA 可显著诱导长春花叶片 *CrGGPPS.SSU* 的表达以响应外界刺激调控单萜合成，生成与防御、化感及繁殖相关的单萜物质。利用 *LcuGPPS.SSU1* 的启动子信息，挖掘参与环境因子调控单萜生物合成的转录因子，将为解析山苍子单萜生物合成机制提供新的见解。

GPPS 是催化单萜生物合成的关键分支点的关键酶，但基于 GPPS 过表达的代谢工程策略在植物萜类合成中的应用并不普遍。烟草叶片中只含有微量单萜，其主要合成二萜化合物（Yin et al.，2017）。而单萜和二萜的生物合成都直接由 MEP 途径提供前体，使得 *DXS* 等上游基因的过表达无法有效提高单萜产量。因此，有限的 GPP 底物池是阻碍烟草叶片单萜产量提高的关键。作为单萜和二萜生物合成的分支酶，大量证据表明 GPPS.SSU 可以充当"修饰剂"或"加速器"以增强单萜的生产（Wang and Dixon，2009）。当 GPPS.SSU 作为"修饰剂"时，可通过将 GGPPS 活性重定向为 GPPS 用于催化合成 GPP 进而合成单萜，如在烟草中过表达 *AmGPPS.SSU* 后 GGPP 产量降低，新合成的 GPP 用于单萜合成（Orlova et al.，2009）。然而，在单萜增加的同时，萜类合成上游途径的基因表达量没有显著改变，而减少的 GGPP 池导致烟草生长发育出现缺陷，表现出严重的叶片黄化和矮化，"修饰剂" GPPS.SSU 阻碍了烟草的初级代谢。GPP 不仅为单萜合成提供底物，而且是赤霉素和叶绿素等二萜化合物的合成前体（Mahmoud and Croteau，2002）。

植物萜类生物合成途径可根据下游产物的产量利用反馈机制上调 MVA 和 MEP 途径关键基因的表达，以增加萜类合成前体的供应。在 *LcuGPPS.SSU1* 的瞬时表达和异源表达中，*LcuGPPS.SSU1* 的引入改善了内源 GPPS 的活性，增加了单萜产量，并通过反馈机制上调单萜生物合成途径早期基因的表达。作为"加速器"，*LcuGPPS.SSU1* 在加快单萜生产的同时，并未改变 GGPPS 的催化作用。下游产物的增加通过反馈调节上调了上游基因 *DXS* 和 *HMGS* 的表达水平，从而增加了 MEP 和 MVA 途径的代谢通量（Pokhilko et al.，2015；Paetzold et al.，2010）。在 *MpGPPS.SSU* 过表达烟草和 *AmGPPS.SSU* 过表达番茄中也观察到在 GGPPS 活性不改变的情况下 *DXS* 表达水平的上调。DXS 作为 MEP 途径的第一个关键酶，在过表达烟草和山苍子中均表现出最高的表达水平的增加，这表明 DXS 可能是下游产物反馈调节 MEP 途径的关键靶点。Pokhilko 等（2015）发现 *DXS* 表达水平增加 3 倍时可导致 MEP 途径代谢流增加近 2 倍。

11.4.3 单萜合酶 LcuTPS

11.4.3.1 LcuTPS 的克隆

以山苍子花苞 cDNA 为模板，分别对 *LcuTPS19*、*LcuTPS20*、*LcuTPS22*、*LcuTPS25*、*LcuTPS32* 和 *LcuTPS42* 的 cDNA 序列进行扩增，电泳结果显示，分别扩增得到 1743 bp、1743 bp、1755 bp、1866 bp、1818 bp 和 1809 bp 左右的条带，与预期大小相同。

对扩增序列进行测序，序列比对显示扩增序列与转录组序列一致。*LcuTPS19* 和 *LcuTPS20* 的 CDS 区长 1743 bp，编码 580 个氨基酸，与已报道的 LcTPS2（HQ651179）和 LcTPS3（HQ651180）序列一致。

LcuTPS22 的 CDS 区长 1755 bp，编码 584 个氨基酸。LcuTPS22 蛋白具有典型的 TPS 结构域。对 LcuTPS22 蛋白的理化性质进行分析，结果显示，蛋白质理论分子质量约为 67.49 kDa，等电点为 6.34。LcuTPS22 蛋白的二级结构由 α 螺旋、延伸链、β 转角和无规则卷曲 4 种结构元件组成。其中氨基酸数目最多的是 α 螺旋，占比 66.10%，其次是无规则卷曲，占比 27.91%。LcuTPS22 蛋白含有 32 个磷酸化位点。

LcuTPS25 的 CDS 区长 1866 bp，编码 621 个氨基酸。LcuTPS25 蛋白具有典型的 TPS 结构域。对 LcuTPS25 蛋白的理化性质进行分析，结果显示，蛋白质理论分子质量约为 71.00 kDa，等电点为 5.07。LcuTPS25 蛋白的二级结构由 α 螺

旋、延伸链、β 转角和无规则卷曲 4 种结构元件组成。其中氨基酸数目最多的是 α
螺旋，占比 61.03%，其次是无规则卷曲，占比 30.76%。LcuTPS25 蛋白含有 32
个磷酸化位点。

LcuTPS32 的 CDS 区长 1818 bp，编码 605 个氨基酸。LcuTPS32 蛋白具有典
型的 TPS 结构域。对 LcuTPS32 蛋白的理化性质进行分析，结果显示，蛋白质理
论分子质量约为 69.13 kDa，等电点为 5.39。LcuTPS32 蛋白的二级结构由 α 螺
旋、延伸链、β 转角和无规则卷曲 4 种结构元件组成。其中氨基酸数目最多的是 α
螺旋，占比 65.45%，其次是无规则卷曲，占比 26.28%。LcuTPS32 蛋白含有 21
个磷酸化位点。

LcuTPS42 的 CDS 区长 1809 bp，编码 602 个氨基酸。LcuTPS42 蛋白具有典
型的 TPS 结构域。对 LcuTPS42 蛋白的理化性质进行分析，结果显示，蛋白质理
论分子质量约为 69.07 kDa，等电点为 5.47。LcuTPS42 蛋白的二级结构由 α 螺
旋、延伸链、β 转角和无规则卷曲 4 种结构元件组成。其中氨基酸数目最多的是 α
螺旋，占比 64.96%，其次是无规则卷曲，占比 28.90%。LcuTPS42 蛋白含有 33
个磷酸化位点。

11.4.3.2　*LcuTPS* 表达具组织特异性并与组织发育时期有关

利用 qRT-PCR 对 *LcuTPS19*、*LcuTPS20*、*LcuTPS22*、*LcuTPS25*、*LcuTPS32* 和
LcuTPS42 在山苍子组织中的特异性表达进行分析（图 11-19）。结果显示，*LcuTPS19*
和 *LcuTPS20* 不仅氨基酸序列相似性为 99%，其表达模式也一致，在根、茎、叶
和花中表达量较低，在果实中特异性高表达，且随着果实发育时期不同，在 60 DAF

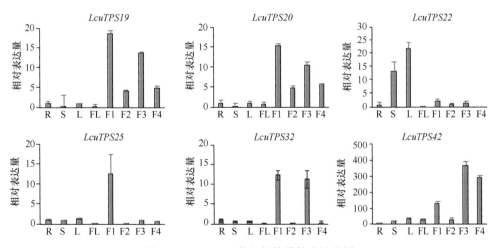

图 11-19　*LcuTPS* 的组织特异性表达分析

R、S、L、FL、F1、F2、F3 和 F4 分别表示根、茎、叶、花、果实 1（60 DAF）、
果实 2（90 DAF）、果实 3（120 DAF）和果实 4（150 DAF）

和 120 DAF 时表达量较高。*LcuTPS22* 表达模式与其他 *LcuTPSs* 相反，在茎和叶特异性高表达，可能参与茎、叶单萜化合物的合成。*LcuTPS25* 在果实 60 DAF 时特异性高表达，*LcuTPS32* 在果实 60 DAF 和 120 DAF 时特异性高表达，与 *LcuTPS19* 和 *LcuTPS20* 表达模式一致。*LcuTPS42* 在果实中特异性高表达，与 *LcuTPS19*、*LcuTPS20* 和 *LcuTPS32* 不同的是，其主要在果实发育后期高表达。*LcuTPS19*、*LcuTPS20*、*LcuTPS22*、*LcuTPS25*、*LcuTPS32* 和 *LcuTPS42* 在山苍子不同组织和果实不同发育时期的表达不同，表明 *TPS* 基因家族的功能分化及山苍子萜类化合物的合成具有组织特异性，并且与组织的发育时期有关。

11.4.3.3 LcuTPS 重组蛋白催化单萜化合物合成

为研究 LcuTPS 的催化活性和产物，对 *LcuTPS22*、*LcuTPS25*、*LcuTPS42* 构建 pET28a 原核表达载体并转化大肠杆菌 BL21（DE3），0.2 mmol/L 异丙基-β-D-硫代半乳糖苷（Isopropyl-beta-D-thiogalactopyranoside，IPTG）诱导表达重组蛋白。对重组蛋白添加底物 GPP 进行催化活性检测，对酶活反应产物进行 GC-MS 检测发现，LcuTPS22 催化 GPP 生成 α-蒎烯、β-蒎烯、莰烯、桉叶油醇和樟脑，其中桉叶油醇是山苍子叶片含量最丰富的萜类物质，而樟脑也是樟科的代表性萜类化合物；LcuTPS25 催化 GPP 生成 α-蒎烯和芳樟醇，LcuTPS42 催化 GPP 生成水芹烯、芳樟醇和香叶醇，其中，香叶醇是山苍子果实含量最丰富的合成柠檬醛的直接前体，芳樟醇和 α-蒎烯也是山苍子果实中主要的单萜成分。结合对 LcuTPS 组织特异性表达的分析，*LcuTPS22* 在山苍子叶片特异性高表达，其合成的主要成分是山苍子叶片萜类化合物的主要成分，说明 *LcuTPS22* 主要参与山苍子叶片单萜化合物的生成，而 *LcuTPS25* 和 *LcuTPS42* 主要在山苍子果实特异性高表达，可能说明 *LcuTPS25* 和 *LcuTPS42* 主要参与山苍子果实单萜化合物的合成。

11.4.3.4 *LcuTPS* 瞬时过表达显著提高烟草单萜产量

由于山苍子属于多年生木本植物，构建稳定的遗传转化系统尚存在困难，同时为避免山苍子内源 *LcuTPS* 对萜类化合物的影响，选择快速有效的瞬时转化方法测定 *LcuTPS* 在烟草中的功能。烟草叶片本身仅含有微量的柠檬烯，*LcuTPS19* 和 *LcuTPS20* 瞬时转化烟草叶片后，检测到新成分侧柏烯（thujene），此结果与 *LcuTPS19* 和 *LcuTPS20* 的体外酶活检测结果一致。瞬时过表达 LcuTPS22 有效提高了烟草叶片桉叶油醇、α-蒎烯和 β-蒎烯的产量；LcuTPS25 瞬时过表达提高了 α-蒎烯和芳樟醇的产量；LcuTPS42 瞬时过表达提高了烟草叶片芳樟醇的产量。这些结果表明，LcuTPS 的体内体外功能基本一致，在烟草中引入 LcuTPS 可加速桉叶油醇、芳樟醇、α-蒎烯和 β-蒎烯等单萜化合物的含量，可作为烟草萜类化合物代谢工程的关键基因（图 11-20）。

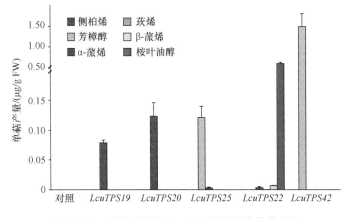

图 11-20　瞬时过表达 *LcuTPS* 提高烟草单萜产量

11.4.3.5　单萜合酶基因家族的扩张与功能分化决定了单萜化合物的多样性及特异性

迄今为止，对多种植物的全基因组分析表明，典型的 *TPS* 由中型至大型基因家族编码，除小立碗藓基因组只包含 1 个 *TPS* 基因外，植物 *TPS* 基因家族大都包括 20～170 个成员，如桉包含 113 个 *TPS* 基因，牛樟包含 101 个 *TPS* 基因，葡萄包含 69 个 *TPS* 基因，毛果杨包含 38 个 *TPS* 基因，水稻包含 32 个 *TPS* 基因，拟南芥包含 32 个 *TPS* 基因。山苍子基因组测序和染色体水平组装为全面鉴定萜类生物合成途径构建了平台。山苍子中共鉴定到 52 条 TPS 序列，系统发育分析显示山苍子 TPS 可分为 6 个亚家族，其中 TPS-a 包括 17 个成员，负责倍半萜化合物的合成；TPS-b 包括 24 个成员，负责单萜化合物的合成；TPS-g 包括 3 个成员，负责单萜化合物的合成；TPS-e/f 和 TPS-c 分别包含 6 个和 1 个成员，负责二萜化合物的合成。TPS-a 亚家族成员负责倍半萜化合物的合成。TPS-b 是山苍子中成员最多的亚家族，可能导致了山苍子丰富的单萜化合物的合成。木兰类和樟科在 TPS-a、TPS-b、TPS-g、TPS-e/f 和 TPS-c 亚家族中都形成了独立的分支。

伴随单萜合酶基因家族在樟科的扩张，基因簇的形成、基因功能分化和基因调控的差异都可能导致山苍子萜类化合物产量与组分的变化（Chen et al., 2020）。本研究发现，*LcuTPS* 的表达和蛋白质功能的差异，导致 *LcuTPS* 重复基因的保留和功能分化。植物萜类化合物的成分及含量取决于特定的植物种类或其所处的环境条件，而这些特定萜类化合物的生物合成通常局限于特定的组织或细胞类型，如花、根、果实或叶、茎和果实表面的腺毛（Reddy et al., 2017）。萜类化合物的特异性正是由于 *TPS* 的表达具有组织特异性、时空性及可诱导性。本研究对山苍子果实和叶片中高表达的 *LcuTPS22*、*LcuTPS19*、*LcuTPS20*、*LcuTPS25* 和 *LcuTPS42*

进行了表达模式的分析和功能验证。其中，*LcuTPS22* 在山苍子叶片特异性高表达，其催化合成的主要成分是山苍子叶片精油的主要成分桉叶油醇，而 *LcuTPS19*、*LcuTPS20*、*LcuTPS25* 和 *LcuTPS42* 主要在山苍子果实中特异性高表达，并且在果实发育的不同阶段高表达，主要负责果实精油的生产。*LcuTPS* 基因表达的差异，决定了山苍子精油产生的部位和时期。

部分萜类合酶具有能催化一种底物产生多个产物的能力，在催化上具有多样性（Chen et al.，2020）。山苍子基因组平台为全面鉴定 *LcuTPSs* 的催化活性和其背后的调控机制奠定了基础。LcuTPS22 催化 GPP 生成 α-蒎烯、β-蒎烯、莰烯、桉叶油醇和樟脑；LcuTPS25 催化 GPP 生成 α-蒎烯和芳樟醇；LcuTPS42 催化 GPP 生成水芹烯、芳樟醇和香叶醇。*TPS* 基因家族扩张后分化获得的新功能可能与植物为适应环境所形成的特异性萜类化合物有关（Pichersky and Raguso，2018）。因此，LcuTPS22、LcuTPS25 和 LcuTPS42 在催化上的多样性可能与山苍子在进化中对环境的适应有关。进一步验证 LcuTPS 成员的催化功能，基于蛋白质结构模型和酶活位点功能解析 LcuTPS 催化机制有助于加深对山苍子萜类合酶功能多样性和分子进化的理解（Karunanithi and Zerbe，2019）。目前山苍子遗传转化体系尚未建立，因此缺乏对 LcuTPSs 在山苍子本体的功能验证，但体外及异源表达 *LcuTPS* 的结果表明，*LcuTPS* 基因家族的基因表达调控有助于单萜化合物在山苍子的合成。

参 考 文 献

曹佩. 2017. 山苍子 *LcIPS* 家族基因克隆与蛋白表达分析. 北京: 中国林业科学研究院硕士学位论文.

付建玉. 2017. 茶树倍半萜类物质代谢及其对虫害胁迫响应. 北京: 中国农业科学院博士学位论文.

黄光文, 卢向阳. 2005. 我国山苍子油研究概况. 湖南科技学院学报, 26(11): 97-102.

梁宗锁, 方誉民, 杨东风. 2017. 植物萜类化合物生物合成与调控及其代谢工程研究进展. 浙江理工大学学报(自然科学版), 37(2): 255-264.

时敏, 王瑶, 周伟, 等. 2018. 药用植物萜类化合物的生物合成与代谢调控研究进展. 中国科学: 生命科学, 48(4): 352-364.

钟东洋, 钟文静. 2008. 浅谈山苍子的利用与产业化开发措施. 科技信息, (25): 365.

Burke C C, Croteau W R. 1999. Geranyl diphosphate synthase: cloning, expression, and characterization of this prenyltransferase as a heterodimer. Proceedings of the National Academy of Sciences of the United States of America, 96(23): 13062-13067.

Chaw S M, Liu Y C, Wu Y W, et al. 2019. Stout camphor tree genome fills gaps in understanding of flowering plant genome evolution. Nature Plants, 5(1): 63-73.

Chen F, Tholl D, Bohlmann J, et al. 2011. The family of terpene synthases in plants: a mid-size family of genes for specialized metabolism that is highly diversified throughout the kingdom. Plant Journal, 66(1): 212-229.

Chen Y C, Li Z, Zhao Y X, et al. 2020. The *Litsea* genome and the evolution of the laurel family. Nature Communications, 11(1): 1675.

Estevez J M, Cantero A, Reindl A, et al. 2001. 1-Deoxy-D-xylulose-5-phosphate synthase, a limiting enzyme for plastidic isoprenoid biosynthesis in plants. Journal of Biology Chemistry, 276(25): 22901-22909.

Gao M, Lin L Y, Chen Y C, et al. 2016. Digital gene expression profiling to explore differentially expressed genes associated with terpenoid biosynthesis during fruit development in *Litsea cubeba*. Molecules, 21(9): 1251.

Henry L K, Thomas S T, Widhalm J R, et al. 2018. Contribution of isopentenyl phosphate to plant terpenoid metabolism. Nature Plants, 4(9): 721-729.

Ibañes M, Fàbregas N, Chory J, et al. 2009. Brassino steroid signaling and auxin transport are required to establish the periodic pattern of *Arabidopsis* shoot vascular bundles. Proceeding of the National Academy of Sciences of the United States of America, 106: 13630-13635.

Jadaun J S, Sangwan N S, Narnoliya L K, et al. 2016. *Withania coagulans* tryptophan decarboxylase gene cloning, heterologous expression, and catalytic characteristics of the recombinant enzyme. Protoplasma, 254 (1): 1-12.

Jiang H, Wu Q, Jin J, et al. 2013. Genome-wide identification and expression profiling of ankyrin-repeat gene family in maize. Development Genes and Evolution, 223: 303-318.

Karunanithi P S, Zerbe P. 2019. Terpene synthases as metabolic gatekeepers in the evolution of plant terpenoid chemical diversity. Frontiers in Plant Science, 10: 1166.

Kawoosa T, Singh H, Kumar A, et al. 2010. Light and temperature regulated terpene biosynthesis: hepatoprotective monoterpene picroside accumulation in *Picrorhiza kurrooa*. Functional & Integretive Genomics, 10 (3): 393-404.

Kim Y J, Lee O R, Oh J Y, et al. 2014. Functional analysis of 3- hydroxy-3-methylglutaryl coenzyme A reductase encoding genes in triterpene saponin-producing ginseng. Plant Physiology, 165(1): 373-387.

Liao P, Hemmerlin A, Bach Y J, et al. 2016. The potential of the mevalonate pathway for enhanced isoprenoid production. Biotechnology Advances, 34(5): 697-713.

Liao P, Lung S C, Chan W L, et al. 2020. Overexpression of HMG-CoA synthase promotes *Arabidopsis* root growth and adversely affects glucosinolate biosynthesis. Journal of Experimental Botany, 71(1): 272-289.

Liu W, Zhang Z Q, Zhu W, et al. 2019. Evolutionary conservation and divergence of genes encoding 3-hydroxy-3-methylglutaryl coenzyme a synthase in the allotetraploid cotton species *Gossypium hirsutum*. Cells, 8(5): 412.

Mahmoud S S, Croteau R B. 2002. Strategies for transgenic manipulation of monoterpene biosynthesis in plants. Trends in Plant Science, 7(8): 366-373.

Mendoza-Poudereux I, Kutzner E, Huber C, et al. 2015. Metabolic cross-talk between pathways of terpenoid backbone biosynthesis in spike lavender. Plant Physiology and Biochemistry, 95: 113-120.

Meng X, Song Q, Ye J, et al. 2017. Characterization, function, and transcriptional profiling analysis of 3-hydroxy-3-methylglutaryl-CoA synthase gene (*GbHMGS1*) towards stresses and exogenous hormone treatments in *Ginkgo biloba*. Molecules, 22(10): 1706.

Opitz S, Nes W D, Gershenzon J. 2014. Both methylerythritol phosphate and mevalonate pathways contribute to biosynthesis of each of the major isoprenoid classes in young cotton seedlings. Phytochemistry, 98: 110-119.

Orlova I, Nagegowda D A, Kish C M, et al. 2009. The small subunit of snapdragon geranyl diphosphate synthase modifies the chain length specificity of tobacco geranylgeranyl diphosphate synthase in planta. Plant Cell, 21 (12): 4002-4017.

Pabonmora N, Litt A. 2011. Comparative anatomical and developmental analysis of dry and fleshy fruits of Solanaceae. American Journal of Botany, 98(9): 1415-1436.

Pabón-Mora N, Wong G K, Ambrose B A. 2014. Evolution of fruit development genes in flowering plants. Front in Plant Science, 5(5): 300.

Paetzold H, Garms S, Bartram S, et al. 2010. The isogene 1-deoxy-D-xylulose 5-phosphate synthase 2 controls soprenoid profiles, precursor pathway allocation, and density of tomato trichomes. Molecular Plant, 3(5): 904-916.

Pokhilko A, Bou-Torrent J, Pulido P, et al. 2015. Mathematical modelling of the diurnal regulation of the MEP pathway in *Arabidopsis*. New Phytologist, 206(3): 1075-1085.

Raia A, Smitab S S, Singha A K, et al. 2013. Heteromeric and homomeric geranyl diphosphate synthases from *Catharanthus roseus* and their role in monoterpene indole alkaloid biosynthesis. Molecular Plant, 6(5): 1531-1549.

Reddy V A, Wang Q, Dhar N, et al. 2017. Spearmint R2R3-MYB transcription factor MsMYB negatively regulates monoterpene production and suppresses the expression of geranyl diphosphate synthase large subunit (*MsGPPS. LSU*). Plant Biotechnology Journal, 15(9): 1105-1119.

Serrani J C, Sanjuán R, Ruizrivero O, et al. 2017. Gibberellin regulation of fruit set and growth in tomato. Plant Physiology, 145: 246-257.

Tholl D. 2015. Biosynthesis and biological functions of terpenoids in plants. Advances in Biochemical Engineering/Biotechnology, 148: 63-106.

Wang G, Dixon R A. 2009. Heterodimeric geranyl (geranyl) diphosphate synthase from hop (*Humulus lupulus*) and the evolution of monoterpene biosynthesis. Proceedings of the National Academy of Sciences of the United States of America, 106(24): 9914-9919.

Wang H, Nagegowda D A, Rawat R, et al. 2012. Overexpression of *Brassica juncea* wild-type and mutant HMG-CoA synthase 1 in *Arabidopsis* up-regulates genes in sterol biosynthesis and enhances sterol production and stress tolerance. Plant Biotechnology Journal, 10: 31-42.

Weberling F. 1989. Morphology of flowers and inflorescences. Quarterly Review of Biology, 46(2): 375.

Wu L W, Zhao Y X, Zhang Q Y, et al. 2020. Overexpression of the 3-hydroxy-3-methylglutaryl-CoA synthase gene *LcHMGS* effectively increases the yield of monoterpenes and sesquiterpenes. Tree Physiology, 40(8): 1095-1107.

Xie L Q, Yang C J, Wang X L. 2011. Brassinosteroids can regulate cellulose biosynthesis by controlling the expression of CESA genes in *Arabidopsis*. Journal of Experimental Botany, 62(13): 4495-4506.

Xue L, He Z L, Bi X C, et al. 2019. Transcriptomic profiling reveals MEP pathway contributing to ginsenoside biosynthesis in *Panax ginseng*. BMC Genomics, 20(1): 383.

Yang S, Zhang X, Yue J X, et al. 2008. Recent duplications dominate NBS-encoding gene expansion in two woody species. Molecular Genetics and Genomics, 280(3): 187-198.

Yin J L, Wong W S, Jang I C, et al. 2017. Co-expression of peppermint geranyl diphosphate synthase small subunit enhances monoterpene production in transgenic tobacco plants. New Phytologist, 213(3): 1133-1144.

第 12 章　山苍子再生体系和遗传转化体系

近年来我国研究报道的樟科植物组织培养，选用的外植体主要有茎段（如樟、芳樟）、叶片（如油樟、细毛樟）、顶芽、侧芽（如滇润楠、黑壳楠）、种子（如锡兰肉桂）等（洪森荣和尹明华，2010；龚峥等，2007；吴金寿等，2005；魏琴等，2006；彭东辉，2005）。不同种类的外植体对离体培养的反应不同，培养的效果也不同。在山苍子及其他樟属植物的离体培养研究中发现，茎段的培养效果较好，而叶柄、叶片两种外植体植株的成活率较低。

山苍子全基因组测序的完成，有助于解读基因在不同发育时期在各个个体、器官和组织的表达差异，全面理解基因的分子生物学功能。然而，山苍子的再生体系和遗传转化体系尚未完善，已有的研究发现山苍子愈伤组织的分化率较低且不稳定，这严重阻碍了对山苍子基因功能的研究。因此，本章主要探讨建立山苍子再生体系和遗传转化体系过程中的相关问题与研究进展，期望为山苍子转基因体系的建立提供参考。

12.1　山苍子再生体系建立

12.1.1　不同外植体愈伤组织的诱导

表 12-1 中的研究结果显示：以叶片为外植体，愈伤组织的诱导率很低，仅为 11%。实验观察发现，接种 10 天后大部分叶片边缘卷曲增厚，部分叶片切口处发黑、叶片枯萎；15 天左右开始膨大产生愈伤组织，切口处愈伤组织呈现淡绿色，生长慢，且容易产生褐变现象（图 12-1A）。以茎段为外植体的愈伤组织诱导率达到 100%，接种后 5 天即可观察到茎段切口处膨大，有嫩绿色的愈伤组织形成，随后愈伤组织继续生长，愈伤组织体积大，且不易发生褐变（图 12-1B）。综合比较这两种外植体在愈伤组织诱导培养基上的生长状况及所产生愈伤组织的数量和质量，得出结论：茎段是山苍子愈伤组织诱导的最佳外植体材料。

表 12-1　不同外植体类型对愈伤组织诱导效果的影响

外植体类型	接种数/块	诱导率/%	愈伤组织特点
叶片	100	11	淡绿色，表面无突起，体积小，短时间内易褐化
茎段	100	100	淡绿色，表面突起，体积大，短时间内不易褐化

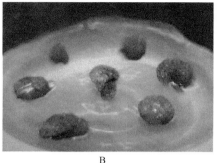

A   B

图 12-1　山苍子愈伤组织诱导

（A）叶片诱导的愈伤组织；（B）茎段诱导的愈伤组织

12.1.2　愈伤组织不定芽的诱导

1）IBA、BA、活性炭对愈伤组织不定芽诱导的影响

对愈伤组织分化诱导的正交实验结果进行直观分析，比较不同因素各水平平均值之间的极差（R），R 越大表示该因素对结果的影响越大。从表 12-2 可以看出，IBA、BA、活性炭对不定芽数量的影响程度依次增加，而在愈伤组织分化率方面，BA 和活性炭的极差较大，表明这两个因素对于分化率的提高都有较大影响。因此，需要对 BA 的浓度和防褐剂的种类进行进一步的筛选。另外，从平均值来看，提高平均芽数各因素的最好搭配是 BA 2.0 mg/L +IBA 1.0 mg/L+活性炭 0，提高分化率各因素的最好搭配是 BA 2.0 mg/L+IBA 1.0 mg/L+活性炭 0。由于 IBA 对平均芽数和分化率的影响较低，两个水平之间极差很小，为进一步提高分化率，后续愈伤组织分化诱导优化实验中添加的 IBA 浓度均为 0.1 mg/L。

表 12-2　诱导愈伤组织分化的 L_4（2^3）正交实验结果

处理	BA 浓度/（mg/L）	IBA 浓度/（mg/L）	活性炭浓度/（g/L）	愈伤组织数/块	平均芽数/个	分化率/%
1	2.0	0.1	1	49	1.17	12.24
2	2.0	1.0	0	49	2.86	14.29
3	1.0	0.1	0	49	2.17	12.24
4	1.0	1.0	1	49	1.00	8.16
平均芽数 X1	2.015	1.670	1.085			
平均芽数 X2	1.585	1.930	2.515			
分化率 X1	13.265	12.240	10.200			
分化率 X2	10.200	11.225	13.265			
平均芽数极差	0.430	0.260	1.430			
分化率极差	3.065	1.015	3.065			

2）不同浓度 BA 对愈伤组织不定芽诱导的影响

根据以上实验结果，对分化培养基进行了 BA 浓度的优化。从表 12-3 可以看出，随着 BA 浓度的增加，再生的不定芽长度增长，但愈伤组织的分化率降低。此外，BA 浓度越高，愈伤组织发生褐变的起始时间越早，接种 15 天时，添加 2.0 mg/L BA 的培养基中愈伤组织仍为淡绿色，而添加 5.0 mg/L BA 的培养基中愈伤组织已有大部分发生褐变。总体来看，BA 浓度为 2.0 mg/L 时对愈伤组织分化诱导的效果最好（图 12-2A）。

表 12-3　不同浓度 BA 对愈伤组织分化的影响

BA 浓度/（mg/L）	愈伤组织数/块	分化数/块	分化率/%	生长状况
2	35	10	28.57	愈伤组织呈淡绿色，表面褐化，芽短小
3	35	4	11.43	愈伤组织呈淡绿色，表面褐化，芽较长
4	35	4	11.43	愈伤组织颜色较深，表面褐化，芽较长
5	35	3	8.57	愈伤组织颜色深，大部分褐化，芽较长

图 12-2　山苍子不定芽诱导与植株再生
（A）愈伤组织分化出不定芽；（B）不定芽生根

3）不同防褐剂对愈伤组织不定芽诱导的影响

添加不同防褐剂的各个处理均出现一定程度的褐变现象，同时各处理诱导出不定芽的愈伤组织块数有所不同。从表 12-4 可以看出，添加维生素 C 的处理发生褐变的愈伤组织块数比对照少，且分化数较多。添加活性炭的处理褐变数与对照相同，PVPP 和硝酸银的处理发生褐变的数量均比对照多，而这三种处理诱导的分化数均比对照少。从愈伤组织的生长状况来看，添加维生素 C 和 PVPP 的处理中愈伤组织体积增大，而添加活性炭和硝酸银的愈伤组织基本维持转接时的体积。综合比较不同处理下愈伤组织的生长状况、分化数及褐变发生情况，可以认为维生素 C 的效果最好，可以适当添加到培养基中以减少褐变的发生。

表 12-4　不同防褐剂对愈伤组织生长和分化的影响

处理	愈伤组织数/块	分化数/块	褐化数/块	愈伤组织生长状况
对照	35	10	8	淡绿色，表面褐化，愈伤组织体积变大
活性炭（1 g/L）	35	7	8	颜色深，表面褐化，愈伤组织未变大
维生素 C（50 mg/L）	35	11	5	淡绿色，少数褐化，愈伤组织体积变大
PVPP（1 g/L）	35	9	12	淡绿色，褐化较多，愈伤组织体积变大
硝酸银（4 mg/L）	35	7	27	颜色深，大部分褐化，愈伤组织未变大

12.1.3　不定芽生根培养

将分化出的不定芽接入添加有不同浓度 IBA 和 NAA 的生根培养基中，结果如表 12-5 所示，培养 20 天左右观察到少数芽苗基部有白色不定根形成，不同处理中不定芽均为皮下生根（图 12-2B），培养 50 天时根长可达 12 cm，但总体来看生根率不高。从表 12-5 可以看出，当 IBA 浓度从 0.1 mg/L 提高到 0.2 mg/L 时，生根率有所提高，当 IBA 浓度进一步提高到 0.5 mg/L 时，山苍子不定芽的生根率则下降至 0~5.56%。培养基中同时添加 NAA，生根率比单独添加 IBA 提高了 0~32.83%，可见 NAA 有利于不定芽的生根。当 1/2 MS 培养基中添加 IBA 0.2 mg/L + NAA 0.40 mg/L（处理 6），不定芽的生根率达 45.33%。

表 12-5　不同 BA 和 NAA 浓度对不定芽生根的影响

处理	IBA 浓度/（mg/L）	NAA 浓度/（mg/L）	生根率/%
1	0.1	0	8.33
2	0.1	0.02	36.00
3	0.1	0.40	8.33
4	0.2	0	12.50
5	0.2	0.02	29.17
6	0.2	0.40	45.33
7	0.5	0	0
8	0.5	0.02	0
9	0.5	0.40	5.56

12.1.4　不定芽再生的组织学观察

从茎段纵切片上可以看出，茎段上不带有腋芽（图 12-3A），将茎段切下来放入愈伤组织诱导培养基中培养，培养几天后茎段切口处开始膨大增粗，形成层区域的细胞分裂加强，数量增加，形成脱分化细胞团（图 12-3B），从而进一步形成愈伤组织。随后愈伤组织表面出现瘤状突起结构，即分生细胞团，局部切面上还可见呈鸟巢状结构的维管组织（图 12-3C）。将诱导出来的愈伤组织转移到分化培养基中，培养 14 天后观察到愈伤组织表面产生肉眼可见的绿芽，显微观察发现不定芽是经愈伤组织表面细胞再分化而来的（图 12-3D）。

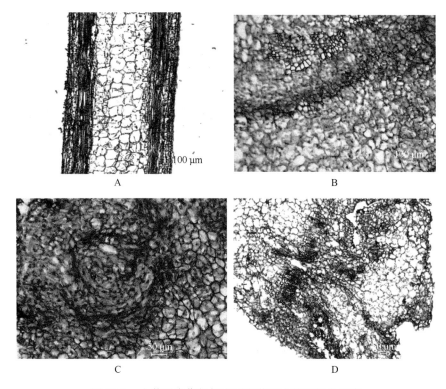

图 12-3　山苍子愈伤组织和不定芽形成的组织学观察

　　进行愈伤组织诱导所采用的外植体多为叶片、茎段、子叶等，在不同植物愈伤组织的诱导中，不同类型的外植体表现不一。本实验采用了山苍子无菌组培苗的叶片和茎段作为外植体，这两种外植体均可诱导出愈伤组织，但叶片诱导率仅11%，且愈伤组织生长慢、易褐化，诱导效果不理想，与马崇坚等（2005）的研究结果一致。我们在山苍子无菌苗继代培养过程中发现，茎段切口处易形成绿色团块，因此尝试直接切取无菌苗茎段诱导愈伤组织，诱导效果比叶片好。Lombardi等（2007）在进行西番莲不定芽再生诱导中采用带根幼苗作为外植体，发现可通过愈伤组织分化出不定芽，形成的愈伤组织在根处，我们也曾尝试过将山苍子生根苗的根切段放入培养基进行愈伤组织诱导，但切下来的根段很容易褐化，愈伤组织的诱导率也比较低。

　　通过正交实验初步筛选出适合愈伤组织分化诱导的 BA 和 IBA 浓度，并将两个对结果影响较大的因素，即 BA 和防褐剂分别进行优化。发现高浓度的 BA 不利于不定芽的诱导，且高浓度下愈伤组织的褐变起始时间变短。王贵章等（2006）在研究富士苹果茎段不定芽再生中发现，BA 浓度在 3.0～5.0 mg/L 时，再生芽数随 BA 浓度升高而增多；当 BA 浓度升高至 8.0 mg/L 时，不定芽再生率明显下降。说明不同植物不同外植体再生不定芽所需 BA 浓度不同，在适当浓度范围内可提高再生率，浓度过高反而会抑制再生。

一般认为褐变是植物体内的酚类物质被氧化成醌类物质而导致的。马崇坚等（2005）认为山苍子发生褐化与富含芳香油有关，芳香油渗出后被氧化，转化产生酚类与饱和酯类，从而使外植体严重褐化。实验中对 4 种常用的防褐剂——活性炭、维生素 C、PVPP 及硝酸银进行了褐化控制能力的筛选，发现浓度为 50 mg/L 的维生素 C 在山苍子愈伤组织分化诱导过程中效果最好。维生素 C 作为一种抗氧化剂，可防止酚类物质氧化，适当浓度的维生素 C 可有效减轻褐变程度，但浓度过高可能导致再生芽苗产生玻璃化现象。培养基中添加 1 g/L 的活性炭时，愈伤组织生长缓慢，可能是活性炭吸附培养基中的无机盐、激素等物质而对愈伤组织的生长产生了影响。PVPP 和硝酸银在山苍子愈伤组织培养中防褐化效果不理想。本实验以山苍子无菌苗茎段为外植体，建立了较为稳定的愈伤组织诱导和植株再生体系，为山苍子的遗传转化和品种改良奠定了重要基础。同时，如何进一步提高山苍子愈伤组织的分化率和不定芽的生根率还需要更深入的研究。

12.2　山苍子再生体系的优化

12.2.1　培养基的配制及实验方法

诱导不定芽及愈伤组织培养基：取 4.43 g MS 培养基、蔗糖 30 g、2 ml 1 mg/ml 6-苄氨基嘌呤（6-BA）、1 ml 0.1 mg/ml IBA、7.0 g 琼脂粉，用蒸馏水定容至 1 L，调 pH 至 5.8，加热至琼脂粉溶解后分装培养罐，灭菌。

壮苗及继代培养基：取 4.43 g MS 培养基、蔗糖 30 g、1 ml 1 mg/ml 6-BA、1 ml 0.1 mg/ml IBA、7.5 g 琼脂粉，用蒸馏水定容至 1 L，调 pH 至 5.8，加热琼脂粉溶解后分装培养罐，灭菌。

外源激素对愈伤组织分化的影响：将长至 3～5 cm 高的幼嫩组培苗去掉叶片和芽并切成 0.5 cm 左右的茎段，用镊子将茎段夹至愈伤组织诱导培养基中（MS 4.43 g +蔗糖 30g + 琼脂粉 7.5 g + 6-BA 2.0 mg/L + IBA 0.2 mg/L，pH 5.8），弱光培养 3 周，然后弱光继代培养 1 周。在预实验的基础上，将继代培养 1 周的愈伤组织接种至含有 3 种不同浓度的激素组合 6-BA（0.1～2.0 mg/L）、IBA（0.01～0.10 mg/L）、TDZ（0.01～0.50 mg/L）MS 培养基中光照培养，观察愈伤组织生长和出芽情况。每个组合 30 个愈伤组织，进行 3 次以上独立重复实验。

外源激素对组培苗生根的影响：将长至 3～5 cm 高的幼嫩组培苗去掉基部的大部分愈伤组织,接种至含有 3 种不同浓度的激素组合 NAA、6BA、IBA 的 1/2 MS 培养基（1/2 MS 2.17 g + 蔗糖 20 g,pH 5.8）,光照培养并观察苗状态。

12.2.2　山苍子再生体系中外源激素的优化

12.2.2.1　外源激素对茎段愈伤组织生长及分化的影响

不同外源激素的配比及浓度是影响愈伤组织分化的主要因素,以前期大量预实验确立了 6-BA、IBA、TDZ 三种组合的培养基能诱导愈伤组织分化,但是愈伤组织分化的效率低且不稳定,甚至常出现不能分化的现象。因此初步对 6-BA、IBA、TDZ 三种激素浓度范围探索,后期再进一步确立最佳激素配比。

由表 12-6 可以看出,6-BA 浓度在 1.0～2.0 mg/L 时愈伤组织能持续分裂且生长状态较好,低于 1.0 mg/L 浓度愈伤组织出现褐化的情况,生长状态差;IBA 浓度在 0.1 mg/L 时愈伤组织生长状态比 0.01 mg/L 时好,有利于愈伤组织的增殖继代,而在本实验中 0.1 mg/L IBA 未出现分化的情况,0.01 mg/L IBA 出现分化的情况,表明低浓度的 IBA 更有利于愈伤组织的分化;TDZ 有助于细胞生长及分裂,在加入 0.05～0.5 mg/L 后可促进愈伤组织持续生长,防止褐化,0.5 mg/L 时细胞能保持持续生长,0.05 mg/L 时细胞能进行分化。因此确定了愈伤组织增殖继代培养基激素比例为：1.0 mg/L 6-BA+0.10 mg/L IBA+0.50 mg/L TDZ,愈伤组织分化培养基激素比例为：2.0 mg/L 6-BA+0.01 mg/L IBA+0.05 mg/L TDZ。

表 12-6　山苍子茎段愈伤组织在不同激素组合下生长及分化情况

编号	6-BA 浓度/(mg/L)	IBA 浓度/(mg/L)	TDZ 浓度/(mg/L)	愈伤组织状态及分化/每处理 8 个愈伤组织
1	0.1	0.01	0.01	褐化, 状态差, 未分化
2	0.1	0.01	0.05	褐化, 状态差, 未分化
3	0.1	0.01	0.10	褐化, 状态差, 未分化
4	0.1	0.01	0.20	褐化, 状态差, 未分化
5	0.1	0.01	0.50	褐化, 状态差, 未分化
6	0.1	0.05	0.01	褐化, 状态差, 未分化
7	0.1	0.05	0.05	褐化, 状态差, 未分化
8	0.1	0.05	0.10	褐化, 状态差, 未分化
9	0.1	0.05	0.20	褐化, 状态差, 未分化
10	0.1	0.05	0.50	褐化, 状态差, 未分化
11	0.5	0.01	0.01	褐化, 状态差, 未分化
12	0.5	0.01	0.05	褐化, 状态差, 未分化
13	0.5	0.01	0.10	褐化, 状态差, 未分化

续表

编号	6-BA 浓度/（mg/L）	IBA 浓度/（mg/L）	TDZ 浓度/（mg/L）	愈伤组织状态及分化/每处理 8 个愈伤组织
14	0.5	0.01	0.20	褐化，状态差，未分化
15	0.5	0.01	0.50	褐化，状态差，未分化
16	0.5	0.05	0.01	褐化，状态差，未分化
17	0.5	0.05	0.05	褐化，状态差，未分化
18	0.5	0.05	0.10	褐化，状态差，未分化
19	0.5	0.05	0.20	褐化，状态差，未分化
20	0.5	0.05	0.50	褐化，状态差，未分化
21	0.5	0.10	0.01	褐化，状态差，未分化
22	0.5	0.10	0.05	褐化，状态差，未分化
23	0.5	0.10	0.10	褐化，状态差，未分化
24	0.5	0.10	0.20	褐化，状态差，未分化
25	0.5	0.10	0.50	褐化，状态差，未分化
26	1.0	0.01	0.01	褐化，状态差，未分化
27	1.0	0.01	0.05	未褐化，状态较好，未分化
28	1.0	0.01	0.10	未褐化，状态较好，未分化
29	1.0	0.01	0.20	未褐化，状态一般，未分化
30	1.0	0.01	0.50	未褐化，状态一般，未分化
31	1.0	0.05	0.01	未褐化，状态一般，未分化
32	1.0	0.05	0.05	未褐化，状态较好，未分化
33	1.0	0.05	0.10	未褐化，状态较好，未分化
34	1.0	0.05	0.20	未褐化，状态一般，未分化
35	1.0	0.05	0.50	未褐化，状态一般，未分化
36	1.0	0.10	0.01	未褐化，状态一般，未分化
37	1.0	0.10	0.05	未褐化，状态较好，未分化
38	1.0	0.10	0.10	未褐化，状态较好，未分化
39	1.0	0.10	0.20	未褐化，状态较好，未分化
40	1.0	0.10	0.50	未褐化，状态最好，保持分裂状态，未分化
41	2.0	0.01	0.01	未褐化，状态较好，未分化
42	2.0	0.01	0.05	未褐化，状态较好，已分化
43	2.0	0.01	0.10	未褐化，状态一般，未分化
44	2.0	0.01	0.20	未褐化，状态差，未分化
45	2.0	0.01	0.50	未褐化，状态差，未分化
46	2.0	0.05	0.01	老化，状态差，未分化
47	2.0	0.05	0.05	老化，状态差，未分化
48	2.0	0.05	0.10	老化，状态差，未分化
49	2.0	0.05	0.20	老化，状态差，未分化

续表

编号	6-BA 浓度/（mg/L）	IBA 浓度/（mg/L）	TDZ 浓度/（mg/L）	愈伤组织状态及分化/每处理 8 个愈伤组织
50	2.0	0.05	0.50	老化，状态差，未分化
51	2.0	0.10	0.01	老化，状态差，未分化
52	2.0	0.10	0.05	老化，状态差，未分化
53	2.0	0.10	0.10	老化，状态差，未分化
54	2.0	0.10	0.20	老化，状态差，未分化
55	2.0	0.10	0.50	老化，状态差，未分化

12.2.2.2　外源激素对不定芽生根的影响

不定芽生根是形成组培再生植株的重要步骤，在前期已有报道中发现，实验培养基配方中山苍子组培生根较困难，不同文献报道组培生根存在明显差异。因此结合已报道文献，本研究进行了 NAA、IBA、IAA 三种生长素对山苍子组培生根的诱导实验（表 12-7，表 12-8）。

在本实验中，NAA 不能诱导不定芽生根，IBA 能诱导不定芽生根，但生根率较低，叶片大量掉落，植株生长状态较差，且基部有愈伤组织形成，阻碍了养分的运输及根的形成。添加适量 IAA 时生根率得到提高，只添加 IAA 时植株生长状态较好，无愈伤组织的形成，生根率显著提高，添加 0.5 mg/L IAA 时全部生根（表12-7）。但是在 IAA 对不同山苍子家系的生根诱导实验中，生根率差异较大，同一家系苗生根也存在差异，这可能与苗的大小、状态有关，较小的苗不能诱导生根，即使生根移栽后也全部死亡（表 12-8）。

表 12-7　不同浓度外源激素配比对不定芽生根的影响

编号	NAA 浓度/（mg/L）	IBA 浓度/（mg/L）	IAA 浓度/（mg/L）	生根率/%	植株状态
1	0.1	0.5	0	0	下部叶片掉落，基部长大量愈伤组织，植株死亡
2	0.1	1.0	0	0	下部叶片掉落，基部长大量愈伤组织，植株死亡
3	0.5	0	0	0	下部叶片掉落，基部长大量愈伤组织，植株死亡
4	0	0.2	1.0	0	下部叶片掉落，基部长少量愈伤组织，植株死亡
5	0	0.5	0	12.5	下部叶片掉落，基部长大量愈伤组织，生长状态差
6	0	0.5	0.5	0	下部叶片掉落，基部长大量愈伤组织，生长状态差
7	0	0.5	1.0	37.5	下部叶片掉落，基部长少量愈伤组织，生长状态差
8	0	0.8	0.2	50.0	下部叶片掉落，基部长少量愈伤组织，生长状态差
9	0	1.0	0	12.5	下部叶片掉落，基部长少量愈伤组织，生长状态差
10	0	1.0	0.2	0	下部叶片掉落，植基部长大量愈伤组织
11	0	0	0.5	100	植株正常，基部不长愈伤组织，根生长快
12	0	0	1.0	80	植株正常，基部不长愈伤组织，根生长快、数量多且粗壮

表 12-8 添加外源激素 IAA 对不同山苍子家系不定芽生根的影响

家系名称	苗数量/株	生根数量/条	生根率/%	备注
分宜 1-1	22	7	31.8	苗小大多数不生根，移栽不成活
分宜 1-2	22	17	77.3	
黄山 6	31	16	51.6	
将乐 3	29	16	55.2	
广西 5	22	15	68.2	根多，较粗壮
广西 4	20	18	90.0	根多，较粗壮，存活 2 株
将乐 6	29	12	41.4	存活 4 株
将乐 8	9	0	0	
宜丰 4	32	22	68.8	根多，较粗壮，存活 1 株
安徽 5	7	1	14.3	存活 1 株
安徽 6	34	6	17.6	

12.3 山苍子遗传转化体系的建立及优化

12.3.1 培养基的配制及实验方法

液体共培养基：取 1/2 MS 培养基 2.17 g、蔗糖 15 g，用蒸馏水定容至 1 L，用 1 mol/L NaOH 调 pH 至 5.6，灭菌，使用前加入 200 μl 100 mg/ml 乙酰丁香酮（AS）。

固体共培养基：取 4.43 g MS 培养基、蔗糖 30 g、2 ml 1 mg/ml 6-BA、1 ml 0.1 mg/ml IBA、1 ml 0.5 mg/ml 噻苯隆（TDZ）、7.0 g 琼脂粉，用蒸馏水定容至 1 L，pH 调至 5.6，灭菌，冷却至不烫手后加 200 μl 100 mg/ml AS，分装培养皿。

选择培养基 S1：取 4.43 g MS 培养基，蔗糖 30 g，2 ml 1 mg/ml 6-BA、1 ml 0.1 mg/ml IBA、1 ml 0.5 mg/ml TDZ、7.0 g 琼脂粉，用蒸馏水定容至 1 L，调 pH 至 5.6，灭菌，冷却至不烫手后加 0.6 ml 500 mg/ml 头孢霉素（Cef），0.1 ml 50 mg/ml 潮霉素（hygromycin），分装培养罐。

选择培养基 S2：取 4.43 g MS 培养基、蔗糖 30 g、2 ml 1 mg/ml 6-BA、1 ml 0.1 mg/ml IBA、1 ml 0.5 mg/ml TDZ、7.0 g 琼脂粉，用蒸馏水定容至 1 L，调 pH 至 5.8，灭菌，冷却至不烫手后加 0.6 ml 500 mg/ml Cef，0.4 ml 50 mg/ml 潮霉素，分装培养罐。

愈伤组织分化培养基：取 4.43 g MS 培养基、蔗糖 30 g、1 ml 1 mg/ml 6-BA、0.1 ml 0.1 mg/ml IBA、1 ml 0.5 mg/ml TDZ，7.5 g 琼脂粉，用蒸馏水定容至 1 L，调 pH 至 5.8，灭菌，冷却至不烫手后加 0.3 ml 500 mg/ml Cef，0.1 ml 50 mg/ml 潮霉

素，分装培养罐。

不定芽生长培养基：取 4.43 g MS 培养基、蔗糖 30 g、1 ml 1 mg/ml 6-BA、1 ml 0.1 mg/ml IBA、7.5 g 琼脂粉，用蒸馏水定容至 1 L，调 pH 至 5.8，灭菌，冷却至不烫手后加 0.2 ml 500 mg/ml Cef，0.1 ml 50 mg/ml 潮霉素，分装培养罐。

生根培养基：取 2.17 g 1/2MS 培养基、蔗糖 20 g、7.5 g 琼脂粉，用蒸馏水定容至 1 L，调 pH 至 5.8，灭菌，冷却至不烫手后加 5ml 0.1mg/ml IAA，分装培养罐（pH 约 6.0）。

潮霉素对愈伤组织诱导及生长的影响：诱导 0.5 cm 左右的茎段和继代培养 1 周后的愈伤组织分别接种至含有 0 mg/L、5 mg/L、10 mg/L、20 mg/L、30 mg/L、50 mg/L 潮霉素的愈伤诱导培养基和愈伤组织继代培养基中，观察愈伤组织诱导及生长状态。

头孢霉素对愈伤组织诱导及生长的影响：将诱导 0.5 cm 左右的茎段接种至含有 0 mg/L、200 mg/L、300 mg/L、500 mg/L 头孢霉素的愈伤诱导培养基中诱导愈伤组织，观察愈伤组织诱导及生长状态。

12.3.2　潮霉素对愈伤组织诱导、生长及分化的影响

潮霉素对植物生长影响较大，5 mg/L 潮霉素能诱导出大部分腋芽和愈伤组织（整体状态差），随潮霉素浓度的增加不能正常诱导腋芽，10 mg/L 潮霉素时已不能诱导愈伤组织，20 mg/L 潮霉素（Hyg）已不能诱导出芽；愈伤组织在含潮霉素培养基中 20 天后，随潮霉素浓度增加愈伤组织死亡增多，10 mg/L 时愈伤组织出现大面积褐化死亡，30 mg/L 潮霉素时愈伤组织表面已无可见愈伤组织。因此，综合考虑遗传转化过程中由于多次操作及农杆菌对愈伤组织的损伤情况，以 5 mg/L 的潮霉素为第一次筛选浓度（持续时间为 7~10 天），20~30 mg/L 潮霉素作为愈伤组织临界筛选浓度（持续时间应不短于 2 个月）（表 12-9）。

表 12-9　潮霉素对山苍子愈伤组织（30 天）的影响

Hyg 浓度/（mg/L）	腋芽萌发率/%	茎段状态	愈伤组织（30 天）情况	愈伤组织（无 Hyg 培养 30 天）
0	100	100%成活，愈伤组织鲜绿	100%成活	大量愈伤组织
5	80	100%成活，愈伤组织暗淡	90%成活，愈伤暗淡	大量愈伤组织
10	5（畸形芽）	无愈伤，逐渐褐化	15%成活，大面积褐化	较多愈伤组织
20	无萌发	无愈伤，逐渐褐化	5%成活，大面积褐化	较多愈伤组织
30	无萌发	全部死亡	全部褐化	可见少量愈伤组织
50	无萌发	全部死亡	全部褐化	可见极少量愈伤组织
100	无萌发	全部死亡	全部褐化	无愈伤组织

12.3.3 头孢霉素对愈伤组织生长的影响

头孢霉素能抑制农杆菌的生长，浓度一般控制在 200～500 mg/L，低于 200 mg/L 不能有效抑制农杆菌的生长，高于 500 mg/L 时影响愈伤组织的生长及分化，本实验设置 0 mg/L、200 mg/L、300 mg/L、500 mg/L 不同头孢霉素浓度诱导茎段愈伤组织，在 200～300 mg/L 时愈伤组织颜色鲜绿保持正常，与不添加头孢霉素保持一致。在 500 mg/L 时愈伤组织颜色比正常愈伤组织深，出现老化状态。因此筛选培养前期使用 300 mg/L 的头孢霉素作为农杆菌抑制浓度，后期应不断降低头孢霉素的浓度，防止对愈伤组织分化产生影响（表 12-10）。

表 12-10　不同头孢霉素浓度对愈伤组织诱导及生长的影响

头孢霉素/（mg/L）	愈伤组织诱导率/%	愈伤组织状态
0	100	颜色鲜绿
200	100	颜色鲜绿
300	100	颜色鲜绿
500	100	颜色深绿，老化

12.3.4 农杆菌介导的遗传转化步骤

农杆菌介导的山苍子茎段愈伤组织遗传转化，主要过程可分为以下几个步骤。

1）农杆菌菌液的制备

挑取 LB 固体培养基平板上培养一周内的农杆菌单菌落（LBA4404，不超过 1 周）或者从保存菌液中吸取 50 ul，接种于 5 ml LB 液体培养基中（含 50 mg/L 卡那霉素、25 mg/L 利福平），28℃下 200 r/min 振荡培养过夜至 OD 值为 0.9～1.0（18：00～08：00，培养液刚好完全变为黄色浑浊液）；取 2 ml 转移至 50 ml LB 液体培养基中（含 50 mg/L 卡那霉素、25 mg/L 利福平），28℃下 200 r/min 振荡培养 6～7 h，至菌液 OD 值在 0.5～0.8；将 40 ml 菌液移入 50 ml 离心管中，4℃ 2250 g 离心 5 min，去上清，加入 50 ml 悬浮液，悬浮农杆菌液（OD 值 0.4～0.6，菌体呈乳白色，用镊子使菌块分散混匀）。

2）茎段诱导愈伤组织（选取幼嫩的茎段）

在无菌超净台上，用无菌刀片将茎段切成长为 0.5 cm 左右的小段，光照培养 3 周后，去除褐化茎段组织，继代培养 10 天后，用于农杆菌侵染。

3）愈伤组织侵染及共培养

挑取颜色鲜绿的愈伤组织,转入含农杆菌液的培养皿中浸泡 20～30 min(浓度不宜过高,OD 值 0.4～0.6),其间不断摇晃培养皿使浸染充分。吹干至愈伤组织无残留水分为止,将愈伤组织嵌入固体共培养基上,21～23℃暗培养 2～3 天,肉眼可见愈伤组织下有少量农杆菌菌斑。

4）选择培养

共培养后,挑取状态良好的愈伤组织,无菌水漂洗 1 遍,用含有 500 mg/L 头孢霉素的无菌水浸泡 3 次,每次 10 min,其间轻轻摇动数次,让黏附于愈伤组织上的农杆菌充分扩散到水中,浸泡 3 次后无菌水漂洗 1 次,充分吹干至愈伤组织表面无残留水分为止,然后转移至选择培养基 S1 上(微嵌入培养基即可,防止过度插入)。

放置培养箱最底层弱光条件下 7～10 天后,转移至 S2 培养基,光照培养 20～30 天长出新的愈伤组织,然后更换至新的 S2 培养基继代筛选培养,至愈伤组织长大(每 3 周更换一次新的 S2 培养基)。

5）诱导愈伤组织分化

将 S2 培养的愈伤组织接到愈伤组织分化培养基中,26℃光照条件下培养,20～30 天后出现绿点,培养至愈伤组织分化出大量的不定芽。

6）不定芽生长

将分化的带愈伤组织的不定芽转入不定芽生长培养基中,26℃光照条件下培养丛芽长成幼小的不定芽(1～3 cm),切取小苗接种到不定芽生长培养基中,26℃光照培养 2～3 个月,使小苗逐渐长大。

7）诱导生根

将长至 3～5 cm 的不定芽去除底部愈伤组织和老化的组织,接种到生根培养基中,26℃光照培养 2～3 周,待幼苗生根至 3～4 cm,移栽培养。

8）移栽培养

将生根的组培苗,移到实验室窗边,自然散光闭瓶炼苗 7 天,之后松盖炼苗 2 天,然后打开瓶盖炼苗 2 天,最后移栽至穴盆,转移至温室大棚,但需注意避光处理,保持湿度(70%左右)。移栽后保持空气湿度,每 3～4 天喷施一次自来水,穴盆培养 1 个月后移栽至室外。

12.4 山苍子原生质体瞬时转化

12.4.1 山苍子原生质体瞬时转化所需试剂

山苍子原生质体瞬时转化所需试剂配置方法如下（表 12-11～表 12-15）。

表 12-11 母液配置

试剂	分子量	母液浓度	质量/g	配制体积/ml
2-吗啉乙磺酸（MES）PH5.7	213.25	200 mmol/L	4.265	100
氯化钾（KCl）	74.55	200 mmol/L	1.491	100
水合氯化钙（CaCl₂·2H₂O）	147.01	1 mol/L	14.701	100
氯化钠（NaCl）	58.44	2 mol/L	11.688	100
六水合氯化镁（MgCl₂·6H₂O）	203.3	150 mmol/L	3.495	100
D-甘露醇（D-mannitol）（现配）	182.17	0.8 mol/L	14.574	100
缓冲液（BSA）		2%	0.8	40

表 12-12 酶液配置

试剂	酶液总体积（10 ml）	酶液总体积（30 ml）	终浓度
吗啉乙磺酸（MES）	1 ml	3 ml	20 mmol/L
70℃，3～5 min			
纤维素酶（cellulase）RS	0.15 g	0.45 g	1.5%
离析酶（macerozyme）R-10	0.075 g	0.225 g	0.75%
D-甘露醇	5 ml	15 ml	0.4 mol/L
KCl	1 ml	3 ml	20 mmol/L
55℃，10 min，冷却至室温			
CaCl₂	0.1 ml	0.3 ml	10 mmol/L
BSA（2%）	0.5 ml	1.5 ml	0.1%
β-巯基乙醇（β-mercaptoethanol）	1～5 μl	3～15 μl	1～5 mmol/L
加双蒸水补足	加至 10 ml	加至 30 ml	

注：0.45 μm 过滤，现配现用

表 12-13 W5 溶液配置

试剂	酶液总体积（50 ml）	酶液总体积（100 ml）	终浓度
MES	0.5 ml	1 ml	2 mmol/L
NaCl	3.85 ml	7.7 ml	154 mmol/L
CaCl₂	6.25 ml	12.5 ml	125 mmol/L
KCl	1.25 ml	2.5 ml	5 mmol/L
加双蒸水补足	加至 50 ml	加至 100 ml	

表 12-14　MMG 溶液配置

试剂	酶液总体积（10 ml）	酶液总体积（50 ml）	终浓度
MES	0.2 ml	1 ml	4 mmol/L
D-甘露醇	5 ml	25 ml	0.4 mol/L
MgCl$_2$	1 ml	5 ml	15 mmol/L
加双蒸水补足	加至 10 ml	加至 50 ml	

表 12-15　PEG 溶液配置

试剂	酶液总体积（5 ml）	酶液总体积（10 ml）	终浓度
聚乙二醇 4000（PEG 4000）	2 g	4 g	40%（g/ml）
D-甘露醇	1.25 ml	2.5 ml	0.2 mol/L
CaCl$_2$	0.5 ml	1 ml	0.1 mol/L
加双蒸水补足	加至 5 ml	加至 10 ml	

12.4.2　山苍子原生质体瞬时转化实验步骤

12.4.2.1　原生质体制备

（1）剪取组培山苍子苗生长状况良好的嫩叶（长约 1 cm），用刀片切成 0.5～1 mm 宽的叶条，立即放入 0.8 mol/L *D*-甘露醇中。

（2）用 200 目钢制滤网去掉 *D*-甘露醇，将叶条放在加入 15 ml 酶液的 25 ml 锥形瓶中。

（3）黑暗，26℃，50 r/min 酶解 6 h（此时配置 PEG 溶液，200 μl 和 1000 μl 枪头去尖，使得吸打缓和，预冷 W5 溶液）。

（4）当酶解液变绿时轻轻摇晃培养皿促使原生质体释放，显微镜下检查溶液中的原生质体。

（5）用 W5 溶液润湿 200 目钢制滤网，过滤含有原生质体的酶解液于 50 ml 圆底离心管中。并用 10 ml W5 溶液冲洗残渣，一同过滤。

（6）转速 100 *g* 离心 10 min 沉淀原生质体。尽量去除上清后，沿壁缓慢加入 10 ml 预冷的 W5 溶液重悬原生质体。

（7）冰上静置 30 min。

（8）转速 100 *g* 离心 5 min 沉淀原生质体。在不碰触原生质体沉淀的情况下尽量去除 W5 溶液。

（9）1 ml MMG 溶液重悬原生质体，使之最终浓度在 2×10^5 个/ml。

12.4.2.2　瞬时转化和观察

（1）加入 10 μl DNA（10～20 μg 的质粒 DNA）至 2 ml 离心管中。

（2）加入 100 μl 原生质体（2 万个），轻柔混合。

（3）加入 110 μl PEG 溶液，轻柔拍打离心管直至完全混合。

（4）26℃避光静置转化 40 min。

（5）室温下加入 440 μl W5 溶液，轻柔颠倒离心管以终止转化反应。

（6）室温下 200 g 离心 5 min，去除上清。

（7）加 1ml W5 溶液，重复步骤（5）（6）。

（8）用 1ml W5 溶液轻柔重悬原生质体于多孔组织培养皿中（1% BSA 润湿培养皿）。

（9）26℃，黑暗诱导原生质体 36 h 以上。

（10）培养完成后，将培养板中沉淀的原生质体吸到 2 ml 离心管中，100 g 离心 2 min，弃上清，保留 100 μl。

（11）激光共聚焦显微镜下观察 GFP 表达。

参 考 文 献

龚峥, 周丽华, 张卫华, 等. 2007. 樟树组织培养快繁育苗技术研究. 广东林业科技, 23(5): 35-37.

洪森荣, 尹明华. 2010. 珍稀濒危植物香果树种质离体保存技术的研究. 植物研究, 30(2): 191-196.

马崇坚, 胡嘉凯, 王羽梅. 2005. 山苍子不同外植体的组织培养. 广东农业科学, 2: 30-31.

彭东辉. 2005. 樟脑组织培养技术研究. 福建林学院学报, 25(4): 313-317.

王贵章, 徐凌飞, 马锋旺, 等. 2006. 富士苹果黄化茎段再生不定芽的研究. 西北农林科技大学学报(自然科学版), 34(6): 79-81.

魏琴, 周黎军, 宣朴, 等. 2006. 组培条件对油樟试管苗玻璃化的影响. 四川师范大学学报(自然科学版), 29(5): 606-607.

吴金寿, 胡又厘, 林顺权, 等. 2005. 芳樟离体快繁与离体保存试管苗再生植株培养. 福建农林大学学报(自然科学版), 34(1): 46-50.

Lombardi S P, Passos I, Nogueira M, et al. 2007. *In vitro* shoot regeneration from roots and leaf discs of *Passiflora cincinnata* mast. Brazilian Archives of Biology and Technology, 50(2): 239-247.